# 水利工程生态环境效应研究

崔丽君 著

吉林科学技术出版社

图书在版编目（CIP）数据

水利工程生态环境效应研究 / 崔丽君著. -- 长春 : 吉林科学技术出版社, 2022.8

ISBN 978-7-5578-9369-9

Ⅰ. ①水… Ⅱ. ①崔… Ⅲ. ①水利工程－生态环境－研究 Ⅳ. ① TV-05 ②X171.4

中国版本图书馆 CIP 数据核字 (2022) 第 113556 号

**水利工程生态环境效应研究**

著　　崔丽君
出 版 人　宛　霞
责任编辑　赵维春
封面设计　筱　萸
制　　版　华文宏图
幅面尺寸　185mm×260mm
开　　本　16
字　　数　282 千字
印　　张　13
印　　数　1-1500 册
版　　次　2022年8月第1版
印　　次　2022年8月第1次印刷

出　　版　吉林科学技术出版社
发　　行　吉林科学技术出版社
地　　址　长春市南关区福祉大路5788号出版大厦A座
邮　　编　130118
发行部电话/传真　0431-81629529　81629530　81629531
　　　　　　　　81629532　81629533　81629534
储运部电话　0431-86059116
编辑部电话　0431-81629510
印　　刷　廊坊市印艺阁数字科技有限公司

书　　号　ISBN 978-7-5578-9369-9
定　　价　58.00元

# 前言

随着经济和社会的发展，人们对河流的开发利用的程度越来越大。水利工程在实现防洪、发电、航运和供水效益的同时也改变了天然河流的生态系统，影响了河流的生态环境。保护和恢复健康的河流生态系统，实现人与河流和谐发展，是水利工程建设和调度的新思路。研究筑坝对河流的影响，有利于更正确地认识和了解河流生态环境问题，更好地维持河流生态系统的健康生命，从而实现人水和谐，这具有重要的理论和现实意义。

水利工程的建设与生态环境的维护之间有着密切联系。因此可以有效利用水利工程建设来促进生态环境的可持续发展。基于此，本书将对水利工程生态环境效应进行探究，书中首先对水利工程生态环境效应的功能和理论进行了阐述，通过对水利工程与生态环境的相互作用、河流地貌地形的生态功能和作用、水利工程对水生生物的影响等内容的分析，提出来水利工程治理、水环境保护等改善措施。全书在结构上力图做到新、全、专、深和系统而实用。在对待新知识的取舍上，力图尽可能地吸收近年新出现的理论、观念，希望其能够成为一本为相关研究提供参考和借鉴的专业学术著作，供人们阅读。

在本书的策划和编写过程中，曾参阅了国内外有关的大量文献和资料，从其中得到启示；同时也得到了有关领导、同事、朋友以及学生的大力支持与帮助。在此致以衷心的感谢！本书的选材和编写还有一些不尽如人意的地方，加上编者学识水平和时间所限，书中难免存在缺点和谬误，敬请同行专家及读者指正，以便进一步完善提高。

# 目 录

# 第一章 水利工程概述

## 第一节 水利枢纽及水利工程

为综合利用水资源，以达到兴水利除水害的目的而修建的工程叫水利工程。一个水利工程项目，常由多个不同功能的建筑物组成，这些建筑物统称为水工建筑物，而由不同作用的水工建筑物组成的协同运行的工程综合群体称为水利枢纽。

### 一、水利工程和水工建筑物的分类

#### （一）水利工程的分类

水利工程一般按照它所承担的任务进行分类。如防洪治河工程、农田水利工程、水力发电工程、供水工程、排水工程、水运工程、渔业工程等。一个工程如果具有多种任务，则称为综合利用工程。

水利枢纽常按其主要作用可分为蓄水枢纽、发电枢纽、引水枢纽等。蓄水枢纽是在河道来水年际、年内变化较大，不能满足下游防洪、灌溉、引水等用水要求时，通过修建大坝挡水，利用水库拦洪蓄水，用于枯水期灌溉和城镇引水等。

发电枢纽是以发电为水库的主要任务，利用河道中丰富的水量和水库形成的落差，安装水力发电机组，将水能转变为电能。

引水枢纽是在天然河道来水量或河水位较低不能满足引水需要时，在河道上修建较低的拦河闸（坝）等水工建筑物，来调节水位和流量，来保证引水的质量和数量。

#### （二）水工建筑物的分类

水工建筑物按其作用可分为以下几种：

**1. 挡水建筑物**

用以拦截江河水流，抬高上游水位以形成水库，如各种坝、闸等。

**2. 泄水建筑物**

用以洪水期河道入库洪量超过水库调蓄能力时，宣泄多余的洪水，以保证大坝及有关建筑物的安全，如溢洪道、泄洪洞、泄水孔等。

**3. 输水建筑物**

用以满足发电、供水和灌溉的需求，从上游向下游输送水量，例如输水渠道、引水管道、水工隧洞、渡槽、倒虹吸管等。

**4. 取水建筑物**

一般布置在输水系统的首部，用以控制水位、引入水量或人为提高水头，如进水闸、扬水泵站等。

**5. 河道整治建筑物**

用以改善河道的水流条件，防治河道冲刷变形及险工的整治，如顺坝、导流堤、丁坝、潜坝、护岸等。

**6. 专门建筑物**

为水力发电、过坝、量水而专门修建的建筑物，例如调压室、电站厂房、船闸、升船机、筏道、鱼道、各种量水堰等。

需要指出的是，有些建筑物的作用并非单一，在不同的状况下，有不同的功能。如拦河闸，既可挡水又可泄水；泄洪洞，既可泄洪又可引水。

## 二、水工建筑物的特点

水工建筑物和一般工业与民用建筑、交通土木建筑物相比，除具有土木工程的一般属性外，还具有以下特点：

### （一）工作条件复杂

水工建筑物在水中工作，由于受水的作用，其工作条件较复杂，主要表现在：水工建筑物将受到静水压力、风浪压力、冰压力等推力作用，会对建筑物的稳定性产生不利影响；在水位差作用下，水将通过建筑物及地基向下游渗透，产生渗透压力和浮托力，可能产生渗透破坏而导致工程失事。另外，对泄水建筑物，下泄水流集中且流速高，将对建筑物和下游河床产生冲刷，高速水流还容易让建筑物产生振动和空蚀破坏。

### （二）施工条件艰巨

水工建筑物的施工比其他土木工程困难和复杂得多，主要表现在：第一，水工建筑物多在深山峡谷的河流中建设，必须进行施工导流；第二，由于水利工程规模较大，施工技术复杂，工期比较长，且受截流、度汛的影响，工程进度紧迫，施工强度高、速度快；第三，施工受气候、水文地质、工程地质等方面的影响较大：如冬雨季施工、地下水排出和重大的复杂的地质困难多等。

### （三）建筑物独特

水工建筑物的型式、构造及尺寸与当地的地形、地质、水文等条件密切相关，特

别是地质条件的差异对建筑物的影响更大。由于自然界的千差万别，形成各式各样的水工建筑物。除一些小型渠系建筑物外，一般都应根据其独特性，进行单独设计。

### （四）与周围环境相关

水利工程可防止洪水灾害，并能发电、灌溉、供水，但同时其对周围自然环境和社会环境也会产生一定影响。工程的建设和运用将改变河道的水文和小区域气候，对河中水生生物和两岸植物的繁殖和生长产生一定影响，即对沿河的生态环境产生影响。另外，由于占用土地、开山破土、库区淹没等而必须迁移村镇及人口，会对人群的健康、文物古迹、矿产资源等产生不利影响。

### （五）对国民经济影响巨大

水利工程建设项目规模大、综合性强、组成建筑物多。因此，其本身的投资巨大，尤其是大型水利工程，大坝高、库容大，担负着重要防洪、发电、供水等任务，一旦出现堤坝决溃等险情，将对下游工农业生产造成极大损失，甚至对下游人民群众的生命财产带来灭顶之灾。所以，必须要高度重视主要水工建筑物的安全性。

## 三、水利工程等级划分

为了使水利工程建设达到既安全又经济的目的，遵循水利工程建设的基本规律，应对规模、效益不同的水利工程进行区别对待：

### （一）水利工程分等

水利工程按其工程规模、效益及在国民经济中的重要性划分为五个等级对综合利用的水利工程，当按其不同项目的分等指标确定的等别，同时其工程的等别应按其中最高等别确定。

### （二）水工建筑物分级

水利工程中长期使用的建筑物称之为永久性建筑物；施工及维修期间使用的建筑物称临时性建筑物。在永久性建筑物中，起主要作用及失事后影响很大的建筑物称主要建筑物，否则称次要建筑物。水利水电工程的永久性水工建筑物的级别应根据工程的等别及其重要性来划分。

对失事后损失巨大或影响十分严重的（2 到 4 级）主要永久性水工建筑物，经过论证并报主管部门批准后，其标准可提高一级；失事后损失较轻的主要永久性建筑物，经论证并报主管部门批准后，可降低一级标准。

临时性挡水和泄水的水工建筑物的级别，应该根据其规模和保护对象、失事后果、使用年限确定其级别。

当分属不同级别时，其级别按最高级别确定：但对 3 级临时性水工建筑物，符合该级别规定的指标不得少于两项，如利用临时性水工建筑物挡水发电、通航时，经技术经济论证，3 级以下临时性水工建筑物的级别可提高一级。

不同级别的水工建筑物在以下几个方面应有不同的要求：

**1. 抗御洪水能力**

如建筑物的设计洪水标准、坝（闸）顶安全超高等。

**2. 稳定性及控制强度**

如建筑物的抗滑稳定、强度安全系数，混凝土材料的变形及裂缝的控制要求等。

**3. 建筑材料的选用**

如不同级别的水工建筑物中选用材料的品种、质量、标号及耐久性等。

## 第二节　水资源与水利工程

### 一、水与水资源

#### （一）水的作用

在地球表面上，从浩瀚无际的海洋，奔腾不息的江河，碧波荡漾的湖泊，到白雪皑皑的冰山，到处都蕴藏着大量的水，水是地球上最为普通也是至关重要的一种天然物质。水是生命之源：水是世界上所有生物的生命的源泉。考古研究发现，人类自古就是逐水而徙，择水而居，且因水而兴，人类发展史与水是密不可分的。

水是农业之本：水是世间各种植物生长不可或缺的物质，在农业生产中，水更是至关重要，正如俗话所说：有收无收在于水，多收少收在于肥。一般植物绿叶中，水的含量占 80% 左右，苹果的含水量为 85% 水不但是植物的主要组成部分，也是植物的光合作用和维持其生命活动的必需的物质。在现代农业生产中，对灌溉的依赖程度更高，农业灌溉用水数量巨大。据统计，当今世界上农业灌溉用水量占世界总用水量的 65% ~70%。因此，农业灌溉节水具有广泛而深远的意义。

水是工业的血液：水在工业上的用途非常广泛，从电力、煤炭、石油、钢铁生产，到造纸、纺织、酿造、食品、化工等行业，各种工业产品均需要大量的水。如炼 1.0t 钢或石油，需水 200t；生产 1.0t 纸需水约 250t；但生产 1.0t 人造纤维，则需耗水 1500t 左右在某些工业生产中，水是不可替代的物质。

水是自然生态的美容师：地球上由于水的存在、运动和变化而形成了许多赏心悦目的自然景观，如变幻莫测的彩虹、雾凇、海市蜃楼；因雨水冲淤而成的奇沟险壑、九曲黄河；水在地下的运动作用塑造了千姿百态的喀斯特地貌，从而有了云南石林、桂林山水等美景。另外，水的流动与自然地貌相结合形成了潺潺细流的小溪、波涛汹涌的江河、美丽无比的湖泊、奔流直下的瀑布等，这些自然景观，丰富了人类的精神文明生活。

## （二）水资源及其特性

**1. 水资源**

水对人类社会的产生和发展起到了巨大的作用。因此人们认识到，水是人类赖以生存和发展的最基本的生产、生活资料，水是一种不可或缺、不可替代的自然资源；水是一种可再生的有限的宝贵资源。

广义上的水资源，是指地球上所有能直接利用或间接利用的各种水及水中物质，包括海洋水、极地冰盖的水、河流湖泊的水、地下及土壤水。其总储量达13.86亿$km^3$其中海洋水约占97.47%。目前，这部分高含盐量的咸水，还很难直接用于工农业生产。

陆地淡水存储量约为0.35亿$km^3$，而能直接利用的淡水只有0.1065亿$km^3$这部分水资源常称为狭义的水资源。

一般而言，当前可供利用或可能被利用，且有一定数量和可用质量，并在某一地区能够长期满足某种用途的并可循环再生的水源，称为水资源。

水资源是实现社会与经济可持续发展的重要物质基础。随着科学技术的进步和社会的发展，可利用的水资源范围将逐步扩大，水资源的数量也可能会逐渐增加。但是，其数量还是很有限的，同时，伴随人口增长和人类生活水平的提高，随着工农业生产的发展，对水资源的需求会越来越多，再加上水质污染和不合理开发利用，使水资源日渐贫乏，水资源紧缺现象也会越加突出。

**2. 水资源的特性**

一般情况下，陆地上的淡水资源具有以下特性：

（1）再生性

在太阳能的作用下，水在自然界形成周而复始的循环。即太阳辐射到海洋、湖泊水面，将部分水汽蒸发到空中。水汽随风漂流上升，遇冷空气后，则以雨、雪、霜等形式降落到地表。降水形成径流，在重力作用下又流回到海洋和湖泊，年复一年地循环因此，一般认为水循环为每年一次。

（2）时间和空间分布的不均匀性

在地球表面，受经纬度、气候、地表高程等因素的影响，降水在空间分布上极为不均，如热带雨林和干旱沙漠、赤道两侧与南北两极、海洋和内地差距很大。在年内和年际之间，水资源分布也存在很大差异。若冬季和夏季，降雨量变化较大，另外，往往丰水年形成洪水泛滥而枯水年干旱成灾。

（3）水资源的稀缺性

地球上淡水资源总量是有限的，但世界人口急剧增长，工农业生产进一步发展，城市的不断膨胀，对淡水资源的需求量也在快速增加，再加之水体污染和水资源的浪费现象，使某些地区的水资源日趋紧缺。

（4）水的利、害双面性

自古以来，水用于灌溉、航运、动力、发电等，为人类造福，为生活、生产做出了很大贡献。但是，暴雨及洪水也可能冲毁农田、淹没家园、夺人生命，如果对水的利用、管理不当，还会造成土地的盐碱化、污染水体、破坏自然生态环境等，也会给人类造成灾难，正所谓水能载舟，亦能覆舟。

### （三）我国的水资源

我国地域辽阔，河流、湖泊众多，水资源总量丰富。我国有河流 4.2 万条，河流总长度达 40 万 km 以上，其中流域面积在 1000$km^2$ 以上的河流有 1600 多条，长江是中国第一大河，全长 6380km。我国湖泊总面积 71787$km^2$，天然湖面面积在 100$km^2$ 以上的有 130 多个，全国湖泊贮水总量 7088 亿 $m^3$，其中淡水贮量 2260 亿 $m^3$ 我国多年平均年降水总量约 61889 亿 $m^3$ 多年平均年河川径流总量约 27115 亿 $m^3$，地下水资源量约 8288 亿 $m^3$，两者的重复计算水量为 7279 亿 $m^3$，扣除重复水量后得到水资源总量约为 28124 亿 $m^3$，居世界第六位。

中国河流的水能资源十分丰富，理论蕴藏量达 6.76 亿 kW，其中可开发利用的约 3.78 亿 kW，均居世界首位，其中，长江流域可开发量占总量的 53.4% 这是一个巨大而洁净的能源宝库。

由于西北地区水土流失严重，地面植被覆盖率低，风沙较大，使黄河成为世界上罕见的多泥沙河流，年含沙量和年输沙量均为世界第一。每年大量泥沙淤积，使河床抬高影响泄洪，严重时则会造成洪水泛滥。因此必须加强对黄河及相关流域的水土保持，退耕还草、植树造林，减少水土流失，保证河道防洪安全。

## 二、水利工程与水利事业

为防止洪水泛滥成灾，扩大灌溉面积，充分利用水能发电等，需采取各种工程措施对河流的天然径流进行控制和调节，合理使用和调配水资源。这些措施中，需修建一些工程结构物，这些工程统称水利工程为达到除水害、兴水利的目的，相关部门从事的事业统称为水利事业。

水利事业的首要任务是消除水旱灾害，防止大江大河的洪水泛滥成灾，保障广大人民群众的生命财产安全；其次是利用河水发展灌溉，增加粮食产量，减少旱涝灾害对粮食安全的影响；最后是利用水力发电、城镇供水、交通航运、旅游、生态恢复及环境保护等。

### （一）防洪治河

洪水泛滥可使农业大量减产，工业、交通、电力等正常生产遭到破坏。严重时，则会造成农业绝收、工业停产、人员伤亡等。

在水利上，常采取相应的措施控制和减少洪水灾害，通常主要采取以下几种工程措施及非工程措施：

**1. 工程措施**

（1）拦蓄洪水控制泄量

利用水库、湖泊的巨大库容，蓄积和滞留大量洪水，削减下泄洪峰流量，从而减轻和消除下游河道可能发生的洪水灾害。

（2）疏通河道，提高行洪能力

对一般的自然河道，由于冲淤变化，常常使其过水能力减小，因此，应经常对河道进行疏通清淤和清除障碍物，保持足够的断面，保证河道的设计过水能力。近年来，由于人为随意侵占河滩地，形成阻水障碍、壅高水位，威胁堤防安全甚至造成漫堤等洪水灾害。

**2. 非工程措施**

（1）蓄滞洪区分洪减流

利用有利地形，规划分洪（蓄滞洪）区；在江河大堤上设置分洪闸，当洪水超过河道行洪能力时，将一部分洪水引入到蓄滞洪区，减小主河道的洪水床力，保障大堤不决口。通过全面规划，合理调度，总体上可以减小洪水灾害损失，可有效保障下游城镇及人民群众的生命、财产安全。

（2）加强水土保持，减小洪峰流量和泥沙淤积

地表草丛、树木可以有效拦蓄雨水，减缓坡面上的水流速度，减小洪水流量和延缓洪水形成历时。另外，良好的植被还能防止地表土壤的水土流失，有效减少水中泥沙含量。因此，水土保持对减小洪水灾害有明显效果。

（3）建立洪水预报、预警系统和洪水保险制度

根据河道的水文特性，建立一套自动化的洪水预测、预报信息系统。根据及时准确的降雨、径流量、水位、洪峰等信息的预报预警，可快速采取相应的抗洪抢险措施，减小洪水灾害损失。另外我国应参照国外经验，利用现代保险机制，建立洪水保险制度，分散洪水灾害的风险和损失。

### （二）农田水利

在我国的总用水量中约70%的是农业灌溉用水。农业现代化对农田水利提出了更艰巨的任务，一是通过修建水库、泵站、渠道等工程措施提高农业生产用水保障；二是利用各种节水灌溉方法，按作物的需求规律输送和分配水量。补充农田水分不足，改变土壤的养料、通气等状况，进一步提高粮食产量。

### （三）水力发电

水能资源是一种洁净能源，具有运行成本低、不消耗水量、环保生态、可循环再生等特点，是其他能源无法比拟的。

水力发电，既在河流上修建大坝，拦蓄河道来水，抬高上游水位并形成水库，集中河段落差获得水头和流量。将具有一定水头差的水流引入发电站厂房中的水轮机，推动水轮机转动，水轮机带动同轴的发电机组发电。然后通过输变电线路，将电能输送到电网的用户。

### （四）城镇供、排水

随着城镇化进程的加快，城镇生活供水和工业用水的数量、质量在不断提高，城

市供水和用水矛盾日益突出由于供水水源不足，一些重要城市只好进行跨流域引水，如引滦入津、引碧入大、京密引水、引黄济青等工程，特别是正在建设中的南水北调工程，引水干渠全长1300km，投资近2000亿元人民币，每年可为华北地区的河北、山东、天津、北京等省市供水200亿$m^3$，由于城市地面硬化率高，当雨水较大时，在城镇的一些低洼处，容易形成积水，如不及时排放，则会影响工、商业生产及人民群众的正常生活。因此，城市降雨积水和渍水的排放，是城市防洪的一部分，必须得引起高度重视。

### （五）航运及渔业

自古以来，人类就利用河道进行水运。如全长1794km，贯通浙江、江苏、山东、河北、北京的大运河，把海河、淮河、黄河、长江、钱塘江等流域连接起来，形成一个杭州到北京的水运网络在古代，京杭大运河是南北交通的主动脉，为南北方交流和沿岸经济繁荣做出了巨大贡献。

对内河航运，要求河道水深、水位比较稳定，水流流速较小。必要时应采取工程措施，进行河道疏浚，修建码头、航标等设施。当河道修建大坝后，船只不能正常通行，需修建船闸、升船机等建筑物，使船只顺利通过大坝：如三峡工程中，修建了双线五级船闸及升船机，可同时使万吨客轮及船队过坝，保证长江的正常通航。

由于水库大坝的建设，改变了天然的水状态，破坏了某些洄游性鱼类的生存环境。因此，需采取一定的工程措施，帮助鱼类生存、发展，防止其种群的减少和灭绝常用的工程措施有鱼道和鱼闸等。

### （六）水土保持

由于人口的增加和人类活动的影响，地球表面的原始森林被大面积砍伐，天然植被遭到破坏，水分涵养条件差，降雨时雨水直接冲蚀地表土壤，造成地表土壤和水分流失。这种现象称为水土流失。

水土流失可把地表的肥沃土壤冲走，使土地贫瘠，形成丘陵沟壑，减少产量乃至不能耕种而雨水集中且很快流走，往往形成急骤的山洪，随山洪而下的泥沙则淤积河道和压占农田，还易形成泥石流等地质灾害。

为有效防止水土流失，则应植树种草、培育有效植被，退耕还林还草，合理地利用坡地并结合修建埂坝、蓄水池等工程措施，进行以水土保持为目的的一种综合治理。

### （七）水污染及防治

水污染是指由于人类活动，排放污染物到河流、湖泊、海洋的水体中，使水体的有害物质超过了水体的自身净化能力，以致水体的性质或生物群落组成发生变化，降低了水体的使用价值和原有用途。

水污染的原因很复杂，污染物质较多，一般有耗氧有机物、难降解有机物、植物性营养物、重金属、无机悬浮物、病原体、放射性物质、热污染等。污染的类型有点污染和面污染等。

水污染的危害严重并影响久远。轻者造成水质变坏，不能饮用或灌溉，水环境恶化，破坏自然生态景观；重者造成水生生物、水生植物灭绝，污染地下水，城镇居民饮水危险，而长期饮用污染水源，能造成人体伤害，染病致死并遗传后代。

水污染的防治任务艰巨，第一是全社会动员，提高对水污染危害的认识，自觉抵制水污染的一切行为，全社会、全民、全方位控制水污染。第二是加强水资源的规划和水源地的保护，预防为主、防治结合。第三是做好废水的处理和应用，废水利用、变废为宝，花大力气采取切实可行的污水处理措施，真正做到达标排放，造福后代。

#### （八）水生态及旅游

**1. 水生态**

水生态系统是天然生态系统的主要部分。维护正常的水生生态系统，可使水生生物系统、水生植物系统、水质水量、周边环境良性循环。一旦水生态遭到破坏，其后果是非常严重的，其影响是久远的。水生态破坏后的主要现象为：水质变色变味、水生生物、水生植物灭绝；坑塘干涸、河流断流；水土流失，土地荒漠化；地下水位下降，沙尘暴增加等。

水利水电工程的建设，对自然生态具有一定的影响。建坝后河流的水文状态发生一定的改变，可能会造成河口泥沙淤积减少而加剧侵蚀，污染物滞留，改变水质，对库区，因水深增加、水面扩大，流速减小，产生淤积。水库蒸发量增加，对局部小气候有所调节筑坝对洄游性鱼类影响较大，如长江中的中华鳄、胭脂鱼等。在工程建设中，应采取一些可能的工程措施（如鱼道、鱼闸等），尽量地减小对生态环境的影响。

另外，水库移民问题也会对社会产生一定的影响，因为农民失去了土地，迁移到新的环境里，生活、生产方式发生变化，如解决不好，也会引起一系列社会问题。

**2. 水与旅游**

自古以来，水环境与旅游业一直有着密切的联系，从湖南的张家界，黄果树瀑布、桂林山水、长江三峡、黄河壶口瀑布、杭州西湖，到北京的颐和园以及哈尔滨的冰雪世界，无不因水而美丽纤秀，因水而名扬天下。清洁、幽静的水环境可造就秀丽的旅游景观，给人们带来美好的精神享受，水环境是一种不可多得的旅游、休闲资源。

水利工程建设，可造就一定的水环境，形成有山有水的美丽景色，形成新的旅游景点。如浙江新安江水库的千岛湖、北京的青龙峡等，但如处理不当，也会破坏当地的水环境，造成自然景观乃至旅游资源的恶化和破坏。

## 第三节 水利工程的建设与发展

### 一、我国古代水利建设

几千年来，广大劳动人民为开发水利资源，治理洪水灾害，发展农田灌溉，进行了长期大量的水利工程建设，积累了宝贵的经验，建设了一批成功的水利工程。大禹用堵、疏结合的办法治水获得成功，并有“三过家门而不入”佳话流传于世。

我国古代建设的水利工程很多，下面主要介绍几个典型的工程：

### （一）四川都江堰灌溉工程

都江堰坐落在四川省都江堰市的岷江上，是当今世界上历史最长的无坝引水工程。公元前250年，由秦代蜀郡太守李冰父子主持兴建，历经各朝代维修和管理，其主体现基本保持历史原貌；虽经历2000多年的使用，至今仍然是我国灌溉面积最大的灌区，灌溉面积达1000多万亩。

都江堰工程巧妙地利用了岷江出山口处的地形和水势，因势利道，使堤防、分水、泄洪、排沙相互依存，共为一体。孕育了举世闻名的“天府之国”。枢纽主要由鱼嘴、飞沙堰、宝瓶口、金刚堤、人字堤等组成。鱼嘴将岷江分成内江和外江，合理导流分水，并促成河床稳定飞沙堰是内江向外江溢洪排沙的坝式建筑物，洪水期泄洪排沙，枯水期挡水，保证宝瓶口取水流量。宝瓶口形如瓶颈，是人工开凿的窄深型引水口，既能引水，又能控制水量处于河道凹岸的下方，符合无坝取水的弯道环流原理，引水不引沙。2000多年来，工程发挥了极大的社会效益和经济效益，史书上记载，“水旱从人，不知饥馑，时无荒年，天下谓之天府也。”中华人民共和国成立后，对都江堰灌区进行了维修、改建，增加了一些闸坝和堤防，扩大灌区的面积，现正朝着可持续发展的特大型现代化灌区迈进。

### （二）灵渠

灵渠位于广西兴安县城东南，建于公元前214年。灵渠沟通了珠江和长江两大水系，成为当时南北航运的重要通道。灵渠由大天平、小天平、南渠、北渠等建筑物组成，大、小天平为高3.9m，长近500m的拦河坝，用以抬高湘江水位，使江水流入南和北渠（漓江）。

多余洪水从大小天平顶部溢流进入湘江原河道，大、小天平用鱼鳞石结构砌筑，抗冲性能好。整个工程，顺势而建，至今保存完好，灵渠与都江堰一南一北，异曲同工，相互媲美。

另外，还有陕西引泾水的郑国渠；安徽寿县境内的芍陂灌溉工程，引黄河水的秦渠、汉渠，河北的引漳十二渠等。这些古老的水利工程都取得过良好的社会效益和巨大的经济效益，有些工程至今仍在发挥作用。

在水能利用方面，自汉晋时期开始，劳动人民就已开始用水作为动力，带动水车、水碾、水磨等，用以浇灌农田、碾米、磨面等。

## 二、现代水利工程建设

自新中国成立以来，在中国共产党的领导下，我国的水利事业得到了空前的发展在“统一规划、蓄泄结合、统筹兼顾、综合治理”的方针指导下，全国的水资源得到

了合理有序的开发利用，经过多年的艰苦奋斗，水利工程建设取得了巨大的成就，其主要表现在以下几个方面：

### （一）大江大河的治理

黄河是中华民族的母亲河，其水患胜于长江。中华人民共和国成立以来，在黄河干流上修建了龙羊峡、刘家峡、青铜峡、万家寨、三门峡及小浪底等大型拦蓄洪水的水库工程，并加固了黄河下游大堤，保证了黄河伏秋大汛不决口，大河上下保安宁。

对淮河进行了大力整治，兴建了佛子岭、梅山、响洪甸等一批水库和三河闸等排滞洪工程，并新修了淮河入海通道。使淮河流域“大雨大灾、小雨小灾、无雨旱灾”的局面得到彻底的改变。

自海河流域大洪水后，开始了对海河流域的治理，通过上游修水库，中游建防洪除涝系统，下游疏畅和新增入海通道，彻底根治了海河流域的洪水涝灾。

在长江上游的支流上，建成了安康、丹江口、乌江渡、东江、江垭、隔河岩、二滩等一大批骨干防洪兴利工程，并在长江干流上修建了葛洲坝和三峡水电工程，整治加固了荆江大堤，使长江中、下游防洪能力由原来的 10 年一遇提高到 500 年一遇的标准。同时，对珠江流域、东北三江流域等大江大河也进行综合治理，使其防洪标准大为提高。

### （二）水电建设

从 20 世纪 60 年代建设新安江水电站开始，半个世纪来，我国建设了一批大型水电骨干工程，水电的装机容量和单机容量越来越大其中装机 1000MW 以上的大型水电站 20 多座，现在建的三峡水电站，单机容量 700MW，总装机容量 18200MW，是当今世界上最大的水力发电站。

我国正在开发建设十大水电基地，开发西部及西南地区丰富的水电资源，进行西电东送，将大大缓解华南、华东地区电力紧缺的矛盾，为我国经济可持续发展提供了强有力的能源支撑。

### （三）农田灌溉和城镇供水

几十年来，通过修建水库、塘坝，建成万亩以上灌区 5000 多处，百万亩灌区 30 处，如四川都江堰灌区、内蒙古河套灌区、新疆石河子灌区等：灌溉农田面积达 7 亿亩。大大提高了粮食亩产和总产量，为国家粮食安全提供了有力保障。

当前，由于大部分地区水资源紧缺，城镇供水矛盾凸显，为保障工业和人民生活用水，投入了大量的人力和财力，建设了一批专门的引水和供水工程，这些工程的建设，大大缓解了一些大中城市的供水矛盾，为我国工农业生产的发展、保障和提高人民群众的生活水平做出了巨大的贡献。

在 21 世纪必须加快大型水利工程建设步伐，坚持综合规划、防治结合、标本兼治、和谐统一的原则，需建设一批关键性控制工程，调蓄水量、提供能源。必须对宝贵的水资源进行合理开发、高效利用及优化配置并要有效保护。

## 三、我国水利事业的发展前景

### （一）我国水利水电建设前景远大

随着我国现代化建设进程的加快和社会经济实力的不断提高，我国的水利水电建设将迎来一个快速发展的阶段：西部大开发战略的实施，西南地区的水电能源将得以开发，并通过西电东送，使我国的能源结构更趋合理。

为了有效控制大江大河的洪水，减轻洪涝灾害，开发水利水电资源，将建设一批大型水利水电枢纽工程可以预见，在掌握高拱坝、高面板堆石坝、碾压混凝土坝等建坝新技术的基础。在建设三峡、二滩、小浪底等世界特大型水利水电工程的经验的指导下，将建设一批水平更高、且更先进的水电工程。

### （二）人水和谐相处

为进一步搞好水利水电工程建设，在总结过去治水经验，深入分析研究当前社会经济发展的需求的基础上，要更新观念，从工程水利向资源水利转变，从传统水利向现代水利转变，树立可持续发展观，以水资源的可持续利用保障社会经济的可持续发展。

要转变对水及大自然的认识，在防止水对人类侵害的同时，也应注意人对水的侵害，人与自然、人与水要和谐共处。社会经济发展，要与水资源的承载力相协调，水利发展目标要与社会发展和国民经济的总体目标结合，水利建设的规模和速度要与国民经济发展相适应，为经济和社会发展提供支撑和保障条件，应客观地根据水资源状况确定产业结构和发展规模，并通过调整产业结构和推进节约用水，来提高水资源的承载能力。使水资源的开发利用既满足生产、生活用水，也充分考虑环境用水、生态用水，真正做到计划用水、节约用水及科学用水。

要提高水资源的利用效率，进行水资源统一管理，促进水资源优化配置不论是农业、工业，还是生活用水，都要坚持节约用水，高效用水。真正提高水资源的利用水平，要大力发展节水灌溉，发展节水型工业，建设节水型社会。逐步做到水资源的统一规划、统一调度、统一管理，统筹考虑城乡防洪、排涝灌溉、蓄水供水、用水节水、污水处理、中水利用等涉水问题，真正做到水资源的高效综合利用。

需确立合理的水价形成机制，利用价格杠杆作用，遵循经济发展规律，试行水权交易、水权有偿占有和转让，逐步形成合理的水市场，促进水资源向高效率、高效益方面流动，使水资源达到最大限度的优化配置。

# 第四节　水利工程建设程序及管理

## 一、水利工程建设程序

### （一）建设程序及作用

工程项目建设程序是指工程建设的全过程中，各建设环节及其所应遵循的先后次序法则。建设程序是多年工程建设实践经验、教训的总结，是项目科学决策及顺利实现最终建设目标的重要保证。

建设程序反映工程项目自身建设、发展的科学规律，工程建设工作应按程序规定的相应阶段，循环渐进逐步深入地进行，建设程序的各阶段及步骤不能随意颠倒和违反，否则，将可能造成不利的严重后果。

建设程序是为了约束建设者的随意行为，对缩短工程的建设工期，保证工程质量，节约工程投资，提高了经济效益和保障工程项目顺利实施，具有一定的现实意义。

另外，建设程序加强水利建设市场管理，进一步规范水利工程建设行为，推进项目法人责任制、建设监理制、招标投标制的实施，促进水利建设实现经济体制和经济增长方式的两个根本性转变，具有积极的推动作用。

### （二）我国水利工程建设程序及主要内容

对江河进行综合开发治理时，首先根据国家（区域、行业）经济发展的需要确定优先开发治理的河流，然后，按照统一规划、综合治理的原则，对选定河流进行全流域规划，确定河流的梯级开发方案，提出分期兴建的若干个水利工程项目。规划经批准后，就可对拟建的水利枢纽进行进一步建设。

**1. 项目建议书**

项目建议书应根据国民经济和社会发展长远规划、流域及区域综合规划，按照国家产业政策和国家有关投资建设方针进行编制，是对拟进行建设项目的初步说明。

项目建议书编制一般由政府委托有相应资格的工程咨询、设计单位承担，并按国家现行规定权限向主管部门申报审批项目建议书被批准后，由政府向社会公布，若有投资建设意向，应及时组建项目法人筹备机构，按相关要求展开工作。

**2. 可行性研究报告**

阶段可行性研究报告，由项目法人组织编制。并经过批准的可行性研究报告，是项目决策和进行初步设计的依据。

（1）可行性研究的主要任务

根据国民经济、区域和行业规划的要求，在流域规划的基础上通过对拟建工程的建设条件做进一步调查、勘测、分析和方案比较等工作，进而论证该工程在近期兴建的必要性、技术上的可行性及经济上的合理性。

（2）可行性研究的工作内容和深度

基本选定工程规模；选定坝址；初步选定基本坝型和枢纽布置方式；估算出工程总投资及总工期；对工程经济合理性和兴建必要性做出定最定性评价该阶段的设计工作可采用简略方法，成果必须具有一定的可靠性，有利于上级主管部门决策。

（3）可行性研究报告的审批

按国家现行规定的审批权限报批申报项目可行性研究报告，必须同时提出项目法人组建方案及运行机制、资金筹措方案、资金结构及回收资金的办法，并依照有关规定附具有管辖权的水行政主管部门或流域机构签署的规划同意书、对取水许可预申请的书面审查意见，审批部门要委托有项目相应资格的工程咨询机构对可行性研究报告评估，并综合行业归口主管部门、投资机构等方面的意见进行审批项目的可行性报告批准后，应正式成立项目法人并按项目法人责任制实行项目管理

**3. 设计阶段**

（1）初步设计

根据已批准的可行性研究报告和必要的设计基础资料，对设计对象进行通盘研究，确定建筑物的等级；选定合理的坝址、枢纽总体布置、主要建筑物型式和控制性尺寸；选择水库的各种特征水位；选择电站的装机容量，电气主结线方式及主要机电设备；提出水库移民安置规划；选择施工导流方案和进行施工组织设计；编制项目的总概算。

（2）技术设计或招标设计

对重要的或技术条件复杂的大型工程，在初步设计和施工详图设计之间增加技术设计，其主要任务是：在深入细致的调查、勘测和试验研究的基础上，全面加深初步设计的工作，解决初步设计尚未解决或未完善的具体问题，确定或改进技术方案，编制修正概算。技术设计的项目内容同初步设计，只是更为深入详尽审批后的技术设计文件和修正概算是建设工程拨款和施工详图设计的依据。

（3）施工详图设计

该阶段的主要任务是：以经过批准的初步设计或技术设计为依据，最后确定地基开挖、地基处理方案，进行细节措施设计；对各建筑物进行结构及细部构造设计，并绘制施工详图；进行施工总体布置及确定施工方法，编制施工进度计划和施工预算等，施工详图预算是工程承包或工程结算的依据。

**4. 施工准备阶段**

（1）项目在主体工程开工之前要做的准备工作

其主要内容包括：施工现场的征地、移民、拆迁；完成施工用水、用电、通信、道路和场地平整等工程；建生产、生活必需的临时建筑工程；组织监理、施工、设备和物资采购招标等工作；择优确定建设监理单位和施工承包队伍。

（2）工程项目必须满足以下条件施工准备方可进行

初步设计已经批准；项目法人已经建立；项目已列入国家或地方水利建设投资计划，筹资方案已经确定；有关土地使用权已经批准；已办理报建手续。

**5. 建设实施阶段**

建设实施阶段是指主体工程的建设实施，项目法人按照批准的建设文件，组织工程建设，保证项目建设目标的实现。

（1）项目法人或其代理机构必须按审批权限向主管部门提出主体工程开工申请报告，经批准后，主体工程方能正式开工。主体工程开工须具备的条件是：前期工程各阶段文件已按规定批准，施工详图设计可满足初期主体工程施工需要；工程项目建设资金已落实；主体工程已决标并签订工程承包合同；现场施工准备和征地移民等建设外部条件能够满足主体工程开工需要。

（2）按市场经济机制，实行项目法人责任制主体工程开工还须具备以下条件：项目法人要充分授权监理工程师，使之能独立负责项目的建设工期、质量、投资的控制和现场施工的组织协调要按照“政府监督、项目法人负责、社会监理、企业保证”的要求，建立健全质量管理体系。重大建设项目，还必须设立项目质量监督站，行使政府对项目建设的监督职能水利工程的兴建必须遵循先勘测、后设计，在做好充分准备的条件下，再施工的建设程序，否则，就很可能会设计失误，从而造成巨大经济损失，乃至灾难性的后果。

**6. 生产准备阶段**

生产准备应根据不同工程类型的要求确定，一般应包括如下主要内容：

（1）生产组织准备

建立生产经营的管理机构及相应管理制度；招收和培训人员。按生产运营的要求，配备生产管理人员。

（2）生产技术准备

主要包括技术资料的汇总、运行技术方案的制订、岗位操作规程制订和新技术准备。

（3）生产物资准备

主要是落实投产运营所需要的原材料、协作产品、工器具、备品备件及其他协作配合条件的准备。

（4）运营销售准备

及时具体落实产品销售协议的签订，提高生产经营效益，为偿还债务和资产的保值增值创造条件。

**7. 竣工验收**

竣工验收是工程完成建设目标的标志，是全面考核基本建设成果、检验设计和工程质量的重要步骤竣工验收合格的项目即从基本建设转入生产或者使用。

（1）当建设项目的建设内容全部完成并经过单位工程验收、完成竣工报告、竣工决算等文件后，项目法人向主管部门提出申请，根据相关验收规程，组织竣工验收。

（2）竣工决算编制完成后须由审计机关组织竣工审计，其审计报告作为竣工验收的基本资料，另外，工程规模较大、技术较复杂的建设项目可先进行初步验收

**8. 项目后评价**

建设项目经过 1 ~2 年生产运营后，进行系统评价称后评价。其主要内容包括：

（1）影响评价

项目投产后对政治、经济、生活等方面的影响进行评价。

（2）经济效益评价

对国民经济效益、财务效益、技术进步及规模效益等进行评价。

（3）过程评价

对项目的立项、设计、施工、建设管理、生产运营等全过程进行评价。

项目后评价一般按三个层次组织实施，即项目法人的自我评价、项目行业的评价、计划部门（或主要投资方）的评价。

项目后评价工作必须遵循客观、公正、科学的原则，做到分析合理、评价公正。通过后评价以达到肯定成绩、总结经验、研究问题、吸取教训、提出建议以及改进工作的目的。

## 二、水利工程建设的管理

### （一）基本概念

**1. 工程建设管理的概念**

工程建设目标的实现，不仅要靠科学的决策、合理的设计以及先进的施工技术及施工人员的努力工作，而且要靠现代化的工程建设管理。

一般来讲，工程建设管理是指：在工程项目的建设周期内，为保证在一定的约束条件下（工期、投资、质量），实现工程建设目标，而对建设项目各项活动进行的计划、组织、协调、控制等工作。

在工程项目建设过程中，项目法人对工程建设的全过程进行管理；工程设计单位对工程的设计、施工阶段的设计问题进行管理；施工企业仅对施工过程进行控制和管理由业主委托的工程监理单位，按委托合同的规定，替业主行使相关的管理权利和相应义务。

对大型的工程项目，涉及技术领域众多，专业技术性强，工程质量要求高，投资额巨大，建设周期较长。工程项目法人管理任务艰巨，责任重大，因此，必须建立一支技术水平高、经验丰富、综合性强的专职管理队伍，当前要求项目法人委托建设监理单位进行部分或全部的项目管理工作。

**2. 工程项目管理的特点**

工程建设管理的特殊性主要表现在以下几个方面：

（1）工程建设全过程管理

建设项目管理从工程项目立项、可行性研究、规划设计、工程施工准备（招标）、

工程施工到工程的后评价，涉及单位众多，经济和技术复杂，建设时间较短。

（2）项目建设的一次性

由于工程项目建设具有一次性特点，因此，工程建设的管理也是一次性的、不同的行业、规模、类型的建设项目其管理内涵则有一定的区别。

（3）委托管理特性

企事业单位的管理是以自己管理为主，而建设项目的管理则可以委托专业性较强的工程咨询、工程监理单位进行管理，使业主单位人员精干，机构简捷，主要做好决策、筹资、外部协调等主要工作，以便更利于建设目标的实现。

**3. 管理的职能工程项目**

管理的职能和其他管理一样，主要包括下列几个方面：

（1）计划职能

计划是管理的首要职能，在工程建设每一阶段前，必须按工程建设目标，制订切实可行的计划安排。然后，按计划严格控制并按动态循环方法进行合理的调整。

（2）组织职能

通过项目组织层次结构及权力关系的设计，按相关合同协议、制度，建立一套高效率的组织保证体系，组织系统相关单位、人员，协同努力实现项目总目标。

（3）协调职能

协调是管理的主要工作，各项管理均需要协调。由于建设项目建设过程中各部门、各阶段、各层次存在大量的接合部，需要大量的沟通协调工作。

（4）控制职能

控制和协调联合、交错运用，按原计划目标，通过进度对比、分析原因、调整计划等对计划进行有效的动态控制，最后，使项目按计划达到设计目标。

### （二）工程项目管理的主要内容

**1. 项目决策阶段**

项目决策阶段，管理的主要内容包括：投资前期机会研究，根据投资设想提出项目建议书，项目可行性研究，项目评估和审批，下达项目设计任务书等。

**2. 项目设计阶段**

通过设计招标选择设计单位：审查设计步骤、设计出图计划、设计图纸质量等。

**3. 项目的实施阶段**

在项目施工阶段，管理内容可概括为：工程资金的筹集及控制；工程质量监督和控制；工程进度的控制；工程合同管理及索赔；工程建设期间的信息管理；设计变更、合同变更以及对外、对内的关系协调等。

**4. 项目竣工验收及生产准备阶段**

项目竣工验收的资料整编及管理；竣工验收的申报及组织竣工验收；试生产的各项准备工作，联动试车的问题及处理等。

# 第二章　水利工程生态环境效应的功能

## 第一节　水利工程与生态环境

### 一、水利工程与生态环境

#### （一）水利工程对河流生态系统的影响

水是生态系统的重要组成部分，河流、湖泊中的水与生物群落（包括动物、植物、微生物）共存，通过气候系统、水文循环、食物链、养分循环及能量交换相互交织在一起。在社会生产过程中水利工程对经济与社会有着巨大的作用，同时也要看到水利工程对河流生态系统造成了不同程度的影响。人类整治河道和修筑堤坝等活动，人为地改变了河流的多样性、连续性以及流动性，使水域的流速、水深、水温、自水流边界、水文规律等自然条件发生重大改变，这些改变对河流生态系统造成的影响是不容忽视的。以往的治河工程着眼于河流本身，往往会忽略了河流湖泊与岸上生态系统的有机联系，忽视了河流周围的生物群落的存在，也常常忽视了整治后原有生物群落的恢复。在满足人对水的开发利用的需求的同时，还要兼顾水体本身存在于一个健全生态系统之中的需求。河流湖泊治理的目标既要开发河湖的功能性，也要维护流域生态系统的完整性，洁净的河流是一个健全生态系统的动脉因此，在进行防洪工程的规划时，应明确河流与其上下游、左右岸的生物群落处于一个完整的生态系统中，进行统一规划设计和建设。

水生生物受水利工程建设的影响是最直接的。水利工程阻碍了鱼类的洄游路线，切断了河流，严重影响了鱼类的生命周期；水利工程还改变了鱼类的生存环境，使鱼类的多样性发生较大的变化，严重影响鱼类的繁殖，导致鱼卵的死亡，水利工程建设不仅改变了河流的水生生物系统，还导致水生生物的生长环境遭到破坏。此外，由于有机物和土壤中的氮、磷相融合，再加上水库周围农田、草原的养分和降水直接进入河流中，从而创造出有丰富营养的有机物在对江河湖泊进行开发的同时，尽可能保留江河湖泊的自然形态，保留或恢复其多样性，即保留或恢复湿地、河湾、急流和浅滩。

水利工程建设能直接破坏陆生生物和植物。水利工程还会导致严重的土壤盐碱化，间接地影响动物、植物的结构、种类和生存环境；使河流周边的植被减少，影响了生物多样性；动物、植物的生存环境遭到严重的破坏，导致大量的物种灭绝。不仅如此，水利工程还会影响河流下游的流量，水库可以将水资源储存起来，还可以在非汛期将基流截住，这样就会导致下游水流减少，严重的还会出现断流现象。这样，水库周围的地下水位会大大降低，从而对生态环境产生影响。比如说，下游断流造成河湖干枯；河流水位降低有可能在入海口出现海水倒灌的现象，这对农业的发展和生态环境都极为不利；修建水利工程还会影响泄洪量，这就会对航运和灌溉等产生影响，还会污染水质。水利工程建设会影响水流的流速，尤其是上游水库区水质很容易被污染，这就导致水质下降。

水利工程对水体的影响主要有两个方面：一方面，修建水利工程会减缓水库区水流的速度，这就会造成悬浮物沉积，这样水质就会清晰，也利于水生物生存；另一方面，水库会存储大量水资源，由于水流速度较慢，水体与大气之间的污染物就会扩散，使得复氧能力大大降低，也使得水库区的自净能力变弱。另外，水体的富营养化容易消耗大量氧气，这就会造成温室效应。然而，水利工程还会对局部的降水产生影响，主要表现在：会导致降水量增加，改变降水的分布状况并改变降水时间，水利工程建设使周围的空气湿度增加，使该地区的水体和湿地面积增加，对当地的气候环境产生影响，这给当地生物的生长带来了好处。

在城市水域整治的景观建设中，往往将水流置于诸如亭台楼阁等混凝土与砌石形成的人工环境之中，这种人工环境使河流失去了自身的美学价值和生机勃勃的生命在城市化进程中，为建筑停车场，采用大量沥青或混凝土的硬质不透水路面，不但植物无法生长，也隔断了补给地下水的通道。

### （二）生态水利工程的规划设计原则

河流与周边的田地和城镇相互联系，它们组成一个完整的生态系统，未来的水利工程既能够实现人们期望的开发利用水的功能价值，又能兼顾建设一个健全的河流湖泊生态系统，实现水的可持续利用。生态水利工程是一项综合性工程，在河流综合治理中既要满足人的需求，包括防洪、灌溉、供水、发电及航运等，也要兼顾生态系统的可持续性。所以，在水利工程的建设中要考虑到多方面的因素和关系，生态水利工程的建设遵循以下几个原则：

**1. 保护和修复河流多样化的原则**

要根据每条河流的不同特征进行水利工程的建设，生态水利工程保护河宽，减少工程占地，能够减少河流两岸的占地面积，增加土地的有效使用面积，减少工程占地。河流形态的多样化是生物物种多样化的前提，特别是恢复原有陆生植物及水生植物，为鱼类、鸟类及两栖动物的栖息与繁殖提供条件。水陆交错带是水域中植物繁茂发育地，为动物的觅食、栖息地、产卵地、避难所，也是陆生、水生动植物的生活迁移区，至关重要。因此，岸坡防护工程的设计应从强调人与自然和谐的生态建设要求出发，采用与周围自然景观协调的结构形式，人们为争取土地，江河两岸堤防间距缩窄，使得河流失去浅滩和湿地。浅滩既能使水净化，又增加氧气供给，为无脊椎动物生存提供方便，还为鱼类产卵提供栖息地，在满足工程安全的基础上，注重生态和景观护岸形势的多样化。

**2. 保持和维护河流自我修复的能力**

生态水利工程能修复已破坏的河道，修复河流整个生态系统。生态水利工程以修复整个水体系统为主要目标，有利于河床岸坡的防护和建设，有利于提高水体自净能力的库区或河岸、湖岸的植被种植和水生动物的放养，在充分利用当地野生生物物种的同时，慎重地引进可以提高水体自净能力的其他物种。堤线布置及堤型选择河流形态的多样化是生物物种多样化的前提之一，河流形态的规则化、均一化，会在不同程度上对生物多样性造成影响，要保持一定的浅滩宽度和植被空间，为生物的生长发育提供栖息地，发挥河流的自净化功能。结合生态保护或恢复技术要求，尽量采用当地材料和缓坡，为植被生长创造条件。渠道或改造过的河道断面、江河堤防迎水坡面采用硬质材料，如混凝土、浆砌块石等，使得植物难以生长，进而又影响到鱼类、两栖类动物和昆虫的栖息，而这些动物又是鸟类的食物，为了让鱼类、水域植物等有更好的栖息和繁殖的环境，在工程施工中，建议强调施工期对生物栖息地进行保护和恢复，避开动植物发育期进行施工。在堤防、护岸工程的材料选择上，应尽量少用硬质材料，多用自然材料，同时注重开发应用生态环保型的建筑材料。

### （三）水利工程与生态环境的相互关系

正确处理修建大型水利水电工程与保护生态环境的关系，就必须科学地、实事求是地分析修建大型水利水电工程可能导致什么样的生态环境问题，生态制约的具体表现是什么，并结合实际对具体问题进行具体分析，分清主次，抓住关键，用科学的发展观、人与自然和谐相处的理念正确认识并妥善处理现阶段遇到的问题，确保我国水利事业快速、健康地发展从普遍意义上讲，水利工程对生态环境的影响归纳起来主要体现在两个方面：一是自然环境方面，如水利工程的兴建对水文情势的改变，对泥沙淤积和河道冲刷的变化，对局地气候、水库水温结构、水质、地震、土壤和地下水的影响，对动植物、水域中细菌藻类、鱼类及其水生物的影响，对上、中、下游以及河口的影响；二是社会环境方面，如水利工程兴建对人口迁移、土地利用、人群健康和文物古迹保护的影响，以及因防洪、发电、航运、灌溉及旅游等产生的环境效益等。

**1. 水利工程建设对自然环境的影响**

一般情况下，地区性气候状况受大气环流所控制，但修建大、中型水库及灌溉工程后，原先的陆地变成了水体或湿地，使局部地表空气变得较湿润，对局部小气候会产生一定的影响，主要表现在对降雨、气温、风和雾等气象因子的影响。

**2. 水库修建后改变了下游河道的流量过程，从而对周围环境造成影响**

水库不仅存蓄了汛期洪水，而且截流了非汛期的基流，往往会使下游河道水位大幅度下降甚至断流，并引起周围地下水位下降，从而带来一系列的环境生态问题。

**3. 对水体的影响**

河流中原本流动的水在水库里停滞后便会发生一些变化。首先是对航运的影响，比如过船闸需要时间，从而给上行、下行航速会带来影响；水库水温有可能升高，水质可能变差，特别是水库的沟汊中容易发生水污染；水库蓄水后，随着水面的扩大，蒸发量的增加、水汽和水雾就会增多等。这些都是修坝后水体变化带来的影响。水库蓄水后，对水质可产生正负两方面的影响。有利影响：库内大体积水体流速慢，滞留时间长，有利于悬浮物的沉降，可使水体的浊度、色度降低。不利影响：库内流速慢，藻类活动频繁，呼吸作用产生的 $CO_2$ 与水中钙、镁离子结合产生 $CaCO_3$ 和 $MgCO_3$ 并沉淀下来，降低了水体硬度，使得水库水体自净能力比河流弱；库内水流流速小，透明度增大，有利于藻类光合作用，坝前储存数月甚至几年的水，因藻类大量生长而导致富营养化。

**4. 对地质的影响**

修建大坝后可能会诱发地震、塌岸、滑坡等不良地质灾害。大型水库蓄水后可诱发地震。其主要原因在于水体压重引起地壳应力的增加；水渗入断层，可导致断层之间的润滑程度增加；增加岩层中孔隙水压力，库岸产生滑塌，水库蓄水后水位升高，岸坡土体的抗剪强度降低，易发生塌方、山体滑坡及危险岩体的失稳。水库渗漏造成周围的水文条件发生变化，若水库为污水库或尾矿水库，则渗漏易造成周围地区和地下水体的污染。

**5. 对土壤的影响**

水利工程建设对土壤环境的影响也是有利有弊的，一方面通过筑堤建库、疏通河道等措施，保护农田免受淹没冲刷等灾害，通过拦截天然径流、调节地表径流等措施补充了土壤的水分，改善了土壤的养分和内热状况；另一方面水利工程的兴建也使下游平原的淤泥肥源减少，土壤肥力下降。同时，输水渠道两岸渗漏使地下水位抬高，造成大面积土壤的次生盐碱化和沼泽化。

**6. 对动植物和水生生物的影响**

修筑堤坝将使鱼类特别是洄游性鱼类的正常生活习性受到影响，生活环境会被打破，严重的会造成灭绝。如长江葛洲坝，下泄流量为 41300 ~ 77500$m^3/s$，氧饱和度为 112% ~ 127%，氮饱和度为 125% ~ 135%，致使幼鱼死亡率达 2. 24%。水利工程建设使自然河流出现了渠道化和非连续化态势，这种情况造成了库区内原有的森林、草地或农田被淹没水底，陆生动物被迫迁徙。

## 二、水利工程建设对水生态环境的影响

### （一）水利工程建设对水生态环境的主要影响

**1. 改变水流流速**

水利工程建设能够使天然形成的水环境状态发生不同程度的改变，这主要是因为水利工程项目建成后，周边的地质条件、地理状态以及水生生物和植物形态改变，水文条件以及河道水体均与以往情况不同。建设水利工程，坝址的下游以及库区等水文

情况均发生改变，尤其是在项目的施工建设期间，水利工程在河道节流、水体状态以及流程等方面发生变化，工程项目建成截流后，与坝址比较接近的水体部分流速会明显增加。河道上游的水面较大，因而总体的水流流速较为缓慢，但是在流经下游时，由于受到水库等水利工程项目建设影响，水流状态被调节，等到丰水期，向下泄出的水流量会明显减少，水流流速也会明显减小，但是在枯水期，由于增大了水量，水流流速又会变快。

**2. 改变水文条件**

不同类型的水利工程项目在施工建设中，由于经济生产用途不同，因而建造的实际规模和形态也不同，对水生态环境的影响程度和影响内容也不同，但是水利工程建设对于水文条件的改变是显而易见的。例如水库等水利工程项目的施工建设，在修建水库后，由于上游的水位被抬高，因而水动力产生的基本条件也发生了变化；在河流的下游，由于容易发生河道断流情况，地下水位会明显地下降，这就容易导致下游的天然池塘或湖泊等发生水源绝源。水利工程建设属于人工实践性的工程活动，大型的工程项目建设在水环境区，河道的上下游总体地理形势发生改变，对于水路的动力提供形势也会相应地发生变化，上游水动力不足，下游的水源供给就会明显的不足，河流的径流被过度的人工化改变，断流情况则易多发。

**3. 改变水温、水质**

水利工程项目在施工建设中，对周边的地理形态和水文形态等均会产生不同程度的影响，但是在水利工程建成后，水流水温和水质等也会发生变化，例如水库建成后，会有分层现象在水温变化中出现，原水域中的相同水文出现的时间会变化。在水利工程项目建造期间，大型的机械设备和施工作业会产生较多的施工垃圾，这些施工垃圾或建材垃圾被人工大量排入水体中，会造成严重的水质污染；运行水利工程，水库库区中会增加水环境的容量，水环境的纳污能力也会相应地提高，使水体的浑浊度降低。但是建成水利工程项目后，因为径流的改变，上游水流流速和流量大大降低，加上人工排入了大量的垃圾，增加了对水体水质的污染程度。

**4. 水利工程对生物多样性产生的影响分析**

站在客观和理性的角度来讲，生物的多样性不仅可以使人类有一个良好的生活环境，而且可以使地球系统处于良好的平衡状态。水利工程对生物多样性的影响是非常大的，不利于保持生物的多样性，一定程度上破坏了生物的原本生活，某些生物因此而灭绝对于部分水生动物来说，生存在江河之中是它们的生活习性，因为大坝的阻挡而不能游到源头进行繁殖。此外，水库在蓄水或泄水过程中，因为此地正好是鱼虾的产卵场地，就会淹没和破坏它们的产卵地，原有的水生物的水文生存条件就会发生很大程度的改变某些水生物因不能适应被改变的水文条件，就会威胁到它们的生命所以，一旦物种灭绝、那么想第二次恢复生物多样性是不可能的。针对此现状，需要提升相关施工人员的职业素养和业务水平，通过培训来强化他们的环保理念。施工企业在施工过程中，应当保护好水环境，建筑垃圾应合理进行处理，尽量减少水利工程施工对生物多样性的影响。

### （二）水利工程建设中减少不利的水生态环境影响措施

**1. 合理的项目规划**

水利工程项目在施工建设中，对水生态环境的影响是多面性的，在建造水利工程项目的过程中，需要采取有效措施，保证项目建设的合理，最大限度地降低项目建设对水生态环境造成的不利影响。由于水利工程项目的施工建造对于专业技术方面具有较高的要求，因而在项目的规划设计中，存在某单个环节出现问题，都会影响全面计划，从而给水利工程项目的施工建造或建成使用带来不便。在水利工程规划设计中，需要对当地的地质条件、自然环境以及水源水质等情况进行实地调研，分析项目建设和建成后可能对当地水生态环境造成的影响，然后对各项技术指标进行重新设定。相关人员在水环境调查中需要对整个水循环系统有所了解，统计自然资产情况，实施保护性的项目建设。

**2. 约束施工行为**

水利工程项目建设中，由于工程规模大、建设周期长，参与建设的相关人员也较多，人员素质和技能水平等也难以保证，可能存在不规范的施工行为，如滥砍滥伐、就地取材以及随意倾倒施工垃圾和建材垃圾等。对这种情况，需要施工单位内部加强制度化建设，对现场施工人员的施工行为进行严格的约束，统一垃圾堆放点和处理方式，在水利工程项目建设施工区域内，划定垃圾分堆场所，垃圾分为施工垃圾和生活垃圾，在集中处理中，防止垃圾被随意排放到水体中，污染水质。另外，在水利工程建设中，清洗砂石骨料、化学灌溉、养护混凝土等需要在固定场所，使用固定水源，对于生活污水和机械废油等也要统一处理，加强环境监管，严格约束现场施工人员的个人行为。

**3. 减少人为“掠夺”**

水利工程的建设，主要是为了对水资源的自然形态进行合理的改变，在自然资源的合理调用中，为现代化的经济发展提供必要的能源资源供应，因而建设水利工程、既是一项为人类谋福利的事业，也是一项自然改造性工程。在具体的施工实践中，不注意对自然环境的保护，会给水生态环境造成严重的破坏。因而，在建设水利工程实践中，需要尽量减少对耕地、湿地和林地等的占用，尽量保持原有的自然生态景观；建设水利工程项目，对于施工区和自然保护区要进行严格的划定，对于自然保护区中的林木资源、水资源、土地资源等不可擅自取用，否则影响生物多样性；合理的取用水生态环境的内部资源，能够起到保护水质、维持水土的作用，同时也避免因人工改造自然，导致对自然资源“掠夺”式行为的产生，要求很严格遵循科学发展观的发展理念和要求。

水利工程项目在施工建设中，需要对当地的自然环境和地理状态等有所了解，分析工程项目在建设中可能存在的问题，在施工方案和工艺技术上不断进行改进和优化，尽量减少水利工程建设对水生态环境的影响。水生态环境对于社会发展以及人类生活具有重要的影响作用，水生态环境中的陆地水，一部分是天然形成的，另一部分是人工改造后形成的，但是在多种因素的影响下，构成一个水生态环境整体，其中主要包括森林、土地、野生动物、人工设施、城乡聚落和草原等。建设水利工程，是改造自然的活动，对于环境状态和水文过程具有改变性作用，自然生态平衡、能量平衡和水量平衡关系被打破。基于此，对水利工程建设方案以及施工规划内容进行优化和完善，对水生态环境中的环境因子进行分析，在宏观政策之下，实施水利工程建设技术等方面的指导，对整体水利工程布局合理改进，重点解决工程项目与生态环境间存在的矛盾点，促使现代化水利工程项目建设的经济效益、社会效益和环境效益等均得到充分的发挥。

### （三）水利工程建设对水生态环境系统影响的解决措施

**1. 建立起生态堤防工程**

施工企业在水利工程施工过程中，应当尽量减少对工程材料的使用，对于堤线的布置更要引起关注，生态类型河坝的设计及考虑，一定要按照河流的基本情况进行，充分利用河流本身斜坡的作用，促使水源系统能够正常流通，正常完善，只有这样，才可能减少水利工程建设对水生生物所带来的不利影响。对于水利工程当中的生态堤防工程来说，它所秉承的原则是：整改与修复，不仅要保护好综合性生态环境，也要保护好水环境，在此前提下来修复生态系统。保护好水环境、生态因素是水利工程规划以及建设必不可少的内容，预测可能会产生的问题，同时做好相应的评价，考虑普遍有可能出现问题，找到相应的预防措施，尽量地避免重复性问题第二次发生，才能确保水利工程的建设方案更加完善，保证水利工程有明确清晰的需求，以此实现保护好生态环境的目标。

**2. 水利工程对生物多样性产生的影响分析**

水利工程在建设规划阶段当中，不仅要对当地地质环境进行勘察和勘探，也要对当地的生态环境做好勘察与勘探，在此工作中，以对环境质量所产生的影响作为主要考虑内容，在科学分析过程中，要确保获得第一手资料，保证资料的准确性及真实性，根据所获得的信息和数据，在所确定的方案中应当尽可能满足保护生态的需求。

## 三、水利工程建设与生态环境可持续发展

随着我国经济建设脚步的加快，我国越来越重视能源的开发和利用，水利工程、水电开发得到快速发展。进入21世纪之后，我国加大了水利工程的建设，先后动工新建一大批水电站，通过实现水利工程和水电的滚动式开发，有效降低了石化能源的消耗，提高了我国电力资源的利用水平，为我国的低碳经济做出了贡献。随着水利工程建设规模的逐步扩大，水利工程在为经济提供保障和支援后所表现出来的弊端也逐渐显现，并随着建设规模的扩大而逐步增多。水利工程建设在发展中面临的最大问题就是对生态环境的影响，为了保障水利工程的健康发展，提高水利工程的利用效率和减少环境破坏及生态污染，在建设中需要走生态建设和可持续发展的道路，来完善水利工程建设效益。

### （一）水利工程建设的作用

水利工程建设完成后，可为区域提供航运、防洪、灌溉、发电、水产养殖和供水等多方面的综合效益。

**1. 航运**

我国大多数的天然河流在通常情况下，具有水流急、落差大、水深浅、河滩多等特征，通常只能进行季节性的通航，通过水利工程建设，建成堤坝后可以有效改善通航条件，有利于解决通航问题。

**2. 防洪和灌溉**

防洪是水利工程的主要功能，洪水肆虐，轻则毁坏农田，重则威胁人民的生命财产安全。通过建设水利工程，能在汛期发挥蓄滞洪水和削减洪峰的作用，在枯水期增加水流量，提高抗御洪涝灾害、旱灾等自然灾害的能力，降低洪水的危害程度。

**3. 发电**

由于水资源的再生能力，相对于煤炭、石油等不可再生资源具有不可比拟的优势；同火力发电相比，具有不污染环境，能有效减缓温室效应和酸雨的危害等优势；同时具有清洁、不消耗水量及运行成本低等优点。

### （二）水利工程质量管理与水资源可持续利用的研究

**1. 施工前期质量管理**

（1）做好项目质量策划工作，统筹安排

在项目质量管理中，首先应确定项目资源，建立健全项目施工组织结构，合理配备人力、设备、材料等资源。通常情况下，质量策划常采用因果图法、流程图法等方法。在水利工程开工后，工程水工单位可根据项目质量计划和工作方针的要求，组织全体员工进行学习。尤其是对于中小型工程企业，由于民工包工队伍较多，应特别注意质量意识的学习和教育。具体包括以下几个方面：一是在进入施工现场之后，应组织施工人员学习技术资料、合同文件，根据文件的要求，之后结合工程的具体情况，制订出详细的、切实可行的质量管理计划，保证质量管理工作能顺利实施；二是各单项工程在开工之前，应对全体施工人员进行培训，并进行严格考核，保证在工程施工中严格按照技术规范、设计规范进行施工作业。同时，施工企业还应该实行挂牌作业、持证上岗制度，减少安全事故的发生；三是在各单项工程开工之前，应组织全体人员对施工工艺、机械设备、原材料、检测方法以及可能出现的问题进行准备并进行检查，在准备工作就绪后才能进行施工作业。

（2）建立健全项目质量管理制度，落实管理责任

在工程开工阶段，应建立健全项目质量管理制度，落实管理责任，让全体施工人员能明确自己的岗位职责。首先，应明确规定项目经理的管理职责，作为工程项目的首要负责人，项目经理应亲自抓好质量管理工作。其次，应明确项目质量经理的管理职责，具体负责项目质量管理工作，主要如下：组织制订项目质量计划；根据项目质

量计划的要求，检查、监督项目质量计划的执行情况，尤其是对于质量控制点的检查、验证、评审等活动；如果发现技术、管理中存在重大质量问题应组织研究，并上报至项目经理；组织编制项目质量执行报告，上报至项目经理和质检部门。各技术工种、各部室、各专业负责人及各作业队应完成各自的质量管理责任，才能保证水利工程施工的质量。

（3）明确项目质量管理的目标，制订计划方案

在执行项目质量计划方案时，应从项目总体出发，结合具体项目的特点，明确质量控制的重点环节，将项目采购、实施环节纳入质量管理中，同时，质量管理计划应简明扼要，操作性强。

**2. 施工过程中质量管理**

（1）人的管理

工作人员管理是质量管理的重要环节，也是最关键的环节。在水利工程施工过程中，项目经理、施工人员的任何行为，都可能对项目质量和进展造成影响。因此，在水利工程施工过程中，应加强人的管理，宣传质量管理意识。质量意识的高低，在很大程度上要受到宣传力度的影响。从目前来看，由于施工人员的文化素质较低，在质量意识宣传方面要分层次进行，将复杂的理论以通俗的语言表达出来。质量意识应为一个自上而下、自下而上的过程，在多次循环中，施工人员才能树立起质量意识。同时，在工程施工过程中，施工企业还应该认识到团队精神的重要性，通过各种激励措施激发员工的工作积极性，为质量控制打下基础。在水利工程施工过程中，应树立“以人为本”的管理理念，逐步推行项目人本管理模式，通过“异而不乱、和而不同”的方法，能够提高质量管理水平。

（2）强化工地试验

在工程质量管理工作中，工地试验是其重要环节。工地试验由企业自检部门组成，在工地试验中，对试验人员素质提出了很高的要求，同时，试验人员应对工作负责，实事求是。如果试验人员在工作中玩忽职守，不仅浪费企业资金，还会延误工期，甚至可能造成严重影响。在实验室配置方面，应选择合适的试验方法，并选择与之配套的仪器和设备。以测量工作为例，在设备选择时应尽量选择全站仪进行校验，主要因为全站仪精度较高，还能提高工作效率。

**3. 工程竣工后的质量管理**

在工程竣工后，应做好工程质量检验，细化工程质量评定的指标，对水利工程施工作业进行严格检查。在工程质量评定时，应根据质量评定的方法和标准，结合施工质量的实际情况，确定施工质量的等级，根据工程项目划分的方法，可将质量评定分为以下几项：单元工程、分部工程、单位工程、项目等质量评定。在工程质量检验时，可以工程产品、工序安排为重点，判断工程质量与规定是否相符。

### （三）水利工程建设与生态环境可持续发展的措施

**1. 遵循生态建设标准，提高水利工程的生态建设能力**

水利工程的可持续发展是要在满足当代需求和实现水利工程基本作用的前提下，

不出现损坏后代发展能力，能持续提供高质量的水利效益，生态建设的可持续发展需要在不产生危害的前提下来改善生活质量，减少生态环境的破坏。进行水利工程建设和开发时，要遵循生态建设的标准和要求，遵守生态环境规范，建设项目要满足可持续发展标准，并做出多项方案进行选择，综合评价环境影响，将正面效益最大化，从而降低对环境的影响。

**2. 水利工程建设结合环境工程设计，提高生态化水平**

进行水利工程设计时，应当充分吸收环境科学技术的理论，达到水质与水量同步，结合水环境污染，设置相对应的防治工程。水利工程中的作用水量，考虑季节变化产生的影响，同时充分利用在雨水季节或枯水季节中不同的应对措施。生态水利要立足于水利工程建设和环境生态之上，将水量的高效利用和水质有效优化进行有机结合，实现水利建设中的生态平衡。

**3. 建立科学发展观，合理引导水利工程建设的生态建设**

要用科学发展的眼光来规划水利工程建设，转变传统的规划观念，调整开发思路，深入生态建设理念，做好水利工程的生态环境影响评价和保护环境设计，设置相关制度，加强对环境的检测。贯彻全面管理的思想，统筹考虑水利开发的规划管理，通过先进生态技术的支撑，来完善水利建设的生态发展水平，减少对环境的破坏程度。

随着社会经济的快速发展，能源的可持续发展是未来面临的主要问题。水利工程建设作为经济发展的重要支柱，要从实际出发、保持及生态建设的同步性，在促进经济发展的同时，要能保证经济发展同保护生态环境步调一致，进一步调整人与环境的关系，实现人与自然的和谐。

## 第二节　水利工程水环境功能

### 一、流域湿地水质净化功能研究进展

#### （一）流域湿地水质净化功能的内涵

湿地是自然界中最重要的自然资源、景观和生态系统，在维护生物地球化学平衡、净化水质方面发挥着巨大的作用，但是随着人类活动的影响，地球原本的生态平衡遭到极大的破坏。此外，湿地生态系统遭到极大的破坏，导致其原有的湿地净化功能不断减弱，从而引发水质下降、物质平衡失调等一系列的生态问题。

#### （二）湿地的水质净化功能

湿地是重要的国土资源和自然资源，如同森林、耕地、海洋一样，具有多种功能。湿地与人类的生存、繁衍、发展息息相关，是自然界最富生物多样性的生态景观和人

类最重要的生存环境之一，它不仅为人类的生产、生活提供多种资源，而且具有巨大的环境功能和效益，在抵御洪水、调节径流、蓄洪防旱、控制污染、调节气候、控制土壤侵蚀、促淤造陆、美化环境等方面有其他系统不可替代的作用，因此湿地被誉为“地球之肾”，在世界自然保护大纲中，湿地与森林、海洋一起并称为全球三大生态系统。

湿地具有去除水中营养物质或污染物质的特殊结构和功能属性，在维护流域生态平衡和水环境稳定方面发挥着巨大的作用。

**1. 天然湿地的自我净化功能**

流域湿地本身就是天然的生态系统，在一定程度上可以完成自我净化功能。但是由于近年来农村农业经济的发展，村民在河内的大量作业活动，严重影响湿地生态系统的多样性，使湿地难以完成水体自我净化。

湿地一项重要的作用就是净化水体。当污水流经湿地时，流速减缓，水中的有机质、氮、磷、重金属等物质，通过重力沉降、植物和土壤吸附、微生物分解等过程，会发生复杂的物理和化学反应，这个过程就像“污水处理厂”和“净化池”一样可净化水质。湿地在净化农田径流中过剩的氮和磷方面发挥着极其重要的作用。

随着农村经济发展需求的逐步提升，河流退化、面源污染增加以及社区环保意识不强等问题也日益凸显，使得原本的湿地面临着越来越严峻的水质和水量安全问题。

**2. 人工湿地具有水质净化功能**

天然湿地是处于水陆交接带的复杂生态系统，但人工湿地是处理污水而人为设计建造的、工程化的湿地系统，是近些年出现的一种新型的水处理技术，其去除污染物的范围较为广泛，净化机制十分复杂，综合了物理、化学和生物的三种作用，供给湿地除污需要的氧气；同时由于发达的植物根系及填料表面生长的生物膜的净化作用、填料床体的截留及植物对营养物质的吸收作用，而实现对水体的净化。

人工湿地具有投资省、能耗低、维护简便等优点。人工湿地不采用大量人工构筑物和机电设备，无须曝气、投加药剂和回流污泥，也没有剩余污泥产生，因而可大大节省投资和运行费用。同时，人工湿地可与水景观建设有机结合。人工湿地可作为滨水景观的一部分，沿着河流和湖泊的堤岸建设可大可小，就地利用，部分湿生植物本身即具有良好的景观效果。

### （三）做好湿地水质净化工作，创造良好的生态环境

**1. 流域湿地保护仍然存在着问题**

湿地保护仍然是生态建设中一个十分突出的薄弱环节，面临的形势还相当严峻。首先，面临着经济发展的巨大压力。过去的压力主要来自解决吃饭问题，为了增加耕地而大量开垦围垦湿地。当前的压力则更多的来自对经济发展的追求，为了经济建设而过度开发湿地资源，其次，影响湿地保护管理工作的一些基本问题未得到解决、特别是思想认识缺位，政策机制缺乏，资金投入缺少，管理体系薄弱。这些问题，导致了一些地方盲目开发利用、乱占滥用湿地的现象不断发生，使湿地面积不断减少，湿

地功能不断下降，并且这种趋势还在继续。

虽然近年来在改善和保护环境方面取得了一些进步，但现实仍然令人忧虑：各行各业的努力和成果并不平衡，大多数工业企业依然采取传统的生产方式，很少致力于可持续发展。污染企业正在全球范围内向最贫穷国家转移，而这些国家往往缺乏保护环境、卫生和生产安全的能力，经济的发展和对商品、服务需求的增长正在抵消改善环境的努力。

**2. 大力响应国家的湿地保护政策**

湿地与森林、海洋并称为全球三大生态系统，被誉为“地球之肾”。健康的湿地生态系统是国家生态安全体系的重要组成部分，明确了湿地保护的指导思想、任务目标、建设重点和主要措施。我国湿地保护事业迎来了前所未有的发展机遇。

随着国家对生态建设的高度重视，社会对湿地的认识正在经历着把湿地看成是荒滩荒地到将湿地作为国家重要生态资源的转变，相应的在思想观念上正在经历由注重开发利用到保护与利用并重，并且逐步做到保护优先的转变。这些转变虽然是初步的，但对湿地保护工作具有十分重要的意义。

## 二、大型水库的水质净化作用

### （一）静水也可不腐

为什么流进水库的普通河水会变成了有点甜的优质矿泉水，这让人们始终疑惑不解。经过考察分析发现，河流的水质净化作用与水库的水质净化作用有着本质的区别。尽管就净化水质的效果而言，人们很难笼统地比较水库和激流孰优孰劣。但是对于大型水库，净化水质的效果明显优于任何激流河段的结果。要理解这一现象，人们要从分析水污染与河流、水库自净能力的机制入手。

根据水污染的有关分析，水污染主要分为死亡有机质污染、有机和无机化学药品污染、磷污染、重金属污染、酸类污染、悬浮物污染和油类物质污染等。一般来说，有机污染、磷污染、油类物质污染、酸类污染等类型的污染都可以通过与水体中的氧发生氧化作用而得到缓解。所以，这类水污染通常被称为化学需氧量（COD）。所以，河流水污染通常可以分为两大类，即化学需氧量（COD）和悬浮颗粒物。

常说的“流水不腐”和激流河段，确实有较强的水体净化能力，但这主要是针对水体中的化学需氧量而言的。因为，流动的水的表面与空气有更多的接触，能增加水体中的含氧量，有利于中和水体中的化学需氧量污染物的分解。所以，通常来说流动的水比静止的水具有更强的水体自净能力。但是流动的水也不是总会增加水的自净力，因为对于悬浮颗粒物类的水污染，则需要用沉淀的方法才能使其净化。

举一个最简单的例子，每个人都可以自己去验证。随便找两个桶，装上同样的污水，如果你在其中的一个桶里面不断地用棍子去搅动污水，是不是一定就能得出被搅动的桶里面的污水，就一定要比没有搅动的桶里的污水要干净的结论呢？如果你试验过，就会发现，当然不是。对某些成分的污水也许会产生这样的结果，但是肯定有很多的情况，会因为你的搅动，使污水变得更加污浊，因为被搅动的污水无法在桶中沉淀。所以，结论将是非常明确的，快速流动并不一定会净化水体；反之，在很多情况下降低流速，可以起到沉淀的净化作用。

由此可见，净化水质必须有一个矛盾的过程。一方面要通过扰动增加水体中的含氧量，中和化学需氧量；另一方面又要通过沉淀减少水体中的悬浮颗粒物和重金属含量人们去参观任何一个自来水厂或者污水处理厂时，都可能发现水处理的过程，既需要有增加水流动的曝气池，也需要有相对静止的沉淀池。

相对于天然河流来说，激流只能产生曝气的中和 COD 的效果，但无法产生沉淀的净化作用。但是，大型水库则有可能产生既降低了水体中化学需氧量 COD，同时也沉淀了悬浮颗粒物的水体净化的双重作用。这是因为，水库对化学需氧量污染的净化机制完全不同于天然河流中的增加水体含氧量。

### （二）生态链转化

众所周知，水体中的 COD 的过量污染常被称为“富营养化”，也就是说 COD 其实就是水体中的某种营养物质。这种营养物质通常可以促进藻类和水生植物的生长对于大型水库来说，由于水环境容量巨大，不仅藻类和水生植物都有着较大的生存空间，而且靠食用藻类和水生植物生长的鱼类，数量也非常大。水库水生态系统的正常运转，水生植物和藻类在生长过程中通过光合作用产生了大量的氧气，水生动物又通过食用水生植物和藻类把它变成动物蛋白。这样通过水库中的有机生物链把大量的 COD 转变成了各种渔产品的动物蛋白。人们又通过不断的捕捞、食用水库中的鱼产品，就消耗掉了水体中的 COD。

这样，大型水库虽然不能靠水的快速流动增加水体中的含氧量，但具有非常强的中和水体中的化学需氧量（COD）污染的能力因此，只要进入大型水库的水体的污染物被控制在一定的范围之内，大型水库就具有了同时净化 COD 和悬浮颗粒物水污染的双重作用，这也就解释了为什么新安江水库能具有任何天然河流都不可能具有的超强的水体净化能力。

当然，大家也不能否认现实当中确实有一些河流建设水库之后水质变得更差，这一方面是由于上游和当地污染排放没有得到有效的控制，过量的污染物排放超过了水库的自净能力，一旦水库中的有机生物链崩溃，水库不仅失去了净化作用，反而变成了一个大的污水“发酵”池；另一方面也可能是因为该水库的库容较小，没有足够的环境容量，无法让水库形成的水生态系统和生物链能够消耗掉水中的营养物质，所以一般来说大型水库的水质净化作用会更加明显。

## 三、净化水质环境污水处理技术

水，是人类的生命之源。地球表面有 70% 都被水所覆盖，而成人身体也有 70% 是由水组成的。总而言之，没有了水，这个世界将会灭亡。所以说，目前国内出现的水质环境污染问题，直接威胁着人们的生存以及生活。经济发展难免会导致污水的出现，

而当下需要做的是如何去处理污水，从而净化水质环境，实现可持续发展。

## （一）我国水质环境现状分析

虽然地球表面70%被水所覆盖，但是人类可直接使用的水源其实微乎其微。目前，全世界都处于一种缺水的状态之中。更加雪上加霜的是，水源污染问题已经在世界范围内蔓延开来，中国作为新兴国家的后起之秀，有着庞大的人口数量和严重的水源污染问题。

### 1. 工业废水未经处理直接排出

工业废水是造成我国水质环境污染最主要的原因。虽然从总量上来说，工业废水的排放要远远小于生活废水的排放。但是，工业废水所含有的有害物质，确实是生活废水所远远不可比的。如果工业废水不经过处理就直接排放，那对水质环境造成的危害可想而知。而事实上，很多的工厂为了节约生产成本以及逃避政府监管，常常都是将工业废水直接排放到江河等水源当中，尤其是印刷厂、造纸厂及化学厂等重污染行业。这种做法，直接造成了水源环境的污染。

### 2. 生活废水的排放量越来越大

生活废水对水质环境的危害虽然要比工业废水小得多。不过，近年来生活废水的排放逐年增加，并且增长趋势越来越明显。从总体上来看，生活废水的污染力也不可忽视。在固有的观念里，大家都认为生活废水并不会对水质环境造成多大的影响。也许正是因为这样，生活废水的集中处理率比工业废水要小得多。再加上国家在处理生活废水方面并没有制定明确的法律法规，因此近年来生活废水造成的污染问题才会越来越严重。

### 3. 农业废水有害物质越来越多

农业废水主要是指家禽养殖业造成的粪便污染以及农药使用时造成的土壤污染，以上任何一种污染，最后都会造成地表水乃至地下水的水源问题。尤其是其中的农药问题，更是需要引起人们的注意。不少的农民为了追求高产量，在种植农作物的过程当中都会选用农药。而市面上所销售的农药，大多数都含有剧毒，并且是土壤无法分解的长期使用的话，必将由土壤污染最后造成水源污染。

## （二）常见的污水处理技术

我国目前确实存在着不小的水质环境污染问题，造成这种情况的原因之一是人们尤其是工业厂家的环境保护意识不够强烈，之二是国家相关保护水质环境安全的法律法规缺失，之三是污水处理技术比较落后。污水处理最根本的目的，就是将污水中的有毒有害物质以及其他的污染物从水体中分离出来，或者是采取其他方法将其分解转化，直至污水得以净化。当前所应用的污水处理技术基本上离不开物理方法、化学方法以及生物方法，基本上所有的技术都是基于这三种方法展开的。

### 1. 水体自净

所谓的水体自净，其实就是不采取人为操作的手段，让水体中的污染物浓度自然降低的过程。一般来说，物理净化、化学净化、生物净化是水体自净的三种机制。其中，物理净化是指水体自身的扩散、沉积、稀释、冲刷等作用，化学净化是指水解、氧化、吸附等化学反应，生物净化是指水中生物尤其是微生物的降解作用。在大部分情况下，以上提到的这三种水体自净的机制是同时发生的，而且互相交错。并不一定说一定是其中的哪一种起主导作用，具体还是要看污水的性质与特征。水体自净实质上是一种不作为的污水处理方式，效果虽然不如其他方法那么显而易见，但是遵循自然规律，成本也很低，一般程度的污水，水体自净的功能能起到初步净化的作用。

**2. 活性污泥污水处理技术**

活性污泥污水处理技术可以算得上是最为广泛运用的污水处理方法了，在国内外都是当之无愧的主流技术。因为使用这种方法来处理污水，不仅需要投入的设备以及技术成本较低，而且处理效率很高，处理效果也是稳定可靠，一般情况下，大中型的污水处理厂采用的都是这种污水处理技术，活性污泥处理技术需要用到排污泵、格栅、吸砂机等设备，本质上是属于物理方法的一种。

**3. 氧化沟污水处理技术**

氧化沟工艺是在传统活性污泥法的基础上发展演变而来的，它与活性污泥法相比，强调的是稳定高效。在技术难度上与活性污泥法相差无几，但是比其成本更低、效果更好。根据实际情况的不同，氧化沟工艺也有很多的类型，在设备方面，氧化沟工艺与活性污泥法是相似的，比如说排污泵和格栅等。

**4. 生物接触氧化处理技术**

很显然，生物接触氧化处理技术是一种生物方法。不过从本质上来说，生物接触氧化处理技术是活性污泥法与生物膜法的结合，具备以上两种方法的优点，采用这种污水处理方法，首先需要建造一个生物接触氧化池，然后往里面充填填料。当污水流过填料的时候，填料上会形成生物膜，生物膜上存在着很多的微生物在微生物的降解作用下，污水得以净化。生物接触氧化处理技术相对来说技术含量较高，同时处理效果也较好。

以上提到的几种污水处理技术，都是现在比较常见且容易运用的。具体选择哪一种，还是要从实际情况出发，毕竟不同的方法在适用范围上有所不同。不同的污水处理方法之间，可以取长补短，相互补充在实际的应用当中，很多时候光凭一种方法是很难达到无数处理目的的，这就必须要求相关的技术人员了解不同方法的优缺点，从而熟练且灵活地运用。

### （三）我国污水处理技术的发展趋势

国家对于水质环境保护的重视度越来越高，从而推动了污水处理技术的新发展。目前，我国污水处理技术应该朝着科学化、集中化、环保化这三方面努力，走上可持续性的发展道路。关于污水处理，需要考虑的是如何最大限度地净化水源，保证不会发生二次污染；需要考虑的是如何降低成本，获取更大的经济效益和环境效益。

# 第三节　水利工程生态功能

## 一、河流流域生态安全综合评估方法

### （一）评估方法体系构建

**1. DPSIR 模型的建立**

DPSIR 模型通常运用在环境测量的系统之中，同时受到了较好的评价。对河流流域生态安全的评估选用该方法能够在驱动力、压力、状态、系统影响以及系统响应五个方面做出深层次的解析。

驱动力主要是从人口、社会和经济发展三个方面着手，与河流区域的发展和人类生活相结合，能够体现出双方间具有的根本性联系。压力指标主要是因为人类在生产生活中排放的生活垃圾和工业的废水，这对河流的生态环境有着极其恶劣的影响，甚至是难以挽回的影响，对河流所蕴含的资源压力和环境压力造成了直接的损害。状态指标主要是通过水量、水质对河流的生态进行具体描述。影响指标是反映河流流域对人类的生命健康和社会发展有着什么样的作用。在对比陆地生态、水生态和社会生态的情况下，分析河流的作用。最后一点是响应指标，即通过人类的反馈对河流进行改造和改善，更好地实现社会价值、经济价值和生态价值在这个过程中发现问题，并寻找切实可行的方案改变不良的局面，建立一个更好的生存环境。

**2. 评价步骤和流程**

在评价的步骤上，首先要进行的就是数据的预先处理，在环境保护上人们有一个重要的定律，就是当环境和生态质量指标形成等比关系时，环境和生态效应之间会出现等差反映，因此人们需要得出正向型指标和负向型指标，具体的公式为：正向型指标 = 现状值/标准值，负向型指标 = 标准值/现状值。在完成该步骤后，人们要对各层权重进行确定。这是在 AHP 的群体决策模型上进行方案选择的，最后，人们要对调查的各项数据进行汇总和综合指数的计算。

### （二）河流生态修复评价方法

社会 - 经济 - 自然复合生态系统理论中指出，不应孤立地研究自然资源环境退化的问题，而是应该把人类社会的进步和经济的发展与自然环境的退化统一联系起来，在确定社会经济发展的速度和规模的同时，必须考虑自然生态系统的承载力。在研究河流生态系统退化和河流生态修复时，应首先对河流自然环境状况进行评价，以判断河流生态系统是否退化，是否退化到不得不修复的程度；然后对河流周边城市社会发展状况进行评价，以判断其是否具有足够的经济能力去支撑河流生态修复的过程。

若河流生态系统状况未恶化到一定程度，就没有必要对其进行生态修复；若河流生态系统退化程度严重，但河流周边社会经济发展状况较差，没有能力支撑修复费用，也无法对河流进行生态修复。因此应在河流生态系统退化严重且社会经济发展程度较高的区域开展生态修复，即进行河流生态修复需要满足修复必要性和经济可行性两个先决条件。

**1. 指标因子的筛选**

参考国内外关于河流生态环境的评估指标和现有关于经济可行性评价的研究成果，结合河南省河流现有特征，从生态修复必要性评价和社会经济可行性评价两方面共选取 12 个指标来构建河流生态修复的指标体系，分为目标层、因素层、指标层 3 个层次结构。

河流生态系统受人类活动的干扰而功能受损，修复必要性评价实质上是分析河流生态系统的退化程度。由于河流生态系统囊括的范围较广，在分析河流生态系统退化的时候，需要综合考虑河流的生境因素、水文水质因素，且不能仅仅局限于河流水质的恶化，需要更进一步地分析水质恶化造成的河流生态结构的变化、河流基本功能的丧失等。选用河流生境状况和环境评价指标作为河流生态系统修复必要性的两类评价指标。

经济可行性评价主要表征经济因素对河流生态的驱动作用，反映生态脆弱地区存在的“越污染越贫困，越贫困越污染”的河流利用困局。研究经济可行性评价的目的在于了解河流生态修复的综合效益和合理程度，分析研究区域内经济发展与河流生态的关系时，既不能一味地追求经济发展而忽略河流生态的恶化，又不能一味地追求河流生态恢复而弱化经济利益的满足，因此在经济可行性评价中选用社会状况指标和经济状况指标来进行相关的评价。

在所有评价指标中，绝对权重值最大的 5 个指标依次为单位 GDP 用水量、水质平均污染指数、水资源开发利用率、水功能区水质达标率、污水处理率，是河流生态修复评价指标体系中的关键指标，既包括修复必要性评价指标，又包括经济可行性评价指标，表明修复必要性评价与经济可行性评价的同等重要，对比因素层与目标层之间的相对权重值，可以分析出社会经济状况指标的重要性。

**2. 指标评价基准**

评价基准以河流生态系统功能以及完善程度作为原型来确定，并参考国际标准及水质监测数据，部分指标参照国内相关研究文献。评价基准分为优、良、中、差 4 个级别。

为了避免不同物理意义和不同量纲的输入变量不能平等使用，采用了模糊综合评判模型，将指标数值由有量纲的表达式变换为无量纲的表达式在模糊综合评判时，需要建立隶属函数，使模糊评价因子明晰化，不同质的数据归一化。

**3. 数据收集**

结合实地调查、专家咨询等方法，同时参考水利及规划等部门对于河流的定位，确定各指标的数值。

### （三）评估方法体系构建

**1. DPSIR 概念模型**

DPSIR 模型是一种在环境系统中广泛使用的评估指标体系，概念模型是基于 DPSIR 概念模型框架，该研究将河流流域生态安全评估指标分解为驱动力、压力、状态、影响和响应五个层次。

（1）驱动力指标

反映河流流域所处的人类社会经济系统的相关属性，可以从人口、经济和社会三个部分梳理指标。

（2）压力指标

反映人类社会废物排放对河流流域的直接影响，包括资源压力、环境压力和生态压力。

（3）状态指标

直接反映河流流域生态的健康状况，可以通过水质、水量和水生态三方面来表征。

（4）影响指标

反映流域所处的状态对人类健康和社会经济结构的影响，能从陆地生态、水环境和社会发展三方面影响考虑。

（5）响应指标

反映人类的“反馈”措施对社会经济发展的调控及河流水质水生态的改善作用。

**2. 指标体系构建**

考虑到河流生态系统和社会、经济系统的复合性，对河流生态安全的评估必须从社会—经济—生态复合生态系统出发。体现到指标选取上，综合评估的指标体系必须从社会经济发展、污染物排放、复合生态系统压力以及河流水质水生态等多方面进行梳理，选取最具代表性的指标。结合对 DPSIR 概念模型应用于河流生态系统的分析并根据层次分析法，构建包含目标层、方案层、准则层和指标层 4 个层次的河流流域生态安全评估备选指标体系，在具体流域的指标使用上，需根据数据的可得性、独立性、显著性及指示性原则，同时利用相关分析和主成分分析等数学优选方法，筛选出既能够反映当地流域环境特征，又具有时间差异性的指标体系。

**3. 评价步骤与流程**

（1）数据预处理

环境与生态的质量 – 效应变化符合 Weber – Fishna 定律，即当环境与生态质量指标成等比变化时，环境与生态效应成等差变化，根据该定律，可以进行如下指标无量纲化：

① 正向型指标：$X_{ij}$ = 现状值/标准值。

② 负向型指标：$X_{ij}$ = 标准值/现状值。

（2）各层权重确定

该研究利用基于 AHP 的群体决策模型确定方案层权重，利用基于熵值的组合权重法确定指标层权重。

（3）综合指数计算

根据 Weber－Fishna 定律进行指标无量纲化后，模型选择加权几何算术值法作为基本算法，方案层计算公式：

$$B_i = \sum_{j=1}^{n} (X_{ij} \times W_j)$$

式中 $B_i$——第 $i$ 个方案层（驱动力、压力、状态、影响、响应）计算结果。

$X_{ij}$——第 $i$ 个方案层的第 $j$ 个指标；

$W_j$——第 $j$ 个指标权重。

对于目标层即生态安全综合指数（$IESI$）计算：

$$IESI = \sum_{i=1}^{m} (B_i \times W_i)$$

式中 $W_i$——第 $i$ 个方案层权重。

## 二、河流生态治理

### （一）河流生态修复的原则

#### 1. 保护优先，科学修复原则

生态修复不能改变和替代现有的生态系统，要以保护现有的河流生态系统的结构和功能为出发点，结合生态学原理，用河流生态修复技术为指导，通过适度的人为干预，保护、修复和完善区域生态结构，实现河流的可持续发展。

#### 2. 遵循自然规律原则

尊重自然规律，将生态规律与当地的水生态系统紧密结合，重视水资源条件的现实情况，因地制宜，制订符合当地河流现状的建设和修复方案。

#### 3. 生态系统完整性原则

生态系统指在自然界的一定的空间内，由于生物与环境之间不断地进行着物质循环与能量流动的过程，而形成的统一整体，完整的生态系统能够通过自我调节和修复，维持自己正常的功能，对外界的干扰具有一定的抵抗力。要考虑河流生态系统的结构和功能，了解生态系统各要素间的相互作用，最大可能的修复和重建退化的河流生态系统，确保河流上下游环境的连续性。

#### 4. 景观美学原则

河流除能满足渔业生产、农业灌溉和生活用水外，还可以为人类提供休闲娱乐的场所无论是深潭还是浅滩，无论是水中的鱼儿还是嬉戏的水鸟，都能给人带来美的享受。河边的绿色观光带也为人类提供了一幅幅美丽的画卷。因此，河流生态系统的修复，还应注重美学的追求，保持河流的自然性、清洁性、可观赏性及景观协调性。

#### 5. 生态干扰最小化原则

在生态修复过程中，会对河流生态系统产生一种干扰，为了防止河流遭到二次污

染和破坏，需合理安排施工期，严格控制施工过程中产生的废水、废渣。保证在施工修复的过程中，对河流生态系统的冲击降到最低，至少得保证不会造成过大的损害。

### （二）我国河流的现状

**1. 自然河流渠道化**

为了利于航行或者行洪，在河流的整治工程中，总是人为地将一些蜿蜒曲折的天然河流强行改造成直线或者折线型的人工河流，这样失去了弯道与河滩相间，以及急流与缓流交替的格局，改变了河流的流速、水深和水温，破坏了水生动物的栖息条件，也使河流廊道的植被趋于单一化，降低了植物多样性，再加上在堤防和边坡护岸进行硬质化，虽然利于抗洪，但是隔断了地表水与地下水的联系通道，使大量水陆交错带的动植物失去生存的条件，也破坏了鱼类原有的产卵所。

**2. 自然河流的非连续化**

人为的构筑水坝使原来天然的河流变成了相对静止的人工湖，导致大坝下游河段的水流速度、水深、水温以及河流沿岸的条件都发生改变，破坏了河流原有的水文连续性、营养物质传输连续性及生物群落连续性，使沿河的水陆生物死亡，引起物种消失和生态退化的现象。

### （三）河流生态治理效果

**1. 恢复河流自然蜿蜒特性**

天然的河流一般都具有蜿蜒曲折的自然特征，所以才会出现河湾、急流、沼泽和浅滩等丰富多样的生境，为鱼类产卵以及动植物提供栖息之所。但是人类为了泄洪和航运，将河道强行裁弯取直，进行人工改造，使自然弯曲的河道变成直道，破坏了河流的自然生境，导致生物多样性降低。因此，在河流生态修复的过程中，应该尊重河流自然弯曲的特性，通过人工改造，重塑河流弯曲形态还能修建弯曲的水路、水塘，创造丰富的水环境。

**2. 生态护岸技术**

生态护岸是一种将生态环境保护与治水相结合的新型护岸技术主要是利用石块、木材以及多孔环保混凝土和自然材质制成的亲水性较好的结构材料，修筑于河流沿岸，对于防止水土流失、防止水土污染、加固堤岸、美化环境和提高动植物的多样性具有重要的作用。生态护岸集防洪效应、生态效应、景观效应和自净效应于一体，不仅是护岸工程建设的一大进步，也将成为以后护岸工程的主流。因为生态护岸除能防止河岸坍塌外，还具备使河水与土壤相互渗透，增强河道自净能力的作用，透水的河岸也保证了地表径流与地下水之间的物质和能量的交换。

**3. 改善水质**

改善河流的水质状况是河流生态修复的重点。一般有物理法、化学法、生态与生物结合法。其中，生态与生物结合法是比较常见的，也是最普遍、应用最广泛的方法。生态与生物结合法主要有人工湿地技术、生物浮岛技术和生物膜技术等。

（1）人工湿地技术

人工湿地技术是为了处理污水，人为地在具有一定的长宽比和坡度的洼地上，用土壤和填料混合成填料床，使污水在床体的填料缝隙中流动或在床体表面流动，并在床体表面种植具有性能好、成活率高、抗水性强、生长周期长、美观及具有经济价值的水生植物的动植物生态体系。它是一种较好的废水处理技术，具有较高的环境效益、经济效益和社会效益。

（2）生态浮岛技术

生物浮岛是一种针对富营养化的水质，利用生态工学原理，降解水中的COD、氮、磷的含量的人工浮岛。它能使水体透明度大幅度提高，同时水质指标也得到有效的改善，特别是对藻类有很好的抑制效果。生态浮岛对水质净化最主要的功效是利用植物的根系吸收水中的富营养化物质，例如总磷、氨氮、有机物等，使得水体的营养得到转移，减轻水体由于封闭或自循环不足带来的水体腥臭、富营养化现象。

（3）生物膜技术

生物膜法主要是根据河床上附着的生物膜进行进化和过滤的作用，人工填充填料或载体，供细菌絮凝生长，形成生物膜，利用滤料与载体较大的比表面积，附着种类多，数量大的微生物，使河流的自净能力大大增强。

**4. 河流生态景观建设**

河流生态景观建设是指在河流生态修复过程中，除了致力于水质的改善和恢复退化的生态系统外，还应该使河流更接近自然状态，展现河流的美学价值，注重对河流的美学观赏价值的挖掘。在修复河流的同时，也为人类提供了一片休息娱乐的地方。

随着人们对河流认识的加深，关于河流治理的呼声越来越高。我国在河流生态修复方面还处于技术研究的阶段，因此，还需要在河流修复实践过程中不断地积累经验，逐渐形成完善的河流生态修复体系，最终实现河流的生态化和自然化。

### （四）河流生态治理措施

**1. 修复河道形态**

修复河道形态，即采取工程措施把曾经人工裁弯取直的河道修复成保留一定自然弯曲形态的河道，重新营造出接近自然的流路和有着不同流速带的水流，恢复河流低水槽（在平水期、枯水期使水流经过）的蜿蜒形态，使河流既有浅滩，又有深潭造成水体多样性，以利于生物多样性。

**2. 采用生态护坡**

（1）植物护坡

采用发达根系植物进行护坡固土，既可以固土保沙，防止水土流失，又可以满足生态环境的需要，还可以进行景观造景，在城市河道护坡方面可以借鉴。近年来，一些国家利用水力喷播的方法在人们常规方法难以施工的坡面上植草坪。使用种子喷射机将种子、肥料以及保护料等一齐喷上边坡。与传统植草方法相比，具有可全天候施工、速度快、工期短的优势，成坪快及减少养护费用，不受土壤条件差、气象环境恶

劣等影响。

（2）抛石、铺石护坡

抛石护坡是将石块或卵石抛到水边而成的最简单的工程，洪水时可以用天然石所具有的抵抗力来保护河岸，另外，抛石本身含有很多孔隙，可以成为鱼类以及其他水生生物的栖息场所铺石是将天然石铺于坡面，令石块互相咬合以保护坡面。一般用于急流处，但是缓流处若洪水时间较长，也能用铺石护岸。石块和石块之间不用水泥填缝，其水下部分成为水生生物的栖息所，陆地土砂堆积也成为昆虫和植物的生育场所。这种护坡形式在北京转河得到了充分利用，不但有利于安全，有利于两栖动物的出行，更加有利于冬季防冰结合水生植物种植，凸显自然生态感。

（3）新素材、新工法在生态护坡中的应用

袋装脱水法：将施工时产生的河底淤泥淤土装入大型袋子里，在现场脱水、固化，然后整袋不动地用作回填土或护岸。袋子材料要用植物扎根时可通过的，以期成为植物的生长基土。袋装卵石法：将卵石或现场产出的混凝土弃渣装入用特殊网制成的袋中。由于具有多孔性，故其水下部分作为鱼类的居栖之所。这些泥土或混凝土弃渣，一般都是作为废弃物处理的，此时作为新型材料加以应用，不仅美化了自然环境，而且减轻了环境负担。

## 三、我国河流管理政策评估

### （一）我国河流管理政策发展现状

人类对河流的过度开发利用引起了严重的水环境和水生态问题，不仅影响河流自身的健康，也削弱了河流对经济社会的支撑能力。为满足河流生态系统健康和可持续发展的要求，并满足人类社会对河流环境的需求，我国对长江、黄河、珠江、淮河等七大流域加大管理力度，各地方出台政策，对行政区划内的河流进行开发与保护。

然而，当下我国河流的管理水平和管理政策却是相对滞后的。虽然政府花巨资对一些重点河流展开了生态环境整治，但这些河流保护与管理行为往往强调对水体资源功能的开发和水害的防治，对河流生态系统的复杂性缺乏研究和了解，从而导致我国河流管理政策尚存在较多不足和缺陷。新的水生生态系统概念表明河流具有完整的生态功能，这些功能和用途与水力学、水文学、水质及生态学等都有关，所以急需一种更全面的管理方式，将河流生态系统作为一个功能整体包括其用途的管理模式。

### （二）我国河流管理政策效益评估

#### 1. 对河流本身水质状况及其生态环境的影响

河流自身的水质状况及其生态平衡是河流保护的目标，同时也是河流管理政策评估的主要目标群体。我国河流管理呈现“多龙治水”的格局，即把一条完整的河流分割成不同的段落，由不同的区域行政主管部门依据辖区河流流经范围制定具体管理政策条例。

**2. 对流域内居民和景观的影响**

河流流域内的居民是河流管理政策评估的重要非目标群体之一，河流管理最终会反映到流域居民的生产、生活及生命安全上。目前，我国河流管理政策能够明显体现对流域居民产生影响的方面集中于大坝建设库区，移民人均耕地数量减少，种植作物种类也相应变化，导致建坝后粮食产量低于建坝前水平。库区因土地资源大幅度减少，农户不得不减小养殖规模，故淹没后农户经济收入总体上呈现下降趋势。

河流流域范围内的生态景观和人文景观是河流管理政策评估的另一非目标群体。目前，我国主要是将河流流域内涉及的资源类开采，与生产性开发结合起来，河流在其中起到统领贯穿的作用。但在实际发展中，各行业重视经济效益而淡化生态效益，导致河流管理中的流域管理政策难以发挥作用。

由此可见，当前河流管理政策在一定程度上是以牺牲沿岸居民生活、生产条件而造福流域居民社会的，是以改变河流河道景观来带动各产业发展的，期间隐含的资源协调分配问题急需解决。

**3. 对地区经济发展的影响**

人们可以利用河流发源地与流经地的水流落差来集中发电，也能利用河道的宽窄深浅实现不同的航船运输，同时水质较好的河流还可以提供丰富的鱼类资源。我国在河流的管理开发中，主要充分利用河流的水能发电及航运价值，用来改善整个社会的经济状况。

我国的河流管理政策在现阶段对国家地区经济效益的提高具有明显的促进作用，特别是位于我国绝大多数河流发源地的西部地区，充分挖掘河流资源蕴含的巨大潜力，能够加速西部贫困落后地区的发展。

**4. 对未来社会可持续发展和国家安全稳定的影响**

水是生命之源，因此河流的管理政策是涉及人类社会可持续发展的重要课题。人类社会对河流的管理大概可以分为四个阶段：

（1）早期以防洪和灌溉为主的初级管理阶段，（2）随着生产力的发展，进入对河流的全面开发阶段。（3）以治污和改善水环境为主的河流保护与修复阶段。（4）以水生态系统恢复为主的流域综合治理阶段。

由于河流从其源头到最终汇入大海之间要经历漫长的旅程，所以河流管理政策对于维持未来社会的稳定和国家的安全具有重大影响。

然而我国河流管理政策缺乏对内流河与外流河的区分管理，导致涉及国际河流在中国领域部分的管理政策偏向于从自身国家的利益出发，从而引起很多争端。从未来角度看，水资源争端是一项对国家安全形成挑战的非传统安全因素，若不引起重视，则有可能对中国的周边安全环境产生不利影响。

### （三）改善和建议

**1. 河流流域规划下的行政区划分工**

河流自身的整体性以及其影响的广泛性，使得人们应该以河流流域管理为出发点，

围绕大江大河流域本身形成的一个个完整的生态系统，进行水资源的开发、利用和保护。这一改变能够更好地协调河流利益相关者，减少局部性的破坏和污染对整条河流的影响。当然，强化以河流流域为单位的管理，其政策的制定和执行需建立必要的法律和制度保障，特别是受益者补偿原则的落实，这样尽可能减少上游开发，下游获益的矛盾。

**2. 适速开发，生态为先**

我国目前的河流管理多以开发利用为导向，这在经济层面上看确实有利于地区的发展，但河流一旦陷入污染严重、生态破坏的境况，其治理恢复所需要的成本和时间远远超过开发所需，因此，我国应该建立起一套河流评估体系，对河流进行体检评定，按重要程度分出等级，依次开发，但当前没有必要马上利用的河流形成更有针对性的保护。

**3. 内流河与外流河的分级管理**

内流河最重要的影响范围是在国家（地区）内部，外流河在兼有内流河作用的同时，其影响范围又扩大到了周边国家（地区），这在一定程度上增加了河流利益相关群体的数量，使得河流管理难度上升，因此需要更为完善的政策来平衡各方利益。我国现阶段河流管理政策中，尚未明确针对外流河提出管理，因此在跨境灾害出现时容易引发邻国的不满，也不能在管理流经本国境内的河段中引起重视。如果在河流管理中能针对外流河的特点加入国际考虑因素，将会有利于保护河流资源和提升国家安全。

## 四、河流生态需水计算方法研究

### （一）水文学法

水文学法是以水文数据为基础的生态需水计算方法，其最大优点是不需要进行现场测量，宜用在对计算结果精度要求不高，并且生物资料缺乏的情况，如在规划项目中。代表性方法有以下几种。

**1. 蒙大拿法（Tennant Methods）**

蒙大拿法提出的河流流量推荐值是以预先确定的年平均流量的百分数为基础的。10% 年均流量是对大多数水生生物物种维持短期生存生境推荐的最小瞬时流量，30% 年均流量是维持多数水生物种良好生存生境的所推荐的基本流量，60% 年均流量是为多数水生物种最初开始生长所需要优良生境所推荐的基本流量。

该方法的优点是不需要现场测量，在使用该方法前，应弄清该方法中各个参数的含义，在流量百分数和栖息地关系表中的年平均流量是天然状况之下的多年平均流量，其中某百分数的流量是瞬时流量。

**2. 流量历时曲线法**

流量历时曲线法利用历史流量资料构建各月流量历时曲线，将某个累积频率相应的流量（$Q_p$）作为生态流量。$Q_p$ 的频率可取 90% 或 95%，也可根据需要做适当调整，$Q_{90}$ 为通常使用的枯水流量指数，是水生栖息地的最小流量，为警告水资源管理者的危险流量条件的临界值；$Q_{95}$为通常使用的低流量指数或者极端低流量条件指标，为保护河流的最小流量。

这种方法简单快速，不需要现场勘测，只要河流各个水文站点的历史流量资料，但对资料要求较高，一般需要30年以上的流量系列。

### （二）水力学法

水力学法是根据河道水力参数（如河宽、水深、断面面积、流速和湿周等）确定河流所需流量，代表方法有湿周法、R2Cross法等。

湿周法是通过河道断面确定湿周与流量之间的关系，找出影响流量变化的关键点，其对应的流量作为河道流量的推荐值。

该方法受到河道形状的影响，如三角形河道的湿周—流量曲线的增长变化点表现不明显，难以判别。而宽浅矩形河道和抛物线型河道都具有明显的湿周—流量关系增长变化点，所以该方法适用于这两种河道。

### （三）栖息地评价法

栖息地评价法宜用于河道生态保护目标为确定的物种及其栖息地的生态需水计算代表性的方法有河道流量增加法（IFIM）、有效宽度法（UW）以及加权有效宽度法（WUW）。

**1. 有效宽度法（UW）**

有效宽度法是建立河道流量和某个物种有效水面宽度的关系，以有效宽度占总宽度的某个百分数相应的流量作为最小可接受流量的方法。有效宽度是指满足某个物种需要的水深、流速等参数的水面宽度，不满足要求的部分就算没有效果宽度。

**2. 加权有效宽度法（WUW）**

加权有效宽度法与有效宽度法的不同之处在于它是将一个断面分为几个部分，每一部分乘以该部分的平均流速、平均深度和相应的权重参数，从而得到加权后的有效水面宽度，权重参数的取值范围为0~1。

在上述栖息地评价法中，有效宽度法和加权有效宽度法应用较少。

### （四）整体分析法

整体分析法主要指BBM法（Buildinglock Method），BBM法是由南非水务及林业部与有关科研机构一起开发的，在南部非洲已得到广泛应用。

BBM法的优点是大、小生态流量均考虑了月流量的变化，分部分的最小流量可初步作为河道内的生态需水：主要缺点是由于该方法是针对南部非洲的环境开发的，针对性强，且计算过程比较烦琐，别的地方采用此方法应根据当地实际情况对方法进行适当修改。

主要结论如下：

（1）由于大部分河流生态需水计算方法源自国外，而我国流域情况独特和复杂，

因此并不一定都适合中国的实际情况，在使用这些方法时，一定要注意方法的适用条件，提出适合我国实际情况的计算方法。（2）国内河流生态需水计算方法研究起步较晚，只是形成了初步的理论框架，今后应加强关于河道生态需水机制的研究。（3）河流生态需水研究绝大部分都还停留在水量层面，随水质问题越来越突出，在研究生态需水计算方法时应注重水量、水质的耦合。

# 第三章 水利水电工程生态效应的理论

## 第一节 水利水电工程的生态影响途径与特点

水利水电工程对于生态系统的作用是双重的，一方面，水库为生物生长提供了丰富的水源，也能缓解大洪水对于生态系统的冲击等，这些因素对河流生态系统是有利的。另一方面，水利水电工程对于河流生态系统产生干扰。

河流生态系统的基本要素包括流态、沉积物及化学营养物质、光热条件及生物群落，其中流态是河流生境的重要因素，由水文和河床地貌长期的相互作用形成并不断演替，具有动态性，在一定的时空尺度上，表现为相对稳定的水文情势和水力条件。这些要素依靠物种流动、能量流动、物质循环、信息传递及价值流动，相互联系、相互制约，形成具有自调节功能的复合体。

从现象上看，水利水电对于河流生态系统的影响包括两个方面：一是水利水电与水库本身带来的负面影响；二是在水利水电运行过程中对生态系统的胁迫。前者的影响主要是造成水利水电上下游河流地貌学特征的变化，后者的影响主要是造成自然水文周期的人工化。

水利水电工程建设人为改变了河流原有的自然演进和变化过程，进而改变了河流生态系统的生态功能。水利工程对河流生态系统的影响主要通过对大坝上下游的水文水力学特征间接引起。水利工程通过截留径流量，人为地改变河流的水文、水力特性的时空变化，包括河流低流量、高流量的频率，时空分布特性，以及河流的流动特性及其时空分布，从而改变河流上下游生态系统的水文、水力特征。一般来说，水利水电工程对下游的影响更为剧烈，特别是对河口的影响更为剧烈。主要包括河流的径流量和其原有的季节分配和年内分配，河流下游的地貌、水文条件和水文特征的物理和化学性质也将随之改变，诸如输沙量、营养物质、水力学特征、水质、温度、水体的自净能力等将发生变化。这些变化将直接或间接地影响流域重要生物资源的栖息水域和生活习性，改变生物群落的结构、组成、分布特征及生产力。

水利水电工程对河流生态系统的影响途径可以分成以下四种情况：通道阻隔、水库淹没、人为径流调节、水温结构变化。其主要的影响为：对水文特性的影响、对化学特性的影响、对生态功能的影响以及对这些影响的生态响应等。

河流的物理、化学、生态特征是流域许多因素综合作用的结果，在水库蓄水后，河流将产生一系列复杂的连锁反应改变河流的物理、生物、化学因素。根据水利水电工程对河流生态系统的影响程度，可以将生态影响划分为三个层次：第一层次是水利水电工程对河流能量和物质（悬浮物、生源要素等）输送通量的影响；第二层次是河道结构（河道形态、泥沙淤积、冲刷等）和河流生态系统结构和功能（种群数量、物种数量、栖息地等）的变化，主要是河流能量和物质输送在水利水电工程建设后的调整结果；第三层次综合反映所有第一、第二层次影响引起的变化。结合上述影响途径的分析，来研究水利水电工程对河道生态不同层次的影响。

按照影响的情况，水利水电工程的生态与环境影响有直接影响和间接影响，可逆影响与不可逆影响，长期影响与短期影响之分；也有施工期影响与运营期影响之别。这是一类对生态与环境有重大影响的工程，其影响对象有库区和下游陆地生态系统，也有河流水生生态系统甚至河口生态系统。水利水电工程建在不同的地方会有不同的问题产生。从保障水利水电工程的长远利益出发，不仅应考虑工程对外部环境的影响，还需考虑外部环境对水利水电工程的影响。这是此类工程的特点。

直接影响主要是指水利水电工程对环境的直接影响，包括施工期和运营期对工程及地区的影响。这些影响有的是由主要工程造成的，有的是由辅助工程造成的。主要影响有：

第一，施工道路建设所导致的植被破坏、水土流失、地质灾害问题以及土地碾压占用问题。

第二，大坝坝基开挖及其他土石方开挖导致的植被破坏、水土流失问题，一级弃土、石渣堆放占地及水土流失问题。

第三，交通噪声、爆破噪声等噪声扰民、扬尘影响及拥挤堵塞等对社会生活的影响。

第四，水库淹没使土地资源丧失，清除植被使生物资源及生物多样性损失；地质问题（水库淹没导致塌方、滑坡、库区周围及下游地区地下水位升高等），水库诱发地震；在干旱、半干旱地区存在的库区周围土壤浸没与盐渍化问题；污染物积累等。水库淹没损坏了河流的部分生态功能，河流正常发挥作用、维持自然特征如森林覆盖的河岸、完整无损的漫滩和充足的湿地是至关重要的。由于水库泥沙淤积，也截留了河流的营养物质，促使藻类在水体表层大量繁殖，在库区的沟汊部位可能产生水华现象。在热带和亚热带地区的森林被水库淹没后，还会产生大量的二氧化碳、甲烷等温室气体。水库形成后，流速、水深、水温及水流边界条件都发生了变化，水库中出现明显的温度分层现象。水库的运行管理方式、取水口的位置和型式、进出水量等使得不同水深处温度变化的幅度不同。水利水电工程建设后，河谷变成了水库，陆地及丘陵生境被破碎化、片段化导致陆生动物被迫迁徙，兴建水库造成移民搬迁，区域土地利用改变，淹没文物古迹或改变自然景观。

第五，水文、水质变化导致水生生态影响，如形成河流脱水段，改变河流水力状况对鱼类产生影响等。河流首先是一条通道，是由水体流动形成的通道，为收集和转运河水和沉积物服务。河流是物质、能量、物种输移的通道，水利水电工程阻隔改变了水体流畅的自然通道，不设过鱼设施的水利水电工程对于洄游性鱼类是不可逾越的障碍。

第六，下游地区陆生生态影响。

第七，施工队伍或水库移民安置带来的人群健康影响。

水利水电工程的间接影响涉及许多方面。包括由于工程配套所需而发生的工程性影响，如输电线路建设、输水渠道和管道建设、灌区建设等；因移民安置在异地产生的影响；还有由于项目建设促进经济社会发展而带来的问题，如因道路建设而发生的廊道效应、接近效应、城镇化效应等。

另外，水利水电工程的生态与环境影响具有流域性和区域性特征，许多影响具有相关性质：

第一，水库上游森林砍伐、开垦种植，会导致水土流失，引起水库水质恶化和淤积。这种影响有可能来源于道路建设，或由库区迁出人口的回流造成。

第二，工业废水或居民生活污水排入水库或水渠，使水质污染，导致水利工程丧失其供水或灌溉功能。这种增加的影响有的是由水库修建引起，有的是区域发展所致。

第三，流域内建造多座水利水电工程，无统一规划，使得大型水利水电工程的效益不能发挥，生态影响程度逐渐增加。

第四，赋予水库过多的功能，各功能之间相互影响，如航运污染使供水功能受影响，发电功能与蓄水灌溉（季节性强）不相匹配。

## 第二节　水利水电工程生态效应的类型

### 一、水利水电工程的生态水文效应

水利水电工程蓄水对河流流量的调节，使河道流量的流动模式发生变化。使沿水流方向的河流非连续化，水面线由天然的连续状态变成为阶梯状，使河流片段化。河流片段化的形成或加剧，使流动的河流变成了相对静止的人工湖泊，流速、水深、水温结构及水流边界条件等都发生了重大的变化。水库对河流径流进行人工调节，使水资源为人类所用，大规模地改变江河系统的边界和径流条件。

水利水电工程建设对河流的影响表现为分割作用和径流调节作用。水利水电工程建设的本身直接对河流产生了分割作用，水利水电工程的建设将天然的河道分成以水库为中心的三部分，即水库上游、水库库区和坝下游区，流域梯级开发活动更是把河流切割成一个个相互联系的水库，在河流上修建水利水电工程会深刻改变河流的水文状况：或导致季节性断流，或改变洪水状况，或增加局部河流淤积，或使河口泥沙减

少而加剧侵蚀，或咸水上溯，污染源滞流，水质也会因之而有所改变。

### （一）对河流径流的影响

水利水电工程的蓄水作用改变了河流原有的径流模式，对径流产生显著的径流调节作用，这种作用既是其能够发挥工程效益的根本保障，也是下游河流生态效应变化的根本诱因。从大多数水坝的运行情况来看，大坝已经使坝址下游100km范围内的径流及泥沙流的运动规律发生了季节性的变化。有些重要的水利工程对下游的影响范围甚至达到了1000km以远，水利工程对每一次的洪水均将进行不同程度的调蓄、削峰和错峰。

### （二）生态水文过程的变化

河流是一个完整的连续体，上下游、左右岸、水深构成一个完整的体系，河流上为防洪、发电、灌溉、航运等而建设的大坝通过影响径流总量、水质、径流的大小、径流极值的持续时间、纵向和横向上的连续性等而对下游水文状况产生显著的影响。发生改变的水文状况，如径流量（水流通过河流某个断面的量）、时间（特定流量出现的时间或日期）、频率（极端径流出现的机会）、历时（特定径流条件持续的时间长度）和变化速率（径流随天数增加而上涨或下降的速度）等，又对河流生态系统、生物多样性和水生动植物的生命循环造成严重的影响。

例如，月径流量能够定义栖息环境特征，如湿周、流速、栖息地面积等，能够满足水生生物的栖息地需求、植物对土壤含水量的需求、具有较高可靠度的陆地生物的水需求、食肉动物的迁徙需求；水温、含氧量的变化及其化学成分和物理性质的改变会影响生态系统，其水量、水位和水力坡度等水力特性的变化更会直接改变流域生态系统的特性。极端水文事件的出现时间与频率可作为水生生物特定的生命周期或者生命活动的信号，满足生物繁殖期的栖息地条件、鱼类的洄游产卵、生命体的循环繁衍、物种的进化需要，同时能够满足植被扩张、河流渠道地貌和自然栖息地的构建、河流和滞洪区的养分交换以及湖、池塘、滞洪区的植物群落分布的需要等；特定径流条件持续的时间长度（持续时间）能够产生植被所需的土壤湿度的频率和大小、满足滞洪区对渠道结构、水生生物的支持、底层扰动、泥沙运输等的需要，例如洪水时间的长短决定了鱼类能否完成生命阶段的各种行为，决定了植物物种在流域内的存在（根据植物对持续洪水的忍耐力而定）；洪水涨落速度或者径流随天数增加而上涨或下降的速度（变化速率）与生物承受变化的能力强弱有关，被认为是主要生物群生存和生产力相互影响的主要驱动力，能够导致植物的干旱并促成岛上、滞洪区的有机物的诱捕、低速生物体的干燥胁迫等行为需要，如由岛屿组成的分叉河道漫滩，其植被变化主要发生在大洪水中，而在次洪水中几乎未出现植被侵蚀，总之，水利水电工程建设在改变库区水文过程的同时会对河流生态系统产生不同程度的影响。

总之，水坝工程的建设、蓄水、泄洪等过程会引起水文、水质、栖息地、气候等因素改变，进而导致水生藻类、底栖生物、鱼类等水生生物及库区植物物种和群落组成变化，甚至破坏了河流生态系统的稳定性，给库区带来一定的景观生态风险。因此，在不同的尺度上研究水利水电工程建设的生态效应、建立水坝工程生态风险评价体系是实现流域水坝工程运行与生态环境保护相协调、维系河流生态系统健康和区域可持续发展水平迫切需要。

### （三）湖沼效应

水库形成后，也改变了原来河流营养盐输移转化的规律。由于水库截留河流的营养物质，气温较高时，促使藻类在水体表层大量繁殖，严重的会产生水华现象。藻类蔓延阻碍大型水生植物的生长并使之萎缩，而死亡的藻类沉入水底，腐烂的同时还消耗氧气，溶解氧含量低的水体会使水生生物“窒息而死，由于水库的水深高于河流，在深水处阳光微弱，光合作用也较弱，导致水库的生态系统比河流的生物生产量低，相对脆弱，自我恢复能力弱。

水利水电工程建设后的蓄水，形成人工湖泊，会发生一系列湖泊生态效应：淹没区植被和土壤的有机物会进入库水中，上游地区流失的肥料也会在库中积聚，库水的营养物质逐渐增加，水草就会大量增加，营养物就会再循环和再积聚，于是开始湖泊富营养化过程；河流来水的泥沙逐渐在水库中沉积，水库逐渐淤积变浅，像湖泊一样“老化”；水库水面面积大，下垫面改变，水分蒸发增加，可以对局地小气候有所调节，等等。

从机理分析看，河流、湖泊和水库都是生物地球化学循环过程中物质迁移转化和能量传递的“交换库”，而在湖泊与水库中往往滞留时间长，一些物质的输入量大于输出量，其滞留量超出生态系统自我调节能力，由此导致污染、富营养化等，这种现象称为“生态阻滞”。

水利水电工程除对径流量的变化产生重要影响，它引起的泥沙淤积也导致河道形态发生改变，同时附着在泥沙上的污染物对水库水质也会产生重要影响。由于水库的水深高于河流，在深水处阳光微弱，光合作用减弱，与河流相比，其生物生产量低。在水利水电工程下游，因为水流携沙能力增强，加剧了水流对于河岸的冲刷，可能引起河势变化。由于水库泥沙淤积及营养物质被截流，水利水电工程下游河流廊道的营养物质输移扩散规律也发生改变。

## 二、水利水电工程的陆域生态效应

水电站建设与运行会对区域生态环境产生显著影响，具有复杂性、潜在性、空间性、累积性及规模大的特点，往往造成难以估计的后果。随着水电站数量的日益增加，其对区域生态环境的影响受到越来越多的关注，国内外研究人员从物种群落、生态系统和景观等不同的尺度对水电站建设的生态影响进行了研究。

### （一）物种和群落尺度

水电站建设对库区陆生植被的种群结构和多样性产生影响，主要表现为群落优势

种的改变、外来物种入侵和栖息地破碎化及环境因子变化导致的濒危珍稀物种消失。

### （二）生态系统尺度

在生态系统水平上，由于水电站建设和水库蓄水造成的河漫滩面积减少，水电站建设后河滨生态系统生物生存空间减少，物种多样性降低，植被发生变化，野生动物栖息地的恶化。

对土壤生态环境的影响主要表现在正负两方面的影响，一方面通过筑堤建库、疏通水道等措施，保护农田免受淹没冲刷等灾害；通过拦截天然径流、调节地表径流等措施补充了土壤的水分，改善了土壤的养分和热状况。另一方面水利工程的兴建也使下游平原的淤泥肥源减少，土壤肥力下降。同时输水渠道两岸由于渗漏而使地下水位抬高，当地下水位上升到距地面 1.0～1.5m，干旱地区达到 2.0～3.0m 时，浸没就开始了；当潜水层达到耕作层时，造成土壤湿度过大，以至大多数包气带破坏，结果使大片土地沼泽化，在森林和森林草原地区库岸沼泽化相对严重，在干旱气候条件下，土壤常会发生盐渍化。

### （三）景观尺度

在景观尺度上，大型水利工程建设工程量大、施工期长，坝体基础建设和环库公路的修筑都需要采挖大量石土方，会造成库区原有地表植被的破坏；水库建成蓄水后，河道水位上升也会淹没大面积的森林、草地和耕地；库区移民安置、新村建设的过程中滥伐森林、陡坡开荒等现象增加，这些都会改变库区的植被覆盖、土地利用与总体景观格局，进而影响生境质量及库区的生态水文过程。

由于库区不同土地利用类型的转化，植被斑块的形状、优势度、多样性等景观格局指数发生变化，植被斑块空间配置和分布也发生变化。景观整体破碎程度加强，耕地、林地、灌草地、裸岩砾石地景观要素之间转换频繁，景观多样性和均匀度增加，而优势度减少；水利工程建设后植被斑块类型的景观比例、密度、优势度、分离度等都有一定变化，总体景观的均匀度、多样性都相应增加；随着水电站建设时间的延长，土地利用逐渐处于平衡状态，电站建设的驱动作用逐渐减弱。由于水电站建设对陆生景观的最显著影响就是岸边大量植被及农田被淹没，转而形成大片的水域景观，因此，单纯分析大坝建设后的陆生景观格局不能完全反映陆生景观的变化。

在景观尺度，针对水电开发可能带来的拦河筑坝和开山铺路等剧烈景观改变，景观影响评价（Landscape Impact Assessment，LIA）也成为一项重要内容。

## 三、水利水电工程的水生生态效应

### （一）水利水电工程对水生生物的影响

水电建设对河流生态系统影响的研究大多数是从河流生态系统健康的角度进行分析，如河流水环境、生物群落等某一层面分析。如：大型无脊椎动物群落、鱼类群落、河漫滩生物等。

水利水电工程对河流水生生态有很大影响，在物种和群落尺度上，水库修建后浮游植物细胞密度和生物量迅速增加，特别是蓝绿藻增加明显，并呈现出向富营养化方向发展的趋势。对不同时期修建的水库及同一水库不同时期浮游植物演变的比较发现，水库蓄水后，随着时间的推移，富营养化程度加重，水库由硅藻型水体向着蓝绿藻型水体演化。水库蓄水后浮游植物的数量和结构发生了一定的变化，季节性变化明显，丰水期以蓝藻为优势，枯水期以蓝藻及绿藻共同占据优势。

水文周期过程是众多植物、鱼类和无脊椎动物的生命活动的主要驱动力之一。大坝等水利工程对河流的人为分割引起的径流模式的改变，损害了河流廊道的物质、能量、物种输移通道的能力。由于水电站建设，河流自下而上的物质和能量传输阻断，鱼类的洄游通道被阻隔，进而鱼类洄游通道出现连续性中断，使鱼类觅食洄游和生殖洄游受阻，对鱼类生物量和多样性产生明显的影响；水库建设造成的阻隔影响、水文情势变化、饵料和生境改变，将会是造成该流域鱼类物种多样性严重丧失的主要原因。大坝的隔离，使洄游性鱼类失去了原有丰富的栖息地，直接影响了一些江湖洄游性鱼类的生长与繁殖，三峡大坝对长江中下游鱼类物种组成和丰度有一定影响，优势物种趋于集中，大坝对水文规律的调节对鱼类的产卵量有一定不利影响，江湖关系的连通度决定了洄游性鱼类的生长与繁殖。

### （二）水利水电工程对河道的河岸带生态功能的影响

河岸带包括非永久被水淹没的河床及其周围新生的或残余的洪泛平原，由于河岸带是水陆相互作用的地区，河岸带生态系统具有明显的边缘效应，是地球生物圈中最复杂的生态系统之一。河岸带植被对水陆生态系统间的物流、能流、信息流以及生物流能发挥廊道（corridor）、过滤器（filter）和屏障（barrier）的作用。河岸带生态系统对增加动植物物种种源、提高生物多样性和生态系统生产力、进行水土污染治理和保护、稳定河岸、调节微气候和美化环境、开展旅游活动均有重要的现实和潜在价值。

水利水电工程建设蓄水后，改变了河流消长周期和规律，破坏了原河岸带生态系统和其原来的功能。水量的多少直接影响河岸带的生态，而且在对应不同保护目标的情况下，河道水体本身的生态系统将对应不同的河道流量，其界线可以根据土壤、植被和其他可以指示水陆相互作用的因素变化来确定。对于水利水电工程建设后的河岸带来说，其包括库区消落带与坝下的河流岸带，大坝蓄水水位的波动使得岸带的形状发生改变。

## 四、水利水电工程建设的区域生态效应

水利水电工程的区域生态效应，是基于时间尺度和生态空间尺度上的生态破坏和生态修复的综合结果。主要体现在河流所在区域的非生态变量和生态变量的变化两个方面，非生态变量主要是指流域内与水文、泥沙、水质、地形地貌、水环境、区域气候等有关的流域与区域特征；生态变量是陆域与水域生物、环境生态因子的变化与区

域的相互耦合关系。生态变量与非生态变量的变化之间相互作用、相互联系。

区域生态效应在水利水电工程不同影响分级中都有体现，区域尺度上，更侧重水域与陆域的综合影响。不仅考虑区域生态因子的改变、物种栖息地的改变，还考虑气候的变化、区域水土流失、区域生态安全的影响，也包含移民的影响、人群健康、地质条件的改变状况。

大坝建成蓄水后，水面面积增加、水深加大，水库的蒸发量加大，同时又能得到太阳辐射的调节，使库区及邻近地区等区域气温和温度场等要素发生变化，从而引起区域小气候的变化。一般来说，水库面积越大，蓄水越深，库容越大，对区域气候的影响越大。而大型水库主要是影响本地的水汽从而影响降雨。从我国实际看，一般来说，大型大坝水库使当地区域的降水出现夏季减少、而冬季增加的现象，由此出现的湿度和热容量增大、年温差减小、无霜期可能延长，这些区域气候变化的效应，也会有利于植物的生长和扩大其分布，有利于经济林木的种植，为区域带来经济效益。

区域尺度上，更侧重生态服务功能、河流生态系统健康等综合性指标。河流生态系统的保持功能是指河流生态系统具有维护生物多样性、维持自然生态过程与生态环境条件的功能，如保持生物多样性、土壤保持和提供生境等。调节功能是指人类从河流生态系统过程的调节作用中获取的服务功能和利益，如水文调节、河流输送、侵蚀控制、水质净化、气候调节等，水利水电工程完成后，区域生态系统的响应是功能受损、平衡打破，经过很长的周期才能达到新的平衡。

区域尺度不仅考虑上游库区，对下游直接或间接的生态效应也不容忽视。大坝运行过程中泄水会对坝下游生态系统产生负面影响，体现在河道生态环境、洪泛区生态环境和河口生态环境中水文水力情势、河道形态和地貌、水质、原有生物生存和繁衍环境等发生变化，生物种类和数量减少，生物多样性降低。大坝形成的水库对下游的生态影响不仅包括截流改变下游水文和水生态状况，引起渔业资源损失；关键是改变河流泥沙运行的固有规律，减少下游河水营养物携带，从而影响了下游或河口地区生态和农业生产；扩大灌溉面积和输水距离，有可能使水媒性疫病传播区域扩大；扩大灌区，旱田变水田，就会导致区域性生态系统的改变等。

## 第三节　水利水电工程影响下生态效应的原理

水利水电工程的生态效应和河流生态学、景观生态学、流域生态系统管理紧密结合在一起。对于河流生态学，自20世纪80年代后，在河流生态学范畴内，相继提出了一系列的概念和理论，诸如河流连续体概念（river continuum concept）、资源螺旋概念（resource spiralling concept）、序列不连续体概念（serial discontinuity concept）、河流水力概念（stream hydraulics concept）、洪水脉动概念（flood pulse concept）、河流生产力概念（riverine productivity concept）、流域等级概念（catchment hierarchy concept）等，这些为河流生态系统的恢复提供了有用的模式。

在景观生态学方面，重大工程的陆域生态影响及其流域尺度的评价研究借鉴了较多的景观生态学理论，如景观生态学中的斑块 – 廊道 – 基质模式、格局 – 过程 – 尺度理论、异质性、景观生态网络理论等。而流域尺度上，水利水电工程的影响体现在对流域生态安全的影响上，生态系统服务、生态风险及生态完整性等研究也受到越来越多的重视。

## 一、河流连续体与序列不连续体

河流连续体（River Continuum Concept，RCC）是流域中的狭长网络状系统，包括河流的干流及其各级支流，以及与河流连通的湖泊、水库、湿地等，它是流域中的廊道系统，起着连通流域内各生态系统的作用。河流连续体概念认为，由源头集水区的各级河流流域，形成连续的、流动的、独特而完整的系统，不仅指地理空间上的连续，更重要的是生物学过程及其物理环境的连续。河流网络是一个连续的整体系统，不仅强调河流生态系统的结构、功能与河流生境的研究，而且强调河流网络和流域景观的相互作用。河道物理结构、水文循环和能量输入，在河流生物系统中产生一系列响应，即连续的生物学调整，以及沿河有机质、养分、悬浮物等的运动、搬运、利用和储蓄，即河流生态系统中生物因素及其物理环境的连续性和系统景观的空间异质性。河流连续体重要性表现在突出河流的纵向连续梯度，提出了河流对非生物环境的响应与适应性。连续梯度可通过有机质和大型无脊椎动物的功能摄食群的分布来表现，其核心内容可概括如下：生产力与水生群落的呼吸作用之比（P/R）及有机质尺寸沿河流纵向的变化。

河流连续体不仅表现在河流内部本身，更重要的是与河流相关的地形、生态系统等的连续体状况。河道按流域形态分为五段一河源、上游、中游、下游及河口，其中上、中、下河段类型特征为：上游河谷呈“V”形，河床多为基岩或砾石，比降大，流速大，下切力强，流量小，水位变幅大；中游河谷呈“U”形，河床多为粗砾，比降较缓，下切力不大但侧蚀显著，流量较大，水位变幅较小；下游河谷宽广、呈“子”形，河床多为细纱或淤泥，比降很小，流速也很小，水流无侵蚀力，流量大，水位变幅小。研究大坝建设对河流生态的影响，离不开对地形地貌的认识，也不能脱离河流连续体的框架来分析生态的特征。

近 100 多年来，人类利用现代工程技术手段，对河流进行了大规模开发利用，兴建了大量工程设施，改变了河流地貌学特征。自然河流的非连续化是最主要的表征，为了充分利用天然河流所蕴藏的水力资源，往往在一条河流上不仅建造一座水电站，而且根据河流的地形、地质、水源等条件，同时考虑水淹没损失的大小和各用水部门的要求，将拟开发的河分成若干级，分别建设水电站，这种一条河流上修建的、上下游互相联系的一系列电站也可以称为梯级水电站。

水电开发对河流生态系统基本功能的影响正是从中断河流连续体开始发生。现在大多数河流都已经受到了强烈的人类干扰。河流连续体中断，生态系统结构破碎化，

物质循环、能量流动阻塞导致河流网络的联通性降低。河流的人工渠道化破坏了自然河流所特有的蜿蜒性特征，改变了深潭与浅滩交错、急流与缓流交替的格局。不透水和光滑的护坡材料阻碍了地表水与地下水的连通，改变了鱼类产卵条件。这些因素的叠加，造成生物异质性下降，导致生物栖息地的质量下降。水域生态系统的结构与功能随之发生变化，特别是生物群落多样性将随之降低，引起淡水生态系统不同程度的退化。大坝改变了河流的化学、物理和生物功能。序列不连续体最初通过定义不连续体距离和参数强度两个变量，来预测各种生物物理的反应，其中，不连续体距离是物理或生物变量的期望值沿上游或下游方向发生变化的距离。参数强度是指作为河流调节的结果，变量发生的绝对变化，常用偏离自然或参照状况的程度来表示。河流不连续体概念比较真实地反映了客观现象，继承了 RCC 概念的某些思想，同时也对具体变量的连续性和梯度进行了界定，通过对比分析来反映大坝的作用，体现了水库上下游的差异，而且体现了生态环境影响的梯度性和可预测性，例如梯级水坝由于水流速度的变化，减小了水体要素异质性。

## 二、四维河流系统

在河流连续体概念的基础上，河流生态系统划分为四维系统，即具有纵向、横向、竖向和时间维度的生态系统。纵向上，河流生态系统是一个线性系统，从河源到河口均发生物理、化学和生物变化。河流是生物适应性和有机物处理的连续体，生物物种和群落随上、中、下游河道物理条件的连续变化而不断地进行调整和适应，这个和河流连续体理论一致。横向上，河流与其周围区域的横向流通性非常重要，横向主要是水陆交错区，体现水域和陆域之间的交互作用，包括了河滩、湿地、死水区、河汊等形成了复杂的系统，河流与横向区域之间存在着能量流、物质流等多种联系，共同构成了小范围的生态系统。自然的水文循环产生洪水漫溢与回落过程，是一个脉冲式的水文过程，也是一个促进营养物质迁移扩散和水生动物繁殖的过程。竖向上，与河流发生相互作用的垂直范围不仅包括地下水对河流水文要素和化学成分的影响，而且还包括生活在下层土壤中的有机体与河流的相互作用，在时间尺度上，河流四维模型强调在河流修复中要重视河流演进历史和特征。每一个河流生态系统都有它自己的历史。需要对历史资料进行收集和整理，以掌握长时间尺度的河流变化过程与生态现状的关系。

根据河流生态系统的空间分布特征，其空间结构分布包括纵向、横向以及垂向三个方面，纵向主要是指沿河流流向的纵向分布；横向分布主要是指从河流中心到河岸带边坡高地的分布；垂向分布主要通过河流水面到河床基底。

## 三、洪水脉冲与水陆交错带

洪水脉冲理论则重点阐述四维河流系统时空尺度中的横向维，强调周期性的洪水脉冲驱动下的河流与其洪泛区系统的横向水力联系对河流及其洪泛区系统进程的重要性，突出河流洪泛区系统的整体性及洪泛区功能的发挥。洪水脉冲概念完善了早期应用河流连续体理论预测的河流生态系统过程。这一概念的变化也直接影响了序列不连续体概念，使之认识到并考虑横向和垂直的连续以及河岸生态交错带在河流生态学中的功能重要性。

由于洪水脉动的原因，在枯水季节，河流只限于河道范围内，洪水区与其河流系统脱离，两者独立发展其自身的营养物质循环。在丰水季节，河流水位上涨，水体侧向漫溢到洪泛区。洪水建立了河流与洪泛区之间的直接联系，河流向洪泛区通过洪水径流不断输入有机和无机营养物质，主要表现为洪泛区初级生产力增加。此时，陆生生物腐烂分解或迁移到未淹没地区，也有可能对洪水产生适应性；而水栖生物及无脊椎动物生长迅速，鱼类迁移至河滨洪泛区湿地觅食并大量产卵。因此洪水期，洪泛区成为河流系统的一个积极的动态组分。洪水消退时，水体回归河道范围内。洪泛区退水流又携带营养物质及有机体返回到河流系统，使得河流系统单位面积生物量增加。洪泛区湿地随着洪水位的消退而逐渐干旱化，陆生生物又逐渐重新占领洪泛区。此时，沉积的营养物质可以成为陆生生物食物网的组成部分。

洪水对河流地貌的塑造有较大的影响，其影响要素包括洪水大小、频率、流速、含沙量、水能、洪水动力、有效径流历时、洪水过程、沉积物来源及河道几何形态等，并随着河流和时间的变化其作用也在不断改变。洪水脉冲可以直接或间接地通过植被类型因素对土壤中有机和无机态氮的转化产生较大影响，从而促进生态系统的氮循环。除此之外，通过对洪水脉冲对洪泛林地的呼吸，溶解性有机碳、无机氮和磷截留效果的影响研究，结果显示，洪水脉冲是河流洪泛区新陈代谢和生物地球化学循环的重要驱动力。

水陆交错带或者过渡带是生态交错带的主要类型之一，它是指内陆水生生态系统和陆地生态系统之间的界面区。水陆交错带主要是指河岸带，包括河岸边交错带、湖周交错带、河口三角洲交错带等，是具有丰富生物多样性的生态交错带。水陆交错地带有较充足的水分、营养元素、阳光和食物；非均一的环境为生物提供了充分的繁殖、生长和隐蔽场所，同时干湿交替的条件造就了土壤中氧化还原电位的交替和不同性质微生物群落的周期交替，为有机质的降解和腐化，营养物质的截留、沉积以及转化提供了有利的条件，这些都决定了水陆交错带在生态系统中的特殊地位。

水电站建设不仅对河道内水域系统产生直接的影响，而且还通过工程施工和水分的媒介作用直接或间接影响河岸带生态系统的结构功能。水陆交错带与大坝建设后的湖沼效应紧密联系在一起，蓄水形成的人工湖泊，会淹没植被与土壤的有机物，加上泥沙的淤积，开始了水库的富营养化，纵观全球，人们对河流调节所有活动的60%造成了河岸带物种和生态系统的极大损失。随着研究的深入，对河流两侧的坡高地和洪泛平原也受到关注，水陆交错带是河流四维系统理论和洪水脉动概念（Flood Pulse Concept，FPC）的发展。

水陆交错带含有边界和梯度两个特点，其范围通常是指景观和性质受水体及陆地两方面影响的地带。与毗邻的陆地生态系统和水域生态系统相比，交错带中生物多样性、初级生产力、次级生产力、土壤中腐殖质含量、对有机物质的降解速率都比较高。

发育良好的水陆交错带具有一定的结构，这种结构在自然条件下呈与水边平行的带状，其植被因当地气候、土壤、微地形、水体营养状况和水文条件各异。按景观作用，可以将水陆交错带划分为四种类型：湖周（或水库、沼泽周边）交错带、河岸边交错带、源头水交错带以及地表水地下水交错带。水陆交错带在纵向上将上游和下游植被连为一体，在横向上是高地植被和河流之间的桥梁，近年来对水政策和大坝可行性的详细调查表明，全球正在掀起一股研究和管理河岸带生态系统的热潮。

## 四、生态系统相关原理

### （一）生态系统结构与功能

生态学是以生物学为基础、综合多个学科知识的一门新学科，其研究领域、研究内容和研究方法不断丰富和发展，其研究对象在属性上向理论和应用两个方面不断扩大，在水平上向宏观和微观两个方向不断发展。现代生态学的研究对象可以用“组织水平”（levels of organization）来准确界定，具体包括生态范围（ecological spectrum）和生态等级（ecological hierarchy）两个方面。从生态范围看，生态学的研究对象包括生物因子、非生物因子和生命系统；从生态等级看，生态学的研究对象包括细胞、组织、器官、（器官）系统、个体、种群、群落、生态系统、景观、区域、生物圈及其进化、发展、活动、行为、变化（多样性）、整合及调节功能和过程。

以研究宏观世界综合规律为方向的生态系统生态学是研究大坝生态效应的主要方向。生态系统是一定空间中共同栖居着的所有生物（即生物群落）与其环境之间由于不断地进行物质循环和能量流动而形成的统一整体，是生态学的基本功能单位。大坝建设前后，河流及其所在流域仍可以视为同一个生态系统，但是其生态系统的结构与功能发生了改变，具体来分，也可分为自然生态系统、人工生态系统；水生生态系统、陆地生态系统；森林生态系统、草地生态系统和农田生态系统。

对于大坝建设对河流的影响，从生态学角度来说，应该从不同层次、不同生态因子及其结构与功能入手来分析。其生态效应的研究遵循生态学研究的思路，对于河流来说，其生态系统结构是指流域生态系统内各组成因素在时空连续空间上的排列组合方式、相互作用形式以及相互联系规则，是河流生态系统构成要素的组织形式和秩序。对于特定的生态系统，生态系统的三大功能类群——生产者、消费者和分解者通过食物链和食物网形成营养结构。生态系统功能主要指与能量流动和物质迁移相关的整个河流生态系统的基本功能，生态系统的功能主要表现在生物生产、物质循环、能量流动和信息传递四个方面。生态系统通过这些功能发挥生态系统的自我调节功能。结构和功能相互依存，同时又相互制约、相互转化。而反馈是生态系统的固有属性，生态系统自我调控就是其反馈功能的一个体现，增强生态功能作用的称为正反馈，削弱系统功能作用的称为负反馈。功能和结构息息相关，生态系统功能的变化会引起系统内结构组分的相应变化，同样生态系统结构的变化也会导致生态系统功能某些方面的相应改变。

河流生态系统是一种开放的、流动的生态系统，其连续性不仅指一条河流的水文学意义上的连续性，同时也是对于生物群落至关重要的营养物质输移的连续性。营养物质以河流为载体，随着自然水文周期的丰枯变化以及洪水漫溢，进行交换、扩散、转化、积累和释放。沿河的水生与陆生生物随之生存繁衍，相应形成了上、中、下游多样而有序的生物群落，包括连续的水陆交错带的植被，自河口至上游洄游的鱼类以及沿河连续分布的水禽和两栖动物等，这些生物群落和生境共同组成了具有较为完善结构与功能的河流生态系统。

生物多样性是反映生态系统功能的重要特征。生物多样性可以分为景观多样性、生态系统多样性、物种多样性和遗传多样性等几个层次。最重要的是物种多样性，是其他生物多样性的基础或载体。生态系统的物种结构对于生态系统的功能也有较大影响。除了优势种、建群种、伴生种和偶见种外，关键种（keystone - species）和冗余种（redundancy species）也具有重要的意义。生物多样性具有很高的价值，生物多样性的直接价值即为人类所直接利用的生物资源；生物多样性的间接价值较之直接价值更为重要，完善而稳定的生态系统对调节气候、稳定水文、保护土壤作用巨大，目前没有得到利用的诸多物种在所处的生态系统中几乎都有着不可替代的重要作用，此外生物多样性还有不可估量的美学、文化价值，同时也是旅游资源中极为重要的成分。对大坝生态效应的研究和生态服务价值的评估，离不开生物多样性的调查。

### （二）生态系统变化

生态演替（ecological succession）更多的是从机制上研究大坝干扰的生态效应。生态演替理论是生态系统的结构和功能随时间推移发生变化的过程。大坝建设后，由于生态系统内部、外界环境条件的变化和人类活动的干扰，植物繁殖体的迁移、散布和动物的活动性，种间和种内关系等都会发生改变，从而导致生态系统结构与功能的变化。

生态演替与干扰密切相关，大坝建设属于强烈的干扰，从生态因子角度考虑，“干扰”较普遍和典型的定义是：群落外部不连续存在的因子的突然作用或连续存在的因子超“正常”范围的波动，引起有机体、种群或者群落发生全部或部分明显变化，从而使生态系统的结构和功能受到损害或者发生改变的现象。干扰的生态影响主要反映在对各种自然因素的改变，导致光、水及土壤养分的改变，进而导致微生态环境的变化，最后直接影响到地表植物对土壤中各种养分的吸收和利用，对于生态演替的研究可以分析大坝的潜在的生态效应，预测未来生态系统的变化。

干扰存在于许多的系统、空间范围和时间尺度上，并且在所有的生态学组织水平上都可以看到。干扰从景观尺度上来说，是指一些强烈改变景观结构和功能的事件。这些事件可以是从小到大，从轻微到灾难性，从自然到人为，从短期到长期的影响。大坝建设的干扰可以有直接干扰与间接干扰，可以是短期与长期的生态效应。干扰可造成群落的非平衡特性，对群落的结构和动态有重大作用。中度干扰理论认为，中等程度的干扰水平能维持高的物种多样性；干扰过于频繁，则先锋种不能发展到演替中

期，多样性较低；干扰间隔期过长，演替发展到顶极，多样性又降低；只有中等程度的干扰使多样性维持最高水平，它允许更多的物种入侵和定居。自然界的适度扰动，可以促进生物的进化、物种的形成和多样性的增加。鱼类和水生生物的捕捞管理、草地放牧和火烧管理、森林抚育间伐管理、野生动物栖息地廊道和斑块建设等，均是维持和产生生态多样性的可能手段。

生态系统的稳定性可以用来研究干扰是如何影响生态系统功能的。生态系统稳定性是指生态系统具有自我调节、自我恢复、自我更新的能力，维持其相对稳定的能力，使其结构和功能呈现相对稳定的状态，主要包括抵抗力稳定性和恢复力稳定性。抵抗力稳定性是指生态系统抵抗外界干扰并使自身的结构和功能恢复原状的能力。恢复力稳定性是指生态系统在遭到外界干扰因素的破坏后，恢复原状的能力。

研究大坝产生的干扰所导致的生物多样性、生态演替与稳定性的变化是生态效应的重点，对研究生态系统影响机理、干扰的发展演化过程及生态系统管理有重要的意义。

### （三）生态完整性理论

从重大工程对流域的影响方面来说，生态完整性（ecological integrity）是目前备受关注的概念。地球上任何一个水体中现有的生物群落都是一个长期地理变迁和生物进化的结果，它的一个重要体现就是“完整性”，生物完整性包含生物的群落、种群、物种和基因及其过程等，非生物的水循环、水量、流速、水理化因子和底质组成等，以及生物与非生物之间的相互作用。生物完整性指数（Index of Biological Integrity，IBI）是指支持和维护一个与地区性自然生境相对等的生物集合群的物种组成、多样性和功能等的稳定能力，是生物适应外界环境的长期进化结果。IBI 法就是用多个生物参数综合反映水体的生物学状况，进而评价河流乃至整个流域的健康。水生生态系统常常用不同的生物群落评价其生物完整性，主要有底栖动物完整性指数（Benthic Index of Biological Integrative，B－IBI）、鱼类群落生物综合指数（Fish Index of Biotic Integrity，F－IBI）、附着生物完整性指数（epiphyte index of biotic integrity）、EPT 物种丰富度指数（pettishness）和无脊椎动物群落指数（invertebrate community index）等。随着 IBI 方法的完善，一些生境评价指标也得到了发展，如物理完整性可以用定性生境评价指数（qualitative habitat evaluation index）和物理生境指数（physical habitat index）进行评价。

生态完整性是物理、化学和生物完整性之和，是与某一原始的状态相比，质量和状态没有遭受破坏的一种状态。一般来说，生态完整性包括自然系统生产能力和稳定状况两个方面，稳定性可以通过恢复稳定性和阻抗稳定性来指示。狭义上，生态完整性包含生态系统健康、生物多样性、稳定性、可持续性、自然性和野生性以及美誉度。对于生态完整性评价来说，一般意义上，从指示物种、结构、功能、组成、压力、状态、响应等来评价。所以从某种意义上来说，完整性更能体现重大工程的干扰效应，由于目前完整性评价和其他区域安全、健康等评价在意义上有重叠之处，所以针对工程干扰下的具体对象如流域、生态网络或者河流系统等的完整性评价得到认同与重视。

而对于线性公路工程和重大水利工程来说，对区域生态网络和水系网络的破碎化、阻隔等效应是最为显著的特征。

生态完整性，即生态系统结构和功能的完整性，是生态系统维持各生态因子相互关系并达到最佳状态的自然特性。生态系统完整性的评价主要是从其偏离原始的未受人类干扰的或者少受人类干扰的生态系统的程度来考虑的。在当今人类足迹遍及生物圈各个角落情况下，未受人类干扰的生态系统很难找到。因而，通常是评价生态系统偏离参照系的程度来评价其完整性的。因此指标选取最大的挑战在于对参照系的选取和描述。工程对生态完整性的影响，首先是对生态系统的结构产生影响，根据结构决定功能的原理，结构的变化必然引起其功能的变化。因此，可以找出表征生态系统结构变化的物理量来表征生态完整性，由于水利工程建设的时效性较强，所以参照系统的选取往往具有可比性。

## 五、景观生态学理论

景观生态学是地理学与生态学之间的交叉学科，以景观为对象，通过能量流、物质流、物种流及信息流在地球表层的交换，研究景观的空间结构、内部功能、时间与空间的相互关系及时空模型的建立。景观生态学研究内容主要包括景观结构、功能和动态。景观生态学强调格局对过程的影响，强调景观的时空异质性，同时突出人类干扰在景观变化中的作用。对于大坝干扰来说，其景观生态效应可以体现在结构和功能上，而且长期来看表现出动态特征。对于景观生态学的一般理论与原理，可以按照整体性原理、时空尺度与等级组织原理、空间格局与生态过程原理以及镶嵌稳定性与生态控制原理所构成的框架体系进行归纳。一般而言，与河流生态学相关的景观生态学的基本理论包含等级理论、空间异质性与景观格局、时空尺度理论、景观连接度理论、岛屿生物地理学理论及源汇理论等。

### （一）流域等级理论

等级理论认为，在一个复杂的系统内可分为有序的层次若干，从低层次到高层次。

不同等级的层次系统之间具有相互作用的关系，高层次对低层次有制约作用，低层次为高层次提供机制与功能。流域本身作为河流系统的依托，由不同等级河流形成的等级体系，也是水文过程自然发生的完整区域。流域是具有连续和异质性的统一体：地形地貌、河流水文等物理参数的连续变化梯度形成系统的连贯结构，一个流域的形成，是该流域中气候、地貌、水平衡、土地利用及人类活动等因素的综合反映。而河流的等级系统正是与空间结构组成伴随在一起的直接标志。在地球表面上，水系的网络是有等级的内部组合。通过对一个流域（流域本身也带上了等级性和有序性的烙印）或一个集水盆地上的河道网络分析，可以发现水系面积的增加、不同等级的河道长度、不同等级的河道数目、河系网络的特点等，均呈现出几何级数式的规律性变化。在地表形态的定量表达中，最有价值的证据之一就出现在流域水系空间分布之中，河流生态系统是一种巢式等级系统，从垂直结构上看，高层次由低层次组成，相邻的两层之

间存在着包含与被包含的关系，这种包含与被包含的等级关系可用于简化河流生态系统的复杂性，有利于增强对其结构、功能及动态的理解。河流景观过程受河流的地形、地貌与生物特征等影响。

而生态系统的景观异质性又使得生态和水文过程产生不同的功能。对河流生态系统来说，水文连续性是其最主要的特点，而流域景观中，镶嵌和梯度化分布体现了空间尺度的异质性。流域景观生态学以流域景观类型为研究单元，应用等级嵌块动态（hierarchical patch dynamics）理论，研究流域内高地、沿岸带、水体间的信息、能量及物质变动规律。

### （二）景观空间格局与过程

景观空间格局一般指大小和形状不一的景观斑块在空间上的配置。景观格局是景观异质性的具体表现，同时又是包括干扰在内的各种生态过程在不同尺度上作用的结果。景观结构单元可以划分为 3 种类型：斑块、廊道、基质。对于流域景观来说，景观斑块的大小、数量、形状、位置、边界特征的变化具有特定的生态学意义。景观基质决定着流域产汇流的强度，景观斑块与生态过程如土壤侵蚀、物种运动等密切相关，廊道影响着斑块间的连通性，也影响着斑块间物种、营养物质、能量的交流和基因交换。河流生态系统中，从流域生态系统组分结构上可以把河流生态系统分为水体、河道、河漫滩、通河湿地、人工湿地以及功能保护区等几个部分。

空间异质性可以包括时间和空间异质性，是指生态学过程和格局在时间和空间分布上的不均匀性和复杂性。异质性是系统或系统属性的变异程度，景观异质性是景观尺度上景观要素组成和空间结构上的变异性和复杂性。景观是由异质要素组成，景观异质性一直是景观生态研究的基本问题之一。

在流域生态系统的各种生境因素中，河流形态多样性是流域生态系统最重要的生态因子之一。河流形态多样性及与生物群落多样性密切相关。网络形态决定了水域与陆地间过渡带是两种生境交汇的异质性，而且网络形态影响上、中、下游的生境异质性，造就了丰富的流域生境多样化条件，纵向的蜿蜒性形成了急流与缓流相间，使得河流形成主流、支流、河湾、沼泽、急流及浅滩等生境，河流形态多样性是维持河流生物群落多样性的基础。

### （三）尺度理论

尺度是景观生态学研究的核心问题，是指所研究客体或过程的时间维和空间维，即客观实体的变化过程或测量它们的时间或空间坐标。在生态学研究中，对同一过程采用不同的观测尺度得出不同的结果。因此尺度理论在生态学研究中逐渐得到重视。尺度可以分为空间尺度和时间尺度以及组织尺度或功能尺度。生态学中包含的物种个体、种群、群落以及生态系统等生态学层次在自然等级系统所处的位置和具备的功能指组织尺度或功能尺度。在中、大尺度上人们研究更多的是考察变化问题，遥感数据存在周期性、大尺度的特征，广泛应用于生态系统变化、群落变化、景观格局改变等方面的研究。对于河流生态系统来说，河流具有明显的等级结构和与尺度特征，随着空间的变化，水利水电工程的生态效应也存在不同的尺度特征，在不同尺度上表征具有差异性。

尺度的选择至关重要，尺度选择的不同会导致对生态学格局、过程及其相互作用规律不同程度的把握，影响研究成果的科学性与实用性，目前，关于尺度的选取以及界定主要是基于等级理论。

尺度转换和尺度关联是尺度研究中的重要问题，包括尺度上推和尺度下推，一般通过控制模型的粒度和幅度来实现。生态学研究中，往往采用数学模型和计算机模拟作为重要工具来完成尺度转换。尺度转换的方法和技术有图示法、回归分析、半变异函数、自相关分析、分形、小波分析以及遥感和地理信息系统技术等，梯度分析是跨尺度整合的重要技术。

河流生态系统作为一个时空融合的生态实体，在不同的时空尺度上，对同样强度的扰动或胁迫会表现出显著不同的生态效应。作为由社会、经济与自然组成的复杂系统，河流生态系统与外界存在着物质与能量的交换，其结构与功能具有鲜明的复杂性特征，同时由于水电工程建设的复杂性与累积性，增加了水电大坝建设影响下河流生态系统多样性研究的工作难度，合理的时空尺度分析对于研究复杂系统十分有效。针对河流水电工程建设下生态系统多样性变化的时空尺度分析有助于针对性地进行研究对象的选择以及生态环境问题的识别，提高研究的目的性、针对性及可操作性。

### （四）生态系统服务

地球生态系统给人类社会、经济和文化生活提供了许许多多必不可少的物质资源和良好的生存条件。这些由自然系统的生境、物种、生物学状态、性质和生态过程所生产的物质及其所维持的良好生活环境对人类的服务性能称为生态系统服务（ecosystem service），即人类赖以生存的自然环境条件与效用。河流生态系统服务是指河流生态系统与河流生态过程所形成及所维持的人类赖以生存的自然环境条件与效用。人类的经济活动已经从不同侧面影响或改变了河流生态系统的结构及生态过程，最终导致河流生态系统服务功能的变化。水电开发对河流生态系统服务功能具有双重影响作用，一方面，社会经济服务效益显著提高，主要表现在清洁能源的大量产出；另一方面，生态环境服务效益严重削弱，主要表现在河流连续体中断，生态系统结构破碎化，物质循环、能量流动阻塞导致河流生态系统维持健康生态环境的能力减弱。目前水电工程往往是梯级开发，其累积效应就更扩大了对河流生态系统服务功能的正负影响。

生态系统服务不仅包括各类生态系统为人类所提供的食物、医药及其他工农业生产的原料，更重要的是支撑与维持了地球的生命支持系统，如维持生命，净化环境，维持大气化学的平衡与稳定。根据生态服务功能和利用状况可以将服务功能价值分为四类：直接利用价值、间接利用价值、选择价值、存在价值（又称内在价值）。因为生态系统的服务未完全进入市场，其服务的总价值对经济来说也是无限大的，但是可以对生态系统服务的“增量”价值或“边际”价值（价值的变化和生态系统服务从其现

有的水平上变化的比率）进行估计。许多研究者对生态服务的经济价值进行了评估，对于不同的生态系统来说，评价的指标不尽一致，但总体的评价方法有直接市场价格法、替代市场价格法、权变估值法、生产成本法、实际影响的市场估值法等。

河流生态系统功能是系统在相互作用中所呈现的属性，它表现了系统的功效和作用，基本功能主要是指物质循环、能量流动以及信息传递，而服务功能主要包括供水及相关功能、物质生产功能、生态支持功能、调节功能及娱乐美学功能五方面。关于水电大坝建设对河流生态系统服务功能影响的研究成为当前研究的热点。

### （五）流域生态系统管理

景观尺度上的重大工程干扰的研究对于辨识水利工程的潜在时空风险、保护策略等具有重要意义。景观生态学中的干扰理论及与之相关的空间异质性理论、格局、过程及其尺度理论与流域生态安全相结合，并且运用到流域生态评价与规划中。

流域生态系统管理是以景观生态学和流域生态学为基础，以流域为研究单元，应用现代生态学和数理科学理论和方法，如等级嵌块动态理论，研究流域内高地、沿岸带、水体间的信息、能量、物质变动规律。流域生态系统管理重视从综合的角度论述各个重要的系统过程对包括全球变化在内的人为与自然干扰的响应，提出了相应的流域管理策略；在阐述中强调生态系统的综合性和复杂性，以生态水文过程为中心，从流域研究、规划、管理与政策多个方面论述流域生态系统过程之间的相互作用。重视GIS和流域生态系统模型的应用，强调适应性管理策略，如人造洪水，维持和保护部分河流的自然生态系统，以及将洪泛区纳入河流生态系统的管理，重视洪泛区的生态功能。对于水电干扰下生态恢复途径，也可以利用景观生态学的原理与方法，通过构建景观生态廊道等恢复生态扰动区的生态系统结构和服务功能。通过研究干扰对景观结构与功能关系的机制，确定流域自然生态过程的一系列安全层次，提出维护与控制生态过程的关键性时空量序格局，调整一些关键性的点、线、局部（面）或者其他空间组合，恢复一个景观中某种潜在的空间格局，国际上，从流域整体考虑，功能网络的完整性研究已成趋势，国内相关研究也亟待进一步加强。

# 第四章　水利工程与生态环境的相互作用

## 第一节　水库对天然径流的影响

河道上修建大坝挡水，与引水、泄水建筑物一起形成水利枢纽。水库储丰补枯，调蓄天然径流，尽可能按社会经济和生态环境用水要求控制或调节下泄流量，达到除水害兴水利之目的。为充分发挥水利工程的社会经济和生态环境效益，将不利影响减小到人类和生态环境系统可以承受的程度，就要研究水利工程与生态环境两者之间相互作用的原理、影响机制与途径，为流域规划、水利工程的设计、施工和运行管理揭示客观规律，提供理论依据。水利工程对生态环境系统的影响十分复杂、深刻、广泛和持久。有些影响是直接的、有些是间接的；有些是明显的及可以预见的；有些是潜伏的、难以预见的。

### 一、水库对天然径流的影响

修建水库首先影响天然径流的状态（水位、流量、流速、水体中其他物质），进而影响到生态环境中的其他因素。在河道上建坝挡水后，入库径流流速减小，水位上升，水库蓄水增加，水面面积增大，淹没土地和地表的植物和村庄，驱走动物，将陆生生态环境改变为水生生态环境。辽阔的水面使蒸发增加，直接减少了流域下游的径流量。由于水的特性，巨大水体使水温和水质分布结构发生变化，流水的动能转变为势能，增加了坝区地层的水压力，加上水流沿岩石的裂隙、断层下渗，改变了地应力的分布。水流流速减缓使水流挟带的泥沙在库内或库底沉积。对于给定的坝址及流域水文、气象、地形、地貌、地质等自然条件和社会、经济及生态环境状况，水库对这些因素的影响主要取决于蓄水容量（同时也确定了水面面积）。

水库的下泄水流除了受调节库容、水库运行目标与方式的制约外，还受到引水、泄水建筑物结构与规模和能力的影响。不管水库是否具有防洪功能，洪水水流通过泄水建筑物时，一般都会起到削减洪峰流量的作用，这种作用对具有防洪功能的水库更为显著。天然径流季节性差别很大，水库蓄丰补枯，使下游河道丰枯季节的流量差异减小，丰水期下泄水流减小，枯水期增大，例如水电站调峰运行时，在电网高峰负荷

期间的下泄流量比低谷期大得多。为了避免这种泄流方式对下游航运与水生生物的不利影响，有些地方建立了反调节水库，使日内流量均匀化。葛洲坝工程就是三峡工程的反调节水库。由于水流中的泥沙沉积在库内，下泄水流中泥沙含量减小，由此将引起下游河床形态的改变。水库水体的水温、水质改变后，也直接地影响到下泄水流的水温与水质。

## 二、蓄水对上游的直接影响

水库形成几乎完全改变了库区原来的自然生态环境，主要影响表现在以下方面：

第一，淹没与浸没：库水位抬高将淹没蓄水区内的所有土地、森林和其他植物、城镇乡村、工矿企业、交通、通信、输电、输油（气）管线及文物古迹，驱散陆生动物，几乎毁灭陆生生态系统，危及在一定范围觅食的稀有动物的生存。水库周边的地下水水位也随之升高，对某些耐湿性能差的植物生长不利。在一定地质条件下，低洼地方可能会出现沼泽化、盐碱化，这一现象称为浸没。

第二，水库表面蒸发增大，减小了流域总径流量。水库中的水体是一个巨大的储热体，能够调节库区及周边的气温，影响局部气候。

第三，水库中水流流速小，使泥沙沉积，不但减少库容，如果沉积在库尾还可能影响上游航运，使上游河道水位抬升。

第四，水库水深比天然河道大得多，使底层溶解氧减少，气候变化对水温的影响力弱化，由此形成特殊的水温结构。流速减缓降低了水体的自净能力，使污染物质富集，重金属可能沉淀到水库底层，被底泥吸附，污染物质也形成分层结构。泥沙沉积使水体浑浊度降低，硅酸盐减少。

第五，如果库区存在发生地震的地质条件，由于蓄水，在巨大的水压力作用下，水流沿着岩体的裂隙断层渗透，可能改变岩体的应力分布，使原来存在的滑坡体移动下滑，甚至可能诱发地震。

第六，水库蓄水运行后，根据水位变化情况，可以将库区可以分为三个区：水库防洪运行时，库水位在防洪限制水位和防洪高水位之间变化，这一区域称为洪水消落区，也称变动回水区；水库兴利运行时，库水位在死水位和正常蓄水位之间变化，这一区域称为常年回水区；由于一般情况下水位不会消落到死水位以下，死水位以下称为水位不变区。水库水位变化的这些特征影响到水库周边和水库消落区植物群落结构演变，水生植物和耐湿性植物逐步成为优势种群，鸟类、哺乳类、爬行类和贝类等动物的天然觅食地和栖居地环境改变，动物群落的物种和种群数量将重新调整。

第七，水库改变为水生生态环境，为水生生物生存繁育增大了空间，适应静水或缓流的鱼类增加，适应在急流中生长的鱼类减少，总的来讲有利于渔业生产。水库水流状态、水温和水质结构发生变化，浮游生物、底栖动植物、鱼类等水生生物群落进一步发展，结构有所调整，优势种群产生变化。

第八，大坝大都建在山区，蓄水后一般会形成风景优美的湖光山色。辽阔的水面不仅有利通航，而且是开展水上娱乐和旅游休闲的良好场所。

第九，大坝建成后，截断了河流上下游，造成通航不便，从而妨碍某些鱼类的洄游。

## 三、水库对下游的影响

与河道天然径流相比，水库下泄水流状态变化对下游的直接影响包括：

第一，水库水体的水温、水质结构变化，使下泄水流对河道中水生生物有一定影响，包括优势种群改变；对灌溉的农作物也有一定影响。

第二，削减洪峰流量改变了天然洪水暴涨猛跌状态，可能会影响某些鱼类洄游或产卵。干旱季节流量增加，使许多原来受制约水生生物（特别是鱼类）生长的限制因子减少（如水体空间、最低水位及低水位时间等），优化了水生生物枯水季节和干旱发生时的生存环境，有利于水生生物、岸边植物生长。

第三，下泄水流中泥沙含量减少，破坏了天然径流的水沙平衡状态，可能引起下游河道冲刷、塌岸、形态改变。如果大坝距河口较近，则有可能还会引起海岸或河口三角洲受侵蚀。

第四，水利工程施工期较长，施工过程中的基坑开挖、弃渣堆放、机械操作，可能引起水土流失、环境污染。截流期与水库蓄水期下游河道水量锐减，在一定时期内也会影响下游用水和生态环境。这些影响与大坝下游河床发育情况、大坝离河口距离长短密切相关。像阿斯旺高坝下游没有支流加入，水库下泄水流引起的变化就比较广泛、深刻和持久。三峡工程下游有洞庭湖、鄱阳湖等水系和清江及汉江等支流汇入长江干流，上游下泄水流对生态环境的影响比阿斯旺高坝就要小得多。

## 四、水库蓄水对人类社会的影响

水利工程的目的是开发利用水资源，为社会发展、经济建设服务，其作用和效益在此不做进一步的阐述。与任何工程项目一样，建设总要付出一定代价，由于水利工程规模大、工期长，对人类社会的影响更为明显。

第一，由于库区淹没，必须移民，且数量较多。移民将挤占其他地方的资源环境承载能力，异地安置还存在移民的适应问题。

第二，搬迁将要淹没地区的交通、通信、输电（油、气）管道及文物古迹，要支付较大的费用。有些文物古迹或者自然景观可能由于无法搬迁而被淹没、消失。

第三，水利工程建筑过程中，施工期长，人群汇集，建筑物多。由于能源、交通、通信等条件大为改善，大坝建成后，坝址附近形成了新的城镇，产生新的经济增长点，在土地利用、产业结构方面将有大规模的调整，使得当地经济繁荣起来。

第四，垮坝风险。如果对水库区域的水文气象、地质构造等情况了解不够，或者没有掌握客观规律，或者水利工程建筑物设计不完善，施工质量差、管理不到位，在某些极端情况发生时，可能垮坝。垮坝将会造成灾难性后果。

# 第二节　水库的气候效应

水体比岩石、土壤的热容量大。在河道上建坝蓄水后，水库中的巨大水体将白天的太阳能存储起来，待到晚上才逐步散发出来；甚至将夏季的太阳能存储起来，直到冬季才逐步释放出来。大型水库可能对局部气象要素（如蒸发、气温、温度、降水、风和雾等）产生一定影响，气象要素改变程度取决于水库水面和蓄水量的大小。

## 一、水面面积与淹没范围的计算

水库水面面积及蓄水量的计算属于水资源规划的内容。根据水库的特征水位（如正常蓄水位、防洪高水位，校核洪水位等），在地形图上就可以确定水面面积（即淹没范围）和蓄水量，一般分为静库容法和动库容法两种方法。

### （一）静库容法

静库容法将水库水面作为一个平面，根据特征水位就可以在相应比例的地形图上计算出水面面积和蓄水容积。

### （二）动库容法

入库径流一般为非恒定流。在水动力作用下，狭长型水库或一般水库洪水期的水面并非一个平面。这种情况下就要计算动库容及相应水面面积。

确定了不同特征水位的水面面积就确定了淹没范围，对淹没范围进行调查、统计，就可以掌握水库淹没损失及移民人数。

除了水库蓄水产生淹没以外，有些水库还可能产生“浸没”。所谓浸没是指水库地表水位升高后，在一定的地质条件下，使水库周边地区地下水位抬升，某些低洼地带的地下水位高出地面，出现沼泽化现象，有些地方还可能出现盐碱化。浸没对耐湿性差的植物生长不利，使建筑工程的地基条件恶化。水库是否产生浸没取决于地形、地质及水文地质条件。例如，平原型水库库底及周边地质构成一般为第四纪松散沉积物，在库水压力作用下，周边地下水位抬升；山区水库周边山体若断层裂隙发育，也会导致水库外低洼地产生浸没。

## 二、蒸发、气温和风

### （一）蒸发

水库水面增大后，原来的陆面蒸发变为水面蒸发，蒸发量增加，流域径流量减小。在干旱、半干旱地区，这是一笔很大的水量损失，比如阿斯旺高坝因年蒸发损失的水量占年均径流量的10%～20%，我国南方湿润地区仅占1%～2%左右，蒸发水量与太阳辐射、大气湿度、风速等因素有关。

水库蓄水后，因地下水位抬升，地下水供水充足，水库周边陆面蒸发也有所改变。陆面蒸发量的增加与当地气温、土壤含水量、空气湿度及植被情况有关。一般而言，增加的数量和比例不显著，影响范围仅限于水库周边。例如，丹江口水库蓄水量后，周边陆面增加的蒸发量，在水域周遍地区不超过10mm，占年蒸发量2%左右。

#### （二）气温

水体热容量比土壤大，透射率大，反射率小，水库水体是一个大的热量存储体，可以大量吸收太阳辐射的热量；当水库面气温低于水体温度时，通过热能传导机制，水体热量释放到大气中。这样，水库水体调节着库区水域及周边地区地表上空的气温，使夏季气温略有降低，冬季略为升高。受地形地貌及大气候的影响，水库的调节作用是有限的，平面范围仅影响水库周边，高度仅限于在接近地表层的空间。水库对局部气温的影响程度主要取决于水库容积、水面面积和当地气候条件等因素。

#### （三）风

水库形成后，原来起伏不平的山丘地形及其上面的植被被平滑水面代替。表面糙率大大减小，同样的风力在水库水面上风速增大，涌浪增高。

### 三、降水

由于库区气温夏季比蓄水前低，气温结构比较稳定，上升运动减弱，具有一定的抑雨作用（称为水库的低温效应），使水库周边范围的降水有所减少。冬季则与夏季相反，水面气温高于陆面，气温结构不稳定，降水有所增加。由于我国冬季降水量比夏季小得多，水库对降水的影响总体表现为年降水量减小。对我国的气候条件而言，降水在时程分布上冬季有所增加，夏季略微减少。水库引起的降水改变在空间分布上是不均匀的，既受到大气环流运动的制约，也受集水区域内地形地貌的影响。一般来说，降水在总体上减少的趋势下，季节主导风将暖湿气流推移向地热较高的迎风坡区域，降水量有所增加。这些规律在丹江口、新安江、狮子滩及龚嘴等水库都得到了证实。

### 四、水库渗漏

水库蓄水后，库水位抬高，使得库底或周边通过断层、裂隙、溶洞等和库水相联系的地下水压力增大，流态改变，从而产生渗漏。渗漏包括坝基渗漏，绕坝端渗漏和库床渗漏三类。一般而言，如果通过地质勘测将库区地质构造情况基本掌握，水库设计时做了防渗处理，施工质量得到保障，前两项渗漏一般能够控制。库床渗漏范围广，地质条件复杂，影响因素很多，难以有效控制。库床渗漏随着水库泥沙沉积量逐年减小。对于库床渗漏目前没有精确的方法计算。

## 五、局部气候效应对生态环境的影响及其预测

水库蓄水引起的局部气候效应对自然生态环境和社会经济都有一定影响。水库水体调节局部气候，冬季气温升高、降水增加，夏季气温降低、降水减少；无霜期增长；极端最高气温下降，极端最低气温升高。

水库蓄水对气象因素的影响预测，属于小气候学的范畴。影响与制约局部气候的因素很多，除了水库蒸发损失可以进行定量分析外，对气温、降水影响一般采用“类比法”预估，也可以从影响小气候的机理出发，建立数学模型进行预测。类比法是分析水利工程对生态环境影响的常用方法。这种方法是以将新建工程和相近条件下的已建工程进行比较，从而预测新建工程对周围环境可能产生的影响。如果选择的已建工程合适，则优点十分明显。首先，新建工程对环境影响的预测结果比较直观，易于考察、比较；其次，方法简单明了，影响因素容易掌握；再者，容易为人们接受，因为已建工程对环境影响是客观事实，只要认真调查研究、分析比较，预测结果有一定的可靠性，同时也便于公众参与。类比法的基本步骤大致为：

（1）对新建工程的自然条件、工程规模和环境要素进行详细调查分析。（2）根据新建工程的基本情况，选择类比工程。类比工程首先要与新建工程在工程规模、结构形式、功能方面基本相似；自然和地理条件也要基本类似。其次，类比水库建库前后的资料能够满足分析预测的要求。要特别注意除了建坝以外，影响生态环境的其他因素在建坝前后基本一致。（3）针对类比工程对生态环境影响进行详细调查，调查内容包括工程修建前的情况（本底值）和工程修建后生态环境变化情况。（4）对类比工程建库前后的调查资料逐项进行分析比较，找出具有规律性的结果，并根据影响机制和原理，分析其合理性。（5）将类比工程带有规律性的结果移植到新建工程，并根据两者自然和工程条件的差异，适当进行一些经验性修正，经过全面系统的分析比较后，对拟建工程有关方面的影响进行整理归纳。（6）提出新建工程环境影响预测结论。

# 第三节　水库水温结构和下游河道水温

水温是生态系统中一个重要的物理因子。天然河流中，河水较浅，紊流掺混作用强，单位水体的自由表面大，水温一般随着气温变化，修建水库（特别是大型水库），水深增加，流速锐减，流态改变，水库形成一个热容量极大的水体。

水库水体中热能分布的变化对自然环境（包括水质）、生态系统及人类生产活动都会产生广泛而深刻的影响。水库下游河道的水温结构也会发生相应变化，这种变化也同样会影响到生态系统与人类的生产生活。

## 一、水库的水温结构

### （一）水温结构的类型

水库水温结构受到水库规模、水库的地理位置与气候条件、水库运用方式、进出库水量交换频率、入库悬浮质含量、库区主导风向与水流方向是否相同等因素的影响。最重要的影响变量是太阳辐射能量与气温、水库水深与水库调节性能及风浪对流情况，水库水温结构一般分为混合型与分层型两类。

**1. 混合型**

混合型水温结构出现在水库宽浅、出入库水量交换频繁、水流流速较大、掺混性强的中小型水库。水温结构与湖泊类似，上、下层水温变化不大，主要受气温和入库水流温度的制约。

**2. 分层型**

对于规模大、库水深、水流缓慢、调节性能较好的大中型水库，水文在垂直分布上呈现分层形状。其过程大致为：

春末夏初：随着气温的升高，太阳辐射增强，水库表层温度较高，水体上层密度小于下层，水温分布开始分层。

夏季：水温垂直方向分层明显，上层温度高，称为暖水层；下层温度低，称为冷水层；中间为过渡层，温度梯度变化不大，称为温跃层。

秋冬季节：随着气温下降，库水表面冷却，密度增大，水库下层温度高一些，密度小。在水库进、出库水流的影响下，库水温度渐趋均匀。如果水库处于温带，水库水温冬季上下层大体相同。如果水库处于严寒地区，表面水温略高于气温，下层水温一般为4℃。在水库横向断面和水流方向，即水平面上，水库水温分布大致相同。

### （二）影响水库水温结构的主要因素

分层型水温结构受到许多因素影响，不同水库、在不同场合具有自身的结构特征。

**1. 水库调节性能不同，水温具体结构不同**

水库调节性能直接决定进、出库水流交换的频率，是决定水温结构的最主要因素。

**2. 水库调洪破坏分层结构**

较大洪水入库，水库进行调洪运行，可能完全破坏分层结构。

**3. 风向与水流方向相反，引起上下层水温混合**

如果风向与库水流向相反，风力较大时使水库水面产生风浪，在辽阔的库面尤其的明显，风浪将使水温分层结构破坏。

**4. 异重流强化分层结构**

由于水的密度在4℃时最大，高于4℃与低于4℃时的密度减小率不相同。这样，在分层结构的温跃层中形成一道“密度屏障”：入库水流进入常年蓄水区内，仅顺着适合自身密度的层面流动，形成“异重流”，这一现象减少了入库水流的掺和作用，有利

于分层结构的巩固。

**5. 水流中悬移质含量大使分层结构弱化**

入库水流中悬移质含量大，水体密度就增大。一般而言，进入水库常年蓄水区后，在重力作用下，逐渐向水库深层流动，使水温分层结构弱化。如果入库径流的水温高于水库中层及底层水温，当含泥沙的水流密度与某一水温层密度相当时，入库水流顺着这一层次流动，也会形成异重流。其效果使水温分层结构弱化，甚至可能出现双峰型温跃层。

**6. 气候与纬度对水库分层有明显影响**

一般性规律可以概述如下：

0°～25°：在这一范围内，纬度较低地区的水库趋于长期分层（稳定分层）；纬度较高地区的水库属弱分层型，每年有一段时间处于混合型（不稳定分层）。

25°～40°：夏天呈分层型，冬天当气温在4℃以上时呈混合型。

40°～60°：春秋两季两次呈混合型，冬夏两季为分层型，但冬季为逆温分层，就上层温度低，下层温度高。

60°～80°：寒带一次混合，一般为逆温分层，夏季可能有一次短期混合过程。

上述特点，针对海拔1000m以下区域而言，高程更高处的水库具有高一级纬度区间的分层特征。

### （三）水库水温变化规律

在天然河流中，除夏季外，水温一般都高于气温。水库蓄水后，这一差异变大，随着季节变化，水温也改变。并且从表层水温变化开始，不断向深层发展，一定条件下形成水温分层结构，但全断面平均或垂线平均水温始终低于表层水温。在同一时间，相同水深的水库常年蓄水区内，不同地点（不管是横向，还是纵向）水温基本接近。水库调节洪水，大的风浪及水体中悬浮质含量大小，都可能影响水温分层结构。

## 二、大坝下游河道的水温变化

大坝下游河道水温主要受水库下泄水流的水温影响，最高水温降低、最低水温升高，年内变化幅度减小。这一趋势距大坝越近越显著。在水流运动过程中，分子活动剧烈、吸收太阳辐射以及支流的汇入，水库下泄水流的温度影响逐渐减弱，经过一定距离恢复到天然河道的水温分布。这种影响的大小，首先取决于水库引水设施的高程（下泄的水流是出自水库表层，还是中层或下层）；其次是取决于下泄流量的大小；再次取决于下游河道支流汇入水量的多少，有些大水库下游河道水温恢复到天然状况要经过几百千米，比如新安江水库大坝到钱塘江河口260km，大坝下游河流水温仍未恢复到天然状态。

## 三、水温结构预测

水温作为生态环境系统的基本要素，与生态环境的其他因素关系十分密切。例如，水库水温分层结构是水库中污染物质分层的重要原因之一。水库下游河道水温按照"冬暖夏凉"改变建库前状态，有利于水生生物和鱼类冬季生长，但春夏之交使鱼类产卵期后延。水温对人类的生产生活也有一定影响，夏季引用水库深层的低温水，对于电站厂房温度调节、机电设备冷却养护是天然的冷源，但用于灌溉，则使得农作物成熟期推迟，影响产量，因此，对水库水温结构进行预测是水利工程设计的前提。

### （一）水库水温结构类型的判断

判断水库水温结构类型，国内常用经验公式进行判断，定义：

$\alpha$ = 年均入库总水量/总库容

$\gamma$ = 一次洪水总量/总库容

当 $\alpha < 1.0$ 时，水库为稳定分层型；$\alpha > 2.0$ 时为混合型，$1.0 < \alpha < 2$ 为过渡型。对于分层型水库 $\gamma < 0.5$ 时，一次洪水过程不影响分层结构。

### （二）水库水温结构定量预测

水温结构定量预测旨在确定年、月平均水温随深度分布的规律，常用经验估算法与数学模型法。根据不同深度的水库水温实测资料，用余弦函数表示某一水深各月平均水温：

$$T(y,\tau) = T_m(y) + A(y)\cos\omega(\tau - \tau_0 - \varepsilon)$$

式中　$y$——代表水深（m）；

$\tau$——表示时间（月）；

$T(y,\tau)$——水深 $y$ 处时间为 $\tau$ 时的水温（℃）；

$T_m(y)$——表水深 $y$ 处的年平均温度；

$A(y)$——表示水深 $y$ 处的温度年变幅（℃）；

$\varepsilon$——水温与气温的相位差；

$\omega = 2\pi/P$——表示温度变化的圆频率，其中 $P$ 为温度变化的周期（12 个月）。

## 第四节　水库水质结构和下游河道水质

由于水库的水流状态和水温结构与天然河流不同，水库水质结构相应发生改变。主要特点是，入库径流中的污染物质首先在水库中得到混合、稀释、凝集和沉淀，并发生生物化学反应，形成新的分布状态。溶解氧和污染物质沿水深方向分层，重金属元素富集到水库底层被淤泥吸附，水库泄流中的污染物质发生变化，并引起下游河道水质改变。下游水质变化程度又受到支流及下游污染物汇入的影响。

### 一、水库水质

水库将河道径流存蓄以后，流速缓慢，水深增加，水体的自净能力减弱，加上水

库水温结构改变，使水库水体中污染物浓度与分布发生变化。

### （一）色度与透明度

由于入库径流中的泥沙沉淀淤积在库底，使水库水体清澈透明，浑浊度减小。水库表层透明度增加，光合作用增强，有利于浮游生物生长。如果上游来水中氮、磷等营养物质浓度高，水库水体交换次数少，可能就会使水体有机色度增加，甚至是营养化。

### （二）总硬度和主要离子含量

天然河道的来水，一部分是地表径流，另一部分为地下径流补给。洪水期以地表径流为主，水体的矿化度低；枯水季节，地下水比重大，矿化度比洪水期高。我国大多数河流阳离子以钙为主，阴离子以重钙酸根为主。水库中离子总量和总硬度比入库径流略有增加。由于水库对水流的调节作用，使离子浓度和水的硬度年内变幅减小。

### （三）pH 值、溶解氧和有机污染物

由于水库表层水体透明度大，光合作用强，有利于浮游生物生长；浮游生物利用太阳能将游离 $CO_2$ 和水合成有机物；加上库面水域增大，风浪作用增强，水体中掺氧作用增强，水中溶解氧丰富，有的水库甚至出现过饱和状态，游离 $CO_2$ 减少，pH 值较高。随着水深增加，这一趋势不断减弱。在水库底层，水体很少掺混，很难接收到太阳能，死亡的浮游生物及其他有机污染物的分解大量消耗溶解氧，使得溶解氧大大减少。有些水库蓄水初期，如果库底植物未彻底清理，植物残体腐烂、分解，可以把库底水体中溶解氧全部消耗掉。由于底层溶解氧缺乏，有机质分解并产生硫化氢、甲烷或 $CO_2$，使 pH 值降低，水的导电性增加。

### （四）重金属

天然河道底泥较少。由于水流在水库中流速变小，泥沙沉积，底泥增加，汞、铬、铅、镉、砷等元素积累在水库底层水体或被底泥吸附。逐年积累，可能成为永久性污染。如果被水生生物吸收后，通过食物链逐渐富集到高等动物体内。另外，在一定条件下，有些污染物质通过生物化学作用，变成新的化合物，性质发生变化。如无机汞和碳化钙化合生成剧毒的甲基汞。水库底层缺氧，镁、铁等元素从化合物中析出，致使水体呈浑浊、有色。

上述水质要素在水库中都呈现出分层结构，并与水库水温结构类同。当水库水温表现为混合型时，除库底重金属外，其他污染物质及溶解氧和 pH 值的分层结构并不明显。

### （五）富营养化

水库水质还可能存在富营养化问题。水库中的水流由流动状态改变为相对静止状

态，如果入库径流中氮、磷元素比较多，容易发生富营养化。贫营养化的水体的营养成分少，生产力低，水质清洁，生化反应有限或较少；富营养化的水体中营养成分多，植物生长茂盛，藻类繁衍过度，生产力高，并有大量的生化反应，水质差；中营养程度介于两者之间。水库富营养水平主要是指水库水体中氮、磷元素的浓度大小。同等营养物质浓度，水体浅、不流动、水温高的水库容易富营养化。

对于发生富营养化来说，磷是起主要作用的营养物质，水库营养水平的分级往往以磷的浓度为标志：

贫营养：总磷≤0.01mg/L；

中营养：总磷=0.01~0.02mg/L；

富营养：总磷>0.02mg/L。

一般来说，综合考虑多种因素分级如下：

贫营养级：营养物质及叶绿素浓度低，水体透明度高，水温混合型水库的底层水体溶解氧不降低。

中营养级：营养物与叶绿素浓度为中等，水体透明度有所下降，混合型水库的底层水体的溶解氧有一定程度降低。

富营养级：营养物及叶绿素浓度较高，水体透明度极大下降，混合型水库底层水体溶解氧很低。

超营养级：营养物质及叶绿素浓度很高，水体透明度极低，底层水体严重缺氧。

## 二、水库水质预测和水污染防治

混合型或混合期水库的水质模型与湖泊类似，在此主要介绍分层型水质模型。水质分层影响机理比较复杂，水质模型大体可分为经验模型与数值模型的两大类。

对于已建水库，如果有长期的水质监测资料，可以用大坝上游主要入库流量的一种污染物质浓度作为因变量，水库不同深度同一污染物浓度作回归变量，建立经验公式。

水库的形成，或多或少减小了水体对某些污染物质的自净能力。水库水质保护的关键是综合治理集水区域的各类污染源。其次，要把改善水库水质作为水库调度的任务之一。例如利用调节中小洪水之机，通过底孔泄流，排泄水库底层蓄水，改变了水温水质分层结构等。

## 三、下游河道水质

水库下游河道的水质首先取决于大坝下泄水流的水质状况。下泄水流的污染物种类和浓度与水库水质结构、引泄水建筑物在水库枢纽中的高程、结构形式及水库运行目标、泄流方式有关。与下游河道水温类似，由于坝下河道水流运动剧烈，下泄过程与大气接触较充分，溶解氧在坝下一定距离内恢复较快。下游河道水质除了受下泄水流的水质影响外，区间支流和汇入下游河道的污染物种类和浓度、土地利用情况等对其的影响也十分显著。

# 第五节　水库淤积与水库诱发地震

## 一、水库淤积

### （一）水库淤积问题

大坝挡水使入库径流流速减缓，水流中挟带的泥沙在重力作用下沉积下来，产生水库泥沙淤积问题。水库淤积已成为世界上大多数国家普遍存在、共同关注的问题。

水库淤积产生的危害是广泛的。首先是损失有效库容，影响水库运行效益；其次是由于水库淤积增加，水库回水不断上延，扩大淹没与浸没范围，甚至是影响水库变动回水区的航运和取水。

### （二）水库淤积形态及其判断

处于第四纪松散沉积物上的河流，河道形态是水流与河床、河岸构成物质的相互作用、相互影响的结果。河道中的水流只要有一定的速度，就具有一定的挟沙能力。

河道上修建水库以后，由于水流流速变缓，这种水沙平衡受到破坏，泥沙就沉积在水库中。出于水库水位升降是动态的，就是丰水期水库蓄水，水位抬升，回水区沿河道上溯；枯水期为了满足用水要求，下泄流量大于入库流量，库水位消落，回水区向坝前退缩。入库水流进入回水区时，流速减缓，泥沙开始沉积。由于入库径流的流速、水库库容、运行目的与方式、回水区长短（与河道纵坡降有关）以及入库径流中泥沙含量的不同，水库淤积会形成不同形态，按照泥沙在河道纵向分布划分，水库淤积可分为三角洲淤积、带状淤积和锥状淤积三种形态。

**1. 三角洲淤积**

三角洲淤积的纵剖面呈三角形，淤积体可分为尾段、顶坡、前坡段和坝前段。尾段一般处于入库河道与水库变动回水区交界处，这是由于入库径流在这里减缓流速，水流挟带粒径较大的颗粒首先落淤，较小粒径的泥沙颗粒随水流前进，逐步沉落在前坡段，甚至坝前段。顶坡段基本处于水沙平衡状态，河道槽底与水面几乎平行，从横断面看则有槽有滩。由于水库在前坡段水深骤增，水流挟沙力骤然下降，大量粒径较小的泥沙颗粒落淤，结果使三角洲不断向坝前推进。坝前段淤积特点是泥沙颗粒较细，淤积面大，近乎水平。三角洲尾段减少河道过水断面，阻碍水流，使水库回水曲线抬升，回水上延，尾段淤积逐步向上游发展，形成所谓“翘尾巴”现象。三角洲淤积一般发生在库水位较高且变幅不大，入库径流泥沙含量不多且颗粒较粗的水库，经常出现于高水位运行、调节性能较强的大型水库。

**2. 锥体淤积**

锥体淤积的特征为淤积厚度从上游到坝前沿程增大，到坝前最大，淤积体的比降较平缓，一次淤积的泥沙直接推到坝前。对于库水位不高、回水区较短、天然河道底坡陡、库区水流流速较大、泥沙含量大的水库容易形成锥体淤积，如大多数调节能力不强的中小型水库及多泥沙河流上的某些大型水库大都是锥体淤积。

三种淤积形态仅仅是水库淤积几种类型的大致概括，事实上，大型水库的淤积形态十分复杂，往往是其中两种，甚至是三种形态的混合。

影响淤积形态的因素很多。首先取决于水库运用方式，即库水位变动情况，库水位较稳定是形成三角洲淤积的重要原因之一；其次取决于泥沙含量的大小，入库径流中泥沙含量大容易形成锥形淤积；此外，还与入库径流中泥沙的级配有关，泥沙粒径较大容易形成三角洲淤积。对于淤积形态的判别，当前尚没有成熟的理论和计算方法。

**3. 水库淤积的演变**

水库淤积是河床适应入库径流流态改变的反应，实质上是河床过水断面的改变。这一改变影响到过水断面的水力半径与入库径流的流速。

水库在达到平衡状态之前，淤积状态不断演变，尤其是淤积体末端溯河道不断上延，这是水库回水和淤积体相互作用的过程。一方面，当挟沙水流进入水库末端时，由于流速减小，水流挟沙能力降低，泥沙沉积。另一方面，淤积体的形成与发展，促使回水水面抬高，回水末端上延，从而使淤积体末端也随之上延。如果洪水期在水库回水末端形成了一个淤积体，在枯水期库水位消落后，淤积体没有随着水位的消落而下塌，那么这个淤积体就脱离了水库回水区，对以后的入库径流起到壅水作用，泥沙就沉落在原淤积体的上方，使之向上扩展，年复一年，水库就形成“翘尾巴”现象。

**4. 水库淤积的防治**

尽管水库淤积问题十分复杂，但并不是不可防治。例如都江堰水利工程，通过一定的工程措施，巧妙地调节水沙运动，辅之适当的人工清淤，从而保证了工程长期有效运行。我国北方许多河流泥沙含量之高，世界上其他河流无法比拟，增加了水资源开发利用的困难，但也为人们深入研究水沙运动规律及水库淤积防治措施提供了有利条件，积累了一定的成果和经验。

防止水库淤积的根本举措是在水库集水区域内搞好植被保护，加强植被建设，防止水土流失。在水库规划设计方面，在搞清水库水沙运动规律、预测泥沙淤积状态的基础上，留足充分的沉沙库容，设置一定的排沙管道十分必要。对于水量丰富的泥沙河流（尤其是中下游）上的水库，采取“蓄清排浑”的水库运行方式对防治水库淤积、发挥综合效益比较有效，蓄清排浑运行方式大致可以概括为：

（1）出现一般性的不危及下游安全的洪水时

水库不拦蓄，不滞洪，让洪水通过泄流设施和排沙底孔穿膛而过，泥沙基本上不在水库中沉积，甚至还可以带走一些以前淤积的泥沙。

（2）出现大洪水时

利用防洪库容拦蓄，洪峰过后，选准时机，逐步泄放，带走泥沙。

（3）汛末水流泥沙含量较少时

抓紧时机蓄水，以满足枯水期兴利要求。

“蓄清排浑”运行方式不仅适用于年、季调节水库，也可以用于多泥沙河流上的多年调节水库。水库蓄水运行若干年后，在汛前将水库逐步泄空，利用汛期洪水冲淤，减少库内淤积、延长水库使用寿命。

## 二、水库诱发地震

### （一）水库诱发地震简况

地球的地壳平均厚度仅33km，是地球平均半径的1/193，而鸡蛋壳的厚度为鸡蛋平均半径的1/740人类大规模的活动在如此薄的壳面上进行，有可能影响地壳应力变化，甚至会引发地震。水库诱发地震是在水库蓄水以后出现的，是与当地天然地震活动特征明显不同的地震现象。

发生在坝址附近的强震和中强震，有可能对大坝和其他水工建筑物造成直接损害，对库区和邻近地区居民的影响则更为明显。

### （二）水库诱发地震的有关因素

根据多成因理论，常见的水库诱发地震主要有三种类型：构造破裂型、岩溶塌陷型和地壳表层卸荷型。构造型水库地震有可能达到中等（4.5级）以上强度，破坏性水库地震绝大部分属于构造型水库地震。岩溶塌陷型水库地震只出现在碳酸盐岩分布的库段，与岩溶洞穴和地下管道系统的发育有关，震级一般小于4级。地壳表层卸荷型水库地震具有一定的随机性，在断裂发育、坚硬脆性的岩体中，具备一定的卸荷应力和水动力条件时即可发生，但其震级一般在3级以下，这里着重讨论构造破裂型水库地震。

**1. 水体作用**

水体作用与水库诱发地震的强度关系最密切，水库水压力是诱发地震的主要诱发因素。大坝高度居于诱发地震因素的首位，水库蓄水量居于第5位。水深和蓄水量是水库诱发地震较明显的相关因素，发震概率随坝前水深和蓄水量的增大而增大，此外，还与水库蓄水时水位上升的速率有关。

**2. 地质构造条件**

根据断层的力学性质，逆断层和平推断层相关性不大，唯有正断层总长度与诱发地震密切相关，居于诱发地震因素的第2位。许多发生过地震的水库主压应力轴近于垂直，是一种陡倾角的倾斜移动。由此推断，岩体本身的重力可能是引发地震的初始应力之一。

从应力场的角度来看，三级让断块角顶离大坝距离居诱发地震影响因素的第3位，水库水域周边25km范围内、深度10km以上断层交点数目居影响因素的第6位。三级以上隆起凹陷过渡带、三级以上断块边界、新生代地边缘离大坝最小距离分别居影响因素的第7、9和12位，这些因素体现了地壳构造“闭锁”和构造应力集中区存在，说明水库诱发地震与区域构造应力有一定成因关系。

从地壳构造活动性看，水库100km范围内新生代以来活动大断裂带总长度居诱发地震所有因素的第4位，而与第三、第四纪以来活动大断裂带关系较小。这是水库地震与构造地震一个明显不同之处。再者以坝址为中心100km范围内地震能量释放累计值与水库诱发地震的能量级别明显负相关，说明历史上释放的应变能越多，诱发地震的可能性及地震强度越小，国外学者也得出类似结论。

**3. 地壳介质条件**

水库水域以及距水域周边25km范围内碳酸盐类岩石、花岗岩类岩石出露面积占总面积之比被选入诱发地震的影响因素。这两类岩石的裂隙相当发育，尤其是岩溶化的碳酸盐类岩石，为库水向深处渗透提供了良好的通道，致使岩体孔隙压力增大。这是水库诱发地震的重要原因。

综上所述，在地质体本身和水库水体的重力作用下，或者在区域构造应力场的作用下，由于某些特殊的构造部位，形成断层“闭锁”，产生应力集中。水库蓄水后，水压力使水流沿张性裂隙渗漏，减小岩石层面之间的摩擦力，并导致孔隙压力增大，从而引起断层面上有效应力减小及破裂强度降低，最终诱发地震，水库渗漏主要限于地壳表层，所以水库地震的震源一般也限于地壳浅层。

## 第六节　水库对生态系统的作用与影响

水库蓄水和运行改变了大坝上下游水体运动状态、水质及河道形态，动植物原来的生存环境条件和食物链随之变化，原来的生态平衡在一定范围内遭到破坏。通过一定时期的演替。在新的环境下形成新的平衡，这种改变是十分复杂、深刻和持久的，其中的许多变化机理尚未完全了解。

### 一、陆生生物

修建水库对陆生动植物最直接的影响是水库蓄水后的淹没与浸没，使陆生生态系统的环境彻底改变，受淹范围的植物全部消亡，动物迁移；浸没范围内不耐湿的植物也难以生存。影响范围、种群及个体数量可以在建库前通过调查所掌握。此外，水库施工期较长，施工设施多，占用较多的施工场地和弃渣堆放地，在一定程度上破坏与影响到了水库周边的森林、植被以及栖息其中的动物。

水库运行过程中，库水位在年内周期性的涨落，形成季节性回水区。在回水区内，水陆生态环境不断交替，多年生的木本、草本植物逐步地被耐湿、速生的草本植物所替代。

水库淹没迫使许多动物迁移到其他地方，挤占了其他地方的陆生动物的生存空间，某些濒于灭绝动物的生存条件更为恶劣。另一方面，而随着湖泊、岛屿的形成，人类活动的干扰较小，为水禽、水鸟提供了良好的生存场所，招引许多水禽、鸟类到库区

栖息、停留、越冬和繁衍，种群与个体的数量大幅度增加。像新安江水库的千岛湖、拓林水库的拓林湖都有无数的鸟类栖息或越冬。

总之，修建水库减少了陆生生物的环境容量，改变了某些动植物的生存环境，原有的生态系统逐渐被新的生态系统取代。但对陆生生态系统而言，这种生态演替过程，一般是由许多相对封闭、简单、脆弱的系统取代了原来的开放、复杂及稳健的系统，减少了生物多样性。

## 二、水生生物

水库的形成增加了水生生态系统的空间，同时也改变了某些水生生物的生存环境与条件，影响到浮游生物、底栖生物及各种鱼类。

### （一）浮游生物

水库水体流速慢、泥沙含量少、透光性能好，营养物质相对富集，有利于浮游植物（特别是藻类）繁殖，也为浮游动物创造了良好的生存环境。一般而言，水库修建后比修建前天然河道中的浮游生物的种类、数量都有所增加，增加的数量取决于水库的自然与地理条件、库水停滞时间、泄水方式及入库径流中营养物质组成等条件因素。

由于水库中浮游生物大量繁殖，随着水流下泄，大坝下游河道中的浮游生物也有所增加。此外由于清水下泄、流量较稳定、水温度变化幅度减小，使下游河道中浮游生物形成新的优势种群，这些现象，距大坝越近，影响越显著。

### （二）底栖生物

库区水体水深增加，水温与外来物质分层，深层水体中溶解氧缺乏。除水库岸边处，库水很深的库底几乎没有底栖动物生长。对于大坝下游河道，通过泥沙冲淤，河道形态逐步稳定，一些缓流区河床底质为细沙或淤泥，有利于水生维管植物和底栖动物生长，并会出现某些适应环境的优势种群。

### （三）鱼类

水库的形成为鱼类生长创造了广阔的空间，水库中水流流速减慢、营养物质富集，有利于适合在静水或缓流中生长的鱼类繁衍，为渔业生产提供了良好的条件。另一方面，原来生活在天然河道中适应流动水体的鱼类，被迫上溯到水库上游的河道中生存，减少了这些鱼类的生存空间。再者，水库形成可能淹没一些鱼类的产卵场所。如果水库上游河道较长，并且存在适宜的条件，鱼类可以通过自身的自适应机制在上游形成新的产卵场地。

大坝修建隔断了洄游鱼类的洄游通道，对某些珍稀鱼类可能产生毁灭性打击。如果大坝上、下游河道较长，适应洄游的要求，这些鱼类也可以自动调整洄游行为，继续生存和繁衍。

库水下泄到大坝下游河道后，在一定距离内对鱼类产生一定的有利与不利影响。

随着下游河道水文条件与水质发生变化，引起了浮游生物与底栖动植物优势种群改变，鱼类的优势种群也随之改变。由于枯水季节下泄水量增加，为鱼类过冬提供了难得的环境，可以吸引其他地方水域（如支流、湖泊）的鱼类到大坝下游河道越冬。这些都是有利影响。但是，因下泄水流的水温比天然河道低，会推迟某些鱼类的产卵期，使生长繁育期缩短，从而影响个体生长。此外，涨水是促使某些鱼类产卵的重要外部因素，产卵规模与涨水幅度正相关。天然河道在降雨后流量激增，水位陡涨，从而刺激鱼类产卵。水库控制下泄流量后，使下游河道涨水过程发生显著变化，并且涨幅减小，会影响到产卵规模。这些都是不利影响。

水库对生物的影响因素比较复杂，而且和特定的自然条件、生物种类以及水库特性密切相关。

## 第七节　水利工程施工对生态环境的影响

### 一、水利工程施工对生态环境的影响

#### （一）不同点

水利工程是大型建筑工程。水利工程施工与工业厂房、交通道路、桥梁隧道、民用建筑等建设工程相比，有一定的共性，也有不同的特点。

**1. 规模宏大，工程量大**

大型水利水文水利工程规模宏大，除挡水建筑物（大坝等）、引水建设物（引水隧道洞或管道）、泄水建筑物（溢洪道、水闸）和发电建筑物（水电站）等主体建筑物外，还包括了附属厂房、道路、桥梁、民用建筑等许多建筑物，其土石开挖量、混凝土浇筑量一般以亿立方米计算，甚至数百亿立方米。

**2. 占用土地多**

仅就水利水电枢纽工程而言，永久性占用和施工期临时占用的土地少则十几平方千米，多则几十平方千米。

**3. 施工与河道水流关系复杂**

水利工程修建在河床上，从施工开始到工程运用，处理好工程施工与河道水流的关系是施工组织设计的一条主线，如围堰构筑、基坑排水、导流截留、防洪保安、围堰拆除及工程蓄水等。天然径流具有季节性与随机性，洪水季节的长短往往成为制约施工进度且质量的关键因素。

**4. 施工期长，施工人数众多**

水利工程一般位于建在偏僻的山区，从修建道路，平整施工场地、建筑物施工到设备安装和工程运行一般需要若干年，甚至十多年。施工人数众多，机械种类和数量多。

### （二）共同点

鉴于水利水文水利工程施工的这些特点，其对环境的影响既有一般工程建设施工的共性，也有其特殊性。其共同之处可以归纳如：

第一，施工场地平整、弃渣堆放可能引起水土流失。混凝土砂石骨料冲洗，混凝土拌和、浇筑和养护，基坑排水，水泥砂浆或化学通浆，施工附属企业排放的工业废水，施工机械与车辆用油的跑、冒、滴、漏，施工人员日常生活排放的废水等，对附近的地表水或地下水都有一定影响，污染水体。

第二，施工中开挖爆破、骨科加工筛分、水泥和粉煤灰装卸、施工机械和车辆运行产生一定的粉尘、$CO_2$，附属工厂且生活烧煤（油）也会排出一定的 CO，$CO_2$、$SO_2$ 等污染物，污染大气环境。

第三，开挖爆破、重型车辆行驶、大型机械运行、混凝土拌与捣实产生一定的噪声。有些噪声强度较大，甚至引起地表震动（如爆破等）。

第四，施工过程中还有大量固体废弃物，如废料、残渣等，需要安置与处理。

第五，大量施工人员进入施工场地，人群分布密度大，施工场地生活、卫生设施简单，容易诱发传染性疾病、地方病以及自然疫源性疾病流行。

这些影响与工程规模、施工期长短密切相关。一般来讲，水利水文水利工程（尤其是水库）一般建造在较为偏僻的山区丘陵地带，远离城市，环境容量较大，环境质量要求相对低一些。

## 二、减少施工对生态环境不利影响的措施

为了减少水利工程施工对环境产生不利影响，要从单纯的施工管理转变为施工、生态环境保护和安全生产的全面管理；从仅考虑工程效益转变为寻求工程效益与生态环境效益的最优组合。水利工程开始施工就对生态环境产生干扰，波及面大、影响因素多、时间长。因此，要以施工为中心，把工程施工和生态环境保护联系起来统筹规划、全面规划，科学编制施工组织设计方案，在保证工程质量、施工进度和生产安全的基础上，尽可能减少对生态环境的影响和破坏。

第一，时间、空间两方面统筹规划，尽可能节省土地资源。除了水利工程建筑本身和水库淹没要占用大量土地外，施工道路、临时建筑、采料及弃渣堆放等也要占用不少土地。土地的占用的使得生长在其上的生态系统遭到彻底的破坏，同时还会造成水土流失、环境污染。因此，在施工过程中尽可能节省土地资源是保护生态环境有效手段之一。为了实现这一目标，必须根据系统工程原理，从空间和时间两方面全面规划，科学编制施工组织设计方案。例如工程基础开挖产生大量弃渣，需要土地堆放；在工程施工期和建成后运行期，需要生产、生活场所，也要占用土地。

如果把两者结合起来统筹安排，利用系统论的共生互补原理，在基础开挖时，根据施工期或运行期生产、生活用地需要，合理选择堆放其余场所，基础开挖完毕后，就形成了可用之地。这样，不仅节省了土地资源，而且可以节省平整场地的费用。这

就要求从长远着眼、近期着手、统筹安排、科学规划，有效利用土地资源。又如，工程施工期需要许多临时建筑物，运行期需要许多永久建筑物。过去在“先生产、后生活”思想的指导下，临时建筑物和永久建筑物无法有效衔接。如果在施工组织设计中把两者结合起来考虑，一物多用既可以节省土地，又能减少建筑物投资，还节省了生态恢复费用。

第二，减少水利施工对生态环境的不利影响，必须协调好工程施工、河道泄水和下游用水的关系。关键是在施工组织设计中，要选择适当时机截流，使下泄水量能够满足或基本满足下游生产生活用水以及河道内用水（包括生态环境用水）。

第三，采用新技术、新设备和新的生产工艺，精心组织施工，减少运输灰尘、爆破震动及机械噪音等。

# 第五章　河流地貌地形的生态功能和作用

## 第一节　河流生态系统

河流是生物地球化学循环的主要通道之一，水循环过程中的水分运移，包含了生物圈中最大的物质循环。随着人类对河流开发的力度越来越大，人类的活动强烈地干扰了河流生态系统的物质、能量、信息流，并且附加了价值流。人类影响物质循环的能力已达到全球规模，河流从自然生态系统逐渐演变成了由社会、经济、自然组成的复合生态系统，人类活动影响到了河流的自然基本功能发挥和淡水生态系统健康。河流也是流水作用形成的主要地貌类型，汇集和接纳地面径流和地下径流，沟通内陆和大海，是自然界物质循环和能量流动的一个重要通路，降水是形成河流的主要因素，河流中径流由地表水、地下水和壤中流经过不同汇流方式汇合而成。

河流生态系统是指以生活在河流中的生物群落和非生物环境组成的生态系统。

### 一、河流生态系统的组成和结构

#### （一）河流的自然基本功能

人类在改造和利用河流时要充分认识它的自然基本功能。河流是地球演化过程中的产物，也是地球演化过程中的一个活跃因素，不同地区的自然环境塑造了不同特性的河流，同时，河流的活动也不断改变着与河流有关的自然环境和生态系统。它的自然基本功能是地球环境系统不可或缺的。河流的自然基本功能在总体意义上就是它的环境功能，包括河流的水文功能、地质功能及生态功能。

**1. 河流的水文功能**

河流是全球水文循环过程中液态水在陆地表面流动的主要通道。大气降水在陆地上所形成的地表径流，沿地表低洼处汇集成河流。降水入渗形成的地下水，一部分也复归河流。河流将水输送入海或内陆湖，然后蒸发回归大气。河流的输水作用能把地面短期积水及时排掉，并在没降水时汇集源头和两岸的地下水，使河道中保持一定的径流量，也使不同地区间的水量得以调剂。

**2. 河流的地质功能**

河流是塑造全球地貌的一个重要因素。径流和落差组成水动力，切割地表岩石层，搬移风化物，通过河水的冲刷、挟带和沉积作用，形成并不断扩大流域内的沟壑水系和支干河道，也相应形成各种规模的冲积平原，并填海成陆。河流在冲积平原上蜿蜒游荡，不断地变换流路，相邻河流时分时合，形成冲积平原上的特殊地貌，也不断改变与河流有关的自然环境。

**3. 河流的生态功能**

河流是生物地球化学循环的主要通道之一，也是形成和支持地球上许多生态系统的重要因素。在输送淡水和泥沙的同时，河流也运送由于雨水冲刷而带入河中的各种有机物和矿物盐类，为河流内以至流域内和近海地区的生物提供营养物，为它们运送种子，排走和分解废弃物，并以各种形态为它们提供栖息地，使河流成为多种生态系统生存和演化的基本保证条件。这不但包括河流和相关湖泊沼泽的水生生态系统和湿地生态系统，也包括河流所在地区的陆地生态系统以及河流入海口和近海海域的海洋生态系统。

**4. 河流的自然基本功能的相互关系**

河流具有多方面的自然功能，其中最基本的是水文方面的功能。从一定意义上说，水文方面的功能决定了其他方面的功能，水文方面的特性决定了其他方面的特性，河流水流运动的过程无时无刻不影响着物质循环的节律和相关生态系统中的生物。河流的水文特性决定于所在流域的气候特征以及地貌和地质特征。河流的水文要素包括径流、泥沙、水质、冰情等方面，其中最活跃的是径流。由于气候特征的作用，河川径流表现有一定的律情（regime），如径流的季节变化，一年中有汛期、平水期和枯水期径流的年际变化，不同年份有丰水年、平水年和枯水年。径流特性和气候、地貌、地质特性，决定河流中不同的含沙量及其年内分配和年际变化。径流和含沙量是河流活动的最基本要素，体现河流的基本特点。河流本身、所在的自然环境以及这个环境所支撑的生态系统，三者之间不断互动，在变化中相互调整适应，河流在这种反复调整过程中演化发展，这就是河流自身的发展规律。

## （二）河流生态系统的组成

河流生态系统由流水生物群落和水生环境构成。

经典学者将河流划分为若干区和相应群落，河流的上游分为急流区和滞水区，至下游急流区和滞水区的区别消失，通称为河道区。

急流区群落：此区流速较大，底质为石底或其他坚硬物质。急流生物群落的生产者多为附着于石砾上的藻类，如刚毛藻、有壳硅藻，以及水生苔藓。初级消费者为昆虫，有钩和吸盘，能紧附在甚至是光滑的表面上，如纳和网蚊的幼虫及纹饰蛾；次级消费者为鱼类，身体较小、具有流线型体型，能抵御流水的冲刷。缺乏浮游生物，浮游生物指的是在海水或淡水中能够适应悬浮生活的动植物群落，易于在风和水流的作用下作被动运动。

滞水区群落：滞水区是水较深但水流平缓的区域，底质一般较疏松。生产者多为丝状藻类及一些沉水植物，沉水植物是指在大部分生活周期中植株沉水生活、根生底质中的植物生活型，消费者以有机物为食物的生物动物主要为穴居或埋藏生物，包括某些蜉蝣幼虫、蜻蜓目幼虫、寡毛类等，鱼类也常在这一带出现，或者在急流区与滞水区交界处。

河道区群落由于流速小，河道区的群落与湖泊有类似之处。生产者方面，主要是在河床沿岸可生长挺水植物和沉水植物，在一些流速小或支流出口附近存在浮游生物群落。消费者方面，河流种及静水种都可出现，由于河床底质变化较大，使底栖生物的分布呈团状。鱼类与湖泊中的种类近似，因为生殖和觅食的需要，常在江湖间洄游。

河道生态系统的显著特征是以河流淡水作为生物的栖息环境，河流非生物环境由水文过程、能源、气候、基质和介质、物质代谢原料等因素组成，其中水文因素包括水量、流速、径流量、洪水、枯水；能源包括太阳能、水能气候包括光照、温度、降雨、风等；基质包括岩石、土壤及河床地质、地貌；介质包括水、空气物质代谢原料包括参加物质驯化的无机质等和生物及非生物的有机化合物蛋白质、脂肪、碳水化合物及腐殖质等。

### （三）河流生态系统结构

河流生态系统是一个结构非常复杂的系统，根据组成河流生态系统的基本条件及各要素的功能和作用可以分成三个结构。

空间结构：主要反映河流的水文地理、地貌、形态。如水系组成，河网、湖泊、沼泽、海洋河口及其连接方式河道地貌形态，如顺直河道、弯道、江心洲滩、岸滩湿地河道纵横断面形态，如纵横断面形状、比降、河宽、水深，空间结构主要反映河流的水文地理、地貌、形态。

物质结构：非生物物质，如水、泥沙、溶解质生物物质，如动物、植物、微生物、生物种群及群落。

能量结构：太阳辐射、水流的位能、动能、海洋潮汐能的转换变化及水体间热能交换。

河流系统的生态结构随着外界自然条件的演变，如洪水、干旱、河床底质污染变化、坍塌等，其结构和相应的功能随着发生改变，河流水生群落不断适应并产生的新的生态特征。

河流生态系统具有四维结构，即纵向、横向、垂向和时间尺度，并强调河流生态系统的连续性和完整性。

在纵向尺度上，河流大体上可以分为三个区，即河源区、输水区和沉积区。河流在纵向上常表现为交替出现的浅滩和深塘。浅滩增加水流的紊动，促进河水充氧，干净的石质底层是很多水生无脊椎动物的主要栖息地，也是鱼类觅食的场所，深塘还是鱼类的保护区和缓慢释放到河流中的有机物储存区。河道的一个典型特征是蜿蜒曲折，天然河道很少是直的，与直线河流相比，弯曲河流呈现更多的生态环境类型，拥有更复杂的动物和植物群落。

大多数河流在横向上都包括三部分，即河道、泛洪平原和高地边缘过渡带。泛洪平原是河道一侧或两侧受洪水影响、周期性淹没的高度变化的区域，它是在河流横向侵蚀和河床迁移过程中形成的，是由水生环境向陆生环境过渡的群落混合区。洪泛区在河流生态系统中具有重要的作用，它可以为洪水和沉积物提供暂时的储存空间，延长洪水的滞后时间等来自河流的养分和有机物。由于河流对两岸周期性淹没促进了岸边植物、浮游生物和底栖无脊椎动物的生长，而这些又为河中的鱼类提供食物。高地边缘过渡带是洪泛区和周围景观的过渡带，因此，其外边界也就是河流廊道本身的外边界，该区常受土地利用方式改变的影响。

在垂向上，河流可分为水面层、水层区和基底区。在表层由于河水流动，与大气接触面大，水气交换良好，特别在急流、跌水和瀑布河段，曝气作用更为明显，因而河水含有较丰富的氧气，表层分布有丰富的浮游植物，表层是河流初级生产最主要的水层。在中层和下层，太阳光辐射作用随水深加大而减弱，水温变化迟缓，氧气含量下降，浮游生物随着水深的增加而逐渐减少。由于水的密度和温度存在特殊关系，在较深的深潭水体存在热分层现象，甚至形成跃温层。对于许多生物来讲，基底起着支持一般陆上和底栖生物、屏蔽（如穴居生物）、提供固着点和营养来源（如植物）等作用。基底的不同结构、组成物质的不同稳定程度，及其含有的营养物质的性质和数量等，都直接影响着水生生物的分布。另外大部分河流的河床材料由卵石、砾石、沙土、黏土等材料构成，都具有透水性和多孔性，适于水生植物、湿生植物以及微生物生存。不同粒径卵石的自然组合，又为一些鱼类产卵提供了场所。同时，透水的河床又是连接地表水和地下水的通道。这特征丰富了河流的生境多样性，是维持河流生物多样性及河流生态系统功能完整的重要基础。

在时间上，河流系统的时间尺度在许多方面都是很重要的。随着时间的推移和季节的变化，河流生态系统的结构特点及其功能也呈现出不同的变化。由于水、光、热在时空中的不平均分布，河流的水量、水温、营养物质呈季节变化，水生生物活动及群落演替也相应呈明显变化，从而影响着河流生态系统的功能的发挥。河流是有生命的，河道形态演变可能要在很长时期内才能形成，即使是人为介入干扰，其形态的改变也需很长时间才能显现出来。然而，表征河流生命力的河流生态系统服务功能在人为的干扰下，却会在不太长的时间内就可能发生退化，例如生态支持、环境调节等功能。

## 二、河流生态系统的功能

河流生态系统是指河流内生物群落和河流环境相互作用的统一体。河流中存在的生态系统包括水底植物、水生和半水生植物、鱼、无脊椎动物、浮游生物、微生物，它们组成了相互作用的生产者—消费者—分解者系统，随着空间和时间的变化，水与其他物质、能量和生物在河流生态系统内发生相互作用。

在河流生态系统中，河流子系统和河岸子系统作为一个整体发挥着重要的生态功

能。主要有栖息地、过滤与屏障、通道、源汇等功能。

### （一）栖息地功能

栖息地是植物和动物包括人类能够正常的生活、生长、觅食、繁殖以及进行生命循环周期中其他的重要组成部分的区域。栖息地为生物和生物群落提供生命所必需的一些要素，比如水源、食物以及繁殖场地等。河道为很多物种提供适合生存的条件，它们通常利用河道来进行生命活动以及形成重要的生物群落。

河道一般包括两种基本类型的栖息地结构：内部栖息地和边缘栖息地。内部栖息地相对来说是更稳定的环境，生态系统可能会长期依然保持着相对稳定的状态。边缘栖息地则是两个不同生态系统之间相互作用的重要地带。边缘栖息地处于高度变化的环境梯度之中。边缘栖息地比内部栖息地拥有更多样的物种构成和个体数量，同时也是维持大量动物和植物群系多样性变化的地区。

### （二）过滤与屏障功能

河道的屏障作用是阻止能量、物质和生物输移的发生，或是起到过滤器的作用，允许能量、物质和生物选择性地通过。河道作为过滤器和屏障作用可以减少水体污染、相当程度的减少沉积物转移，可提供一个与土地利用、植物群落以及一些迁徙能力差的野生动物之间的自然边界。物质的输移、过滤或者消失，总体来说取决于河道的宽度和连通性。一条宽阔的河道会提供更有效的过滤作用，一条连通性好的河道会在其整个长度范围内发挥过滤器的作用，沿着河道移动的物质在它们要进入河道的时候也会被选择性地滤过。

### （三）通道功能

通道功能作用是指河道系统可以作为能量、物质和生物流动的通路。河道由水体流动形成，又为收集和转运河水和沉积物服务。同时还为其他物质和生物群系通过该系统进行移动提供通道。

河道既可以作为横向通道也可以作为纵向通道，生物及非生物物质向各个方向移动和运动，有机物质和营养成分由高至低进入河道系统，从而影响到无脊椎动物和鱼类的食物供给。对于迁徙性和运动频繁的野生动物来说，河道既是栖息地同时又是通道，生物的迁徙促进了水生动物与水域发生相互作用，例如亲鱼产卵期间溯河到达河流系统上游地段，不仅实现了自身的繁殖，而且垂死的大量亲鱼为河流提供了营养物质输入，进一步促进生物量的增加，河流源头地区也能从海洋中获得营养物质，所以，连通性对于水生物种的移动非常重要。

河流通常也是植物分布和植物在新的地区扎根生长的重要通道。流动的水体可以长距离的输移和沉积植物种子。在洪水泛滥时期，一些成熟的植物可能也会连根拔起、重新移位，并且会在新的地区重新沉积下来存活生长。野生动物也会在整个河道系统内的各个部分通过摄食植物种子或是携带植物种子而形成植物的重新分布。

河流也是物质输送的通道。河道能不断调节沉积物沿河道的时空分布，最终达到新的动态平衡。河道以多种形式成为能量流动的通道。河流水流的重力势能不断地塑造着流域的形态。河道里的水可以调节太阳光照的能量和热量。进入河流的沉积物和生物量在自然中通常是由周围陆地供应的。宽广的、彼此相连接的河道可以起到一条大型通道的作用，使得水流沿着横向和纵向都能进行流动和交换，狭窄的或是七零八碎的河道则常常受到限制。

### （四）源和汇功能

源为相邻的生态系统提供能量、物质和生物，汇与源的作用相反，从周围吸收能量、物质和生物。河岸一般通常是作为“源”向河流中供给泥沙沉积物。当洪水在河岸处沉积新的泥沙沉积物时它们又起到“汇”的作用。在整个流域规模范围内，河道是流域中其他各种斑块栖息地的连接通道，整个流域内起到了能够提供原始物质的，“源”和通道的作用。

河流生态系统是一个动态系统，物质循环和能量流动总是在不断地进行，生物个体也在不断地更新。尽管处于不断的变化当中，但是河流生态系统总是表现出趋向于达到一种动态的稳定，这种现象称之为动态平衡。当河流生态系统达到动态平衡的稳定状态时，它能够自我调节和维持自身的正常功能，并能地很大程度上克服和消除外来的干扰，保持自身的稳定。河流生态系统的这种平衡状态是通过某种自我调节的机制来实现的，但是这种自我调节是有一定限度的，当外来干扰超过了系统本身的适应范围，这种自我调节功能遭到破坏，系统便不再稳定。为了达到新的平衡，河流生态系统将会做出一系列的调整，但要经历漫长的时期才能完成，即便重新达到了平衡，恢复后的系统的结构与功能也将很大程度的不同于以前的系统，生态价值将大大降低。

## 三、河流生态系统的服务功能

河流生态系统服务功能是指河流生态系统与河流生态过程所形成及所维持的人类赖以生存的自然环境条件与效用，包括对人类生存和生活质量有贡献的河流生态系统产品和河流生态系统功能：将生态系统提供的商品和服务统称为生态系统服务，同时将全球生物圈分为16个生态系统类型，将生态系统服务功能分为17个类型，根据河流生态系统提供服务的类型和效用，河流生态系统服务功能可划分为河流生态系统产品和河流生态系统服务两方面。

### （一）河流生态系统产品

河流生态系统产品是指由河流生态系统产生的，通过提供直接产品或服务，维持人的生产、生活活动的功能。

**1. 供水**

这是河流生态系统最基本的服务功能。人类生存所需要的淡水资源主要来自河流。根据水体的不同水质状况，被用于生活饮用、工业用水、农业灌溉等方面。

**2. 水产品生产**

生态系统最显著的特征之一就是生产力。河流生态系统通过初级生产和次级生产，生产丰富的水生植物和水生动物产品，为人类的生产、生活提供原材料和食品，为动物提供饲料。

**3. 内陆航运**

河流生态系统承担着重要的运输功能，内陆航运具有廉价、运输量大等优点。因此，人们修造人工运河，发展内陆航运。

**4. 水力发电**

河流因地形地貌的落差产生并储蓄了丰富的势能。水能是最清洁的能源，而水力发电是该能源的有效转换形式。世界上有 24 个国家依靠水电为其提供 90% 以上的能源，有 55 个国家依靠水电为其提供 40% 以上的能源，中国的水电总装机居世界第一，年水电总发电量居世界第四。

**5. 娱乐休闲**

河流生态系统景观独特，流水与河岸、鱼鸟与林草等的动与静对照呼应，构成了河流景观的和谐与统一。河流生态系统能够提供的娱乐活动可以分为两大方面，一方面是流水本身提供的娱乐活动，如划船、游泳、钓鱼及漂流等；另一方面是河岸等提供的休闲活动，如露营、野餐、散步、远足等。这些活动，有助于促进人们的身心健康，减轻现代生活中的各种生活压力，改善人们的精神健康状况等。

**6. 美学文化**

河流生态系统的自然美带给了人们多姿多彩的科学与艺术创造灵感。不同的河流生态系统深刻地影响着人们的美学倾向、艺术创造、感性认知和理性智慧。

河流生态系统是人类重要的文化精神源泉和科学技术发展的永恒动力。

### （二）河流生态系统服务

河流生态系统服务是指河流生态系统维持的人类赖以生存的自然环境条件和生态过程的功能。

**1. 调蓄洪水**

河流生态系统的沿岸植被、洪泛区和下游的湿地、沼泽等具有蓄洪能力，可以削减洪峰、滞后洪水过程，减少洪水造成的经济损失。

**2. 河流输送**

河流生态系统输送泥沙，疏通了河道，泥沙在入海口处淤积，保护了河口免受风浪侵蚀，增强了造地能力。河流生态系统运输碳、氮、磷等营养物质是全球生物地球化学循环的重要环节，也是河口生态系统营养物质的主要来源。

**3. 蓄积水分**

河流生态系统的洪泛区、湿地、沼泽等蓄积大量的淡水资源，在枯水期可对河川径流进行补给，提高了区域水的稳定性，同时河流生态系统又是地下水的主要补给源泉。

**4. 土壤保持**

河川径流进入湿地、沼泽后，水流分散、流速下降，河水中携带的泥沙会沉积下来，从而起到截留泥沙、避免土壤流失、淤积造陆的功能。

**5. 净化环境**

河流生态系统的净化环境功能包括空气净化、水质净化及局部气候调节等。河流生态系统通过水体表面蒸发和植物蒸腾作用可以增加区域空气湿度，有利于空气污染物质的去除，使空气得到净化。河流生态系统的陆地河岸子系统、湿地及沼泽子系统、水生生态子系统等都对水环境污染具有很强的净化能力，河流生态系统通过水生生物的新陈代谢摄食、吸收、分解、组合、氧化、还原等，使化学元素进行种种分分合合，吸收和降解得以减少或消除，空气湿度、不利影响，诱发降雨，在不断的循环过程中，一些有毒有害物质通过生物使水环境得到净化此外，河流生态系统能够提高降水和气流产生影响，可以缓冲极端气候对人类的影响，对稳定区域气候和调节局部气候有显著作用。

**6. 固定 $CO_2$**

河流生态系统中的绿色植物和藻类通过光合作用固定大气中 $CO_2$ 的，释放 $O_2$，将生成的有机物质贮存在自身组织中。过一段时间后，这些有机物质再通过微生物分解，重新以 $CO_2$ 的形式被释放到大气中。所以，河流态系统对全球浓度的升高具有巨大的缓冲作用。

**7. 养分循环**

河流生态系统中的生物体内存储着各种营养元素。河水中的生物通过养分存储、内循环、转化和获取等一系列循环过程，促使生物与非生物环境之间的元素交换，维持生态过程。

**8. 提供生境**

河流生态系统为鸟类、哺乳动物、鱼类、无脊椎动物、两栖动物、水生植物和浮游生物等提供了重要的栖息、繁衍、迁徙及越冬地。

**9. 维持生物多样性**

生物多样性包括物种多样性、遗传多样性、生态系统多样性和景观多样性。河流生态系统中的洪泛区、湿地、沼泽和河道等多种多样的生境为各类生物物种提供了繁衍生息的场所，为生物进化及生物多样性的产生提供了条件，为天然优良物种的种质保护及改良提供了基因库。

## 四、河流生态系统特点

河流属流水型生态系统，是陆地和海洋的纽带，在生物圈的物质循环中起着主要作用。河流生态系统主要具有以下特点：

### （一）纵向成带性

从上游到河口，水温和某些水化学成分发生明显的变化，由此影响着生物群落的结构。

### （二）生物多具有适应急流生境的特殊形态结构

在流水型生态系统中，水流是主要限制因子，所以河流中特别是河流上游急流中生物群落的一些生物种类，为适应这种环境条件，在自身形态结构上有相应的适应特征。

### （三）相互制约关系复杂

河流生态系统受其他系统的制约较大，绝大部分河段受流域内陆地生态系统的制约，流域内陆地生态系统的气候、植被以及人为干扰强度等都对河流生态系统产生较大影响。从营养物质的来源看，河流生态系统也主要是靠陆地生态系统的输入。但另一方面，河流在生物圈的物质循环中起着重要作用，全球水平衡与河流向海洋的输入有关。它将高等和低等植物制造的有机物质、岩石风化物、土壤形成物，以及整个陆地生态系统中转化的物质不断带入海洋，是沿海和近海生态系统的重要营养物质来源。因此河流生态的破坏，对于环境的影响远比湖泊、水库等静水生态系统大。

### （四）自净能力更强、受干扰后恢复速度较快

由于河流生态系统流动性大、水的更新速度快，所以系统自身的自净能力较强，一旦污染源被切断，系统的恢复速度比湖泊、水库要迅速。另外，由于有纵向成带现象，污染危害的断面差异较大，这也是系统恢复速度较快的原因之一。

### （五）动态平衡性和阈值性

河流生态系统的结构和功能由水文、生物、地形、水质和连通性五部分组成，每一组成部分是连续的，而且相互作用于其他组成部分。在天然条件下，河道处于动态平衡之中，在这种状态下，其结构和功能相对稳定，在外来干扰下，通过自调控，能恢复到初始的稳定状态。河道生态系统总是随着时间而变化，并与周围环境和生态过程相联系。在天然条件下，河道生态系统总是自动向物种多样性、结构复杂化和功能完善化的方向演替，从而导致系统的结构和构成要素，均随时间的推移而变化，由于天然的干扰，处在自动调节平衡状态过程中的生态系统在一定范围内可以抵抗人类活动引起的干扰，但是超过临界阀值之后，河流生态系统会发生劣变和退化。

## 五、河流生态系统研究理论基础

### （一）谢尔福德（Shelford）耐受性法则

生物的生存和繁殖依赖于各种生态因子的综合作用。生态因子是指环境中对生物生长、发育、生殖、行为和分布有直接或间接影响的环境要素，如温度、湿度、食物、氧气和其他相关生物等。在众多的生态因子当中，必有一种和少数几种因子是限制生物生存和繁殖的关键性因子，称为限制因子。任何接近或超过生物的耐性范围的生态

因子都将称为这种生物的限制因子。Shelford 耐受性法则在最小因子法则的基础上提出的，该法则认为生物不仅受生态因子最低量的限制，而且也受生态因子最高量的限制。这就是说，生物对每一种生态因子都有其耐受的上限和下限，上下限之间就是生物对这种生态因子耐受范围，其中包括最适生存区。

由于生物生长发育不同阶段对生态因子的需求不同，因此因子对生物的作用也具阶段性，这种阶段性是由生态环境的规律性变化所造成的。如有些鱼类不是终生都定居在某一环境中，而是根据其生活的各个不同阶段，对生存条件有不同要求。例如鱼类的洄游，大马哈鱼生活在海洋中，生殖季节就洄游至淡水河流中产卵，而鳗鱼则在淡水中生活，洄游到海洋中繁殖。

环境中各种生态因子不是孤立存在的，而是彼此联系、相互制约的。任何一个单因子的变化，必将引起其他因子不同程度变化及其反作用。如光和温度的关系密不可分，温度的高低不仅影响空气中温度和湿度，同时也会影响土壤的温度、湿度的变化。这是由于生物对某一个极限因子的耐受限度，会因其他因子的改变而改变，所以生态因子对生物的作用不是单一的而是综合的。

### （二）生物多样性理论

生物多样性是指生物中的多样化和变异性以及物种生境的生态复杂性。它包括动物、植物和微生物的所有种及其组成的群落和生态系统。生物多样性包含三个层次的含意：（1）遗传多样性，即指所有遗传信息的总和，它包含在动植物和微生物个体的基因内；（2）物种多样性，即生命机体的变化及多样化；（3）生态系统的多样性，即栖息地、生物群落和生物圈内生态过程的多样化。

生物多样性决定着生物圈的整个外貌，生物多样性受到以下因素的影响：（1）物种生物量一般认为，具有高生物量的生态系统能够更好地发挥生物对环境的自我调节能力，使环境即使在遭受到较大的外界干扰时也不致改变太大而改变生态系统的性质；（2）属性不同的物种在环境中所扮演的角色也不同，它们对所在的生态系统产生量的积累，达到质的飞跃；（3）生物多样性水平与土壤营养物之间有密切关系。生物多样性改善了系统内部生物地化循环的性质和过程，主要目的是不使单一物种或小数的量物种在生存定居中失败，不使单种栽培在波动不定的环境中遭受毁灭性打击，改变目前生态系统变化的方向性；（4）系统的稳定性，就是系统的抗性和弹性。一般地，一个生态系统的物种数目多，物种间的相互作用弱，则系统的抗性大且弹性小。即生态系统越复杂、越高级，则不容易被破坏，但一旦被破坏，恢复很难，而且需要的时间也很长。通常认为，物种的数目越多且越复杂，生态系统越稳定。

### （三）景观生态学理论

景观生态学的研究对象和内容可概括为景观结构、景观功能和景观动态。景观动态是指景观组成单元的类型、多样性及其空间关系。景观功能是景观结构与生态学过程之间的相互作用，或者景观结构单元之间的相互作用，景观动态是指景观在结构和

功能方面随时间的变化。景观的结构、功能和动态是相互依赖、相互作用的，如结构在一定程度上决定功能，而结构的形成和发展又受到功能的影响。

在现代景观生态学中出现了许多重要的概念和理论，特别强调景观异质性、层次性结构、景观格局和尺度在研究生态学格局和过程中的重要性。空间异质性是指某种生态学变量在空间分布上的不均匀性及复杂程度，强调景观特征在空间上的非均匀性及对尺度的依赖性，是景观生态学的研究核心。非生物的环境异质性（如地形、地质、水文如土壤等方面的空间变异）以及各种干扰是产生景观异质性的主要原因。景观中与相邻两边环境不同的线性或带状结构称为廊道。廊道的重要结构特征包括宽度、组成内容、内部环境、形状、连续性及其与周围石块或基底的相互关系。从这个意义上，河流及其相邻部分可以定义为河流廊道，河流廊道作为一类重要的生态廊道，具有多种生态功能，如调节流速、储蓄水资源、移除有害物质以及为水生和陆生动植物提供栖息地等。

河流廊道连接度原理和河流廊道宽度原理是景观生态学中的重要理论。河流廊道连接度原理认为对抗景观破碎化的一个重要空间战略是在相对孤立的栖息地斑块之间建立联系，其中最主要的是建立廊道。生态学家们普遍认为，通过廊道将孤立的栖息地斑块与大型的种源栖息地相连接有利于物种的持续和增加生物多样性。理论上讲，相似的栖息地斑块之间通过廊道可以增加基因的交换和物种流动，给缺乏空间扩散能力的物种提供一个连续的栖息地网络，增加物种重新迁入的机会和提供乡土物种生存机会。

河流廊道宽度原理表明河流廊道必须与种源栖息地相连接，必须有足够的宽度。否则，廊道不但起不到空间联系的效用，而且可能引导外来物种的入侵。宽度对廊道生态功能的发挥有着重要的影响。太窄的廊道会对敏感物种不利，同时降低廊道过滤污染物等功能。此外，廊道宽度还会在很大程度上影响产生边缘效应的地区，进而影响廊道中物种的分布和迁移。

河流廊道的栖息地功能作用很大程度上受到连通性和宽度的影响。在河道范围内，连通性的提高和宽度的增加通常会提高该河道作为栖息地的价值。河流流域内的地形和环境梯度（例如土壤湿度、太阳辐射和沉积物的逐渐变化）会引起植物和动物群落的变化。宽阔的、互相连接的，且具有多样的本土植物群落的河道是良好的栖息地条件，一般会发现比在那些狭窄的、性质都相似的并且高度分散的河道内存在更多的生物物种。

## 第二节　河流生态系统的地貌特征

河流是水流作用形成的主要地貌类型。在自然状况下，以水为核心生态因子的河流系统，经过洪水泛滥、水土侵蚀、自然改造等各种因素，在自然界漫长的演化下形成河道、洪泛平原、湖泊、湿地、河口等不同的水生态系统。河流从源头到河口，气象、地貌、地质、水文、水质、水温呈明显的带状分布特征，物质结构、能量结构、空间结构异质性明显，这一特征造就了河流上、中、且下游生境异质性。

## 一、纵向带状分布及生境异质性

由源头集水区的第一级河流起，以下流经各级河流流域，形成连续的、流动的、独特而完整的系统，称为河流连续体。河流连续体概念是对河流生态学理论的一大发展，它应用生态系统的观点和原理，把由低级至高级相连的河流网络作为一个连续的整体系统对待，强调生态系统的群落结构及其一系列功能与流域的统一性。这种由上游的诸多小溪至下游大河的连续，不仅指地理空间上的连续，更重要的是生物学过程及其物理环境的连续。按照河流连续体概念，不规则的线性河流单向连接，下游河流中的生态系统过程同上游河流直接相关。

与湖泊、水库等水体水温等呈水平分层现象不同，河流从源头到河口，水温和某些水化学成分呈明显的纵向成带变化，河流的这一特征，影响着生物群落的结构。

### （一）上游区

河流形态特点是落差大，河谷狭窄，河流比降大，横断面小，水流侵蚀力强。河床质由各种大小岩石块和砾石或卵石组成，颗粒直径较大。在河流上游区蕴涵着丰富的水能，沿河有机质、养分、悬浮物等的运动速度快，水流挟沙能力强，河流中泥沙随水流运动被带入下游，水体清澈，溶解氧含量高。径流特点是流量和流速变化大，洪水暴涨暴落，洪峰持续时间短，年径流变化大，但是生物多样性较差。在流水型生态系统中，水流通常是主要限制因子，所以在河流的上游急流中，生物群落的一些生物种类，为适应这种生境条件，在自身的形态结构上有与之相适应的特征。有的营附着或固定生活，如淡水海绵和一些水生昆虫的幼体，它们的壳和头黏合在一起，有的生物具有吸盘和钩，使身体紧附在光滑的石头表面。如长江上游金沙江段，落差达3000多米，生物种类较少，只有少数个体较大的中华鳄和江豚等，身体呈流线型，以适应急速流动时把摩擦力降到最小，在其他水生昆虫幼体也可见到这种现象，而有的呈扁平状，以便能在岩石缝隙中找到栖息场所。

### （二）中下游区

河流进入中游比降变缓，河道横断面变宽，河流的深度和宽度加大，虽然流量增大，但是变化幅度变小，水流趋于平稳。水流挟沙能力变小，水体透明度变小，水中悬浮沉积物的负荷增大，因而光透入的深度减少，水温较高，溶解氧含量相对减少。沿河流下游，岸边一般都有植物生长，浮游生物除一些藻类外，原生动物和轮虫也很多。还有某些底栖生物和鱼类等自游生物。上游的一些鱼类，随着河流地貌、河流形态、水文、水质、温度等生态因子的变化，在河流中下游很少或完全消失。但是随着生物栖息地空间的变大，生物物种多样性特征较为明显。如长江自宜昌开始进入中游，

河流蜿蜒曲折，其中枝江至城陵矶荆江河段直线距离仅为185公里，而河道长度长达420公里，长江中下游湖泊众多，生活的鱼类种目多，江湖半洄游性鱼类占有重要地位。

### （三）河口区

河口区与上游、中游区具有很大的区别。河流比下降得更为平缓，江海之间交换频繁，河流受到海洋潮流的影响，淡水与海水混合导致水体含盐量较高，这里既是洄游性鱼类的必经之路，也是淡水生物和海洋生物的栖息地，河口的生物多样性更加明显，生产力高、生物量大，生态系统更加复杂。

## 二、河流横向空间连通性

河流在横向上的延伸主要是河岸、河滩地、湿地和洪泛区等。河岸是河流和河岸以外空间物质交换、能量流动、信息交流的介质，具有重要的作用。河岸生态系统是联系陆地和水生生态系统的纽带。河岸带生态系统将河流生态系统与陆地生态系统紧密地联系起来，是两者间进行物质、能量及信息交换的生态过渡带，它具有明显的边缘效应。

洪泛区是河道两侧受洪水影响周期性淹没的区域，包括一些河滩地、浅水湖泊和湿地。河滩地是河流的重要组成部分。河滩地的生态系统和河流生态系统紧密联系，特别是被淹没的河流。河滩地生物产品数量非常大，不仅在数量上是其他土地上产品的几倍，而且质量也较高。与此相联系的是，河滩地的土壤覆盖是由富含有机物质的丰水期的河流泥沙形成的。因此在河滩地上生长着茂盛的草类和灌木植物，以及动物等。在洪水期河滩地是珍贵鱼类的产卵地和育肥场。这样，河滩地形成了与河流生态系统相关的自己的生态系统。河滩地生态系统是高度发展的和多种多样的，而像浮游生物和水底生物、鱼和鸟，动物、草地、灌木和森林，所有这些生态系统元素繁衍都依赖于河滩地的发展。河流水文状况对于生态系统正常运转有决定性作用。河滩地淹没的频率和持续时间，以及此时的水深，都有重要意义。为与河流有关的生物的繁殖创造更有利条件的水文特征非常重要。河滩地上的水温、水流深度和流速、水库、沼泽、支流及河湾的存在，是制约河滩地生产和生态系统繁荣的主要因素。

湿地也是河流生态系统的重要组成部分。湿地是处于水陆交错带的特殊生态系统，具有极其丰富的生物多样性，并保留着世界多种濒危动、植物种类，是世界上极其重要的种质资源库，具有重要的环境功能和服务功能。湿地生态系统是气象、水文、地质、地貌和生物等综合作用而形成的，并且具有独特的生态环境功能。

湿地对河流与陆地之间的水文、水力和生态联系起着过渡作用，是典型的地表水水文过渡带。在洪水季节，洪泛区湿地可以直接拦蓄降水，也可承接滞留溢出河槽的洪水，而在洪峰过后的枯水季节缓慢释放补给河道生态用水，缩短下游河道干枯的时间，维系河川的基流，实现对河川径流的调节。同时也是地表水和地下水之间的水文过渡带，储存在洪泛区湿地的水分被重新组织和土壤过滤后，一部分以径流的形式补给河流，另一部分渗入地下水含水层，甚至可以越流补给承压水，成为地下水的补给来源。

作为地表河流与陆地的水文过渡带，同时又是地表水与地下水之间的过渡带，洪泛区湿地对进入河道生态系统和渗入地下含水层的地表片状集水中的污染物质可以截留、阻滞和富集，从而成为河道走廊内、地表水与地下水之间的重要生态缓冲区。水流所携带的泥沙在水陆交错带沉积，交错带自身又是植物生长旺盛、有机质高度积累的地域。水陆交错带的土壤由于长期截留和沉积营养物质，有机质在此长期积累，因此养分和有机质含量都相对较高。

洪泛区湿地的另一特点是，交错带环境与均一生态环境不同，通常交错带中生物多样性程度高，它为多种具有其生态学特征的物种提供了栖息地，使系统在受扰动后能迅速地恢复其演替过程。水陆交错带中经常可以发现不同资源片的交替分布，这些资源经常是在受扰动后处于不同的恢复阶段。交错带的植被既有区域性的特色，又因地块不同而有差异，并且还受食草动物活动的影响。

交替出现的洪水和干旱是影响交错带中物种组成和变化的主要因素。洪水和干旱各自在不同的时间和地点为种间竞争创造了不同的条件。此外高程、土壤（底泥）的质地也有很大的影响。这些交错带的不均一性造成交错带中众多的小环境。这些小环境的相互交错使众多的植物、无脊椎动物和脊椎动物种类能在这生机盎然的水陆交错带中生存、繁衍以及得到各种资源。

湿地生态系统的一切生态过程都是用固定的水文格局为基础的，湿地特殊的水文条件（长期积水或季节性积水）决定了湿地生物地球化学过程的特征。湿地水文条件，如水位、流量、流速及其动态变化规律等能够改变养分有效性、土壤氧化还原条件、沉积物属性及值等理化性质。所以湿地水文条件的变化，决定着湿地中化学物质的生物地球化学循环和过程。研究表明，湿地水文条件是湿地过程与效应的关键影响因子，也是湿地环境中化学物质浓度、存在形态及迁移转化、湿地生物生产力形成的重要影响因子。也正是由于其系统结构对水文条件的依赖性，湿地生态系统才显得非常脆弱。

洪泛区可拦蓄洪水及流域内产生的泥沙，吸收并逐渐释放洪水，这种特性可使洪水后洪泛区光照及土壤条件优越，可作为鸟类、两栖动物和昆虫的栖息地。同时湿地和河滩适于各种湿生植物和水生植物的生长。它们可降解径流中污染物的含量，截留或吸收径流中的有机物，起过滤或屏障作用。河道及附属的浅水湖泊按区域可划分为沿岸带、敞水带和深水带，它们分布有挺水植物、漂浮植物、沉水植物、浮游植物、浮游动物及鱼类等不同类型的生物群落。

与河流横向联系紧密的是洪水脉冲概念（Flood Pulse Concept）。洪水脉冲概念描述了河道水流进入平原的涨落的季节变化过程，生物适应该过程，湿地也依赖该过程。洪泛湿地的生物和物理功能依赖于江河进入湿地的水的动态，洪泛湿地上的植物种子的传播和萌发，幼苗定居，营养物质的循环，分解过程及沉积过程均受洪水过程影响河流生态系统的主要生物过程包括生产、分解和消费均由洪泛平原驱动。另外，植物、动物和碎屑的空间运动和洪水脉冲有关。适应洪水脉冲的鱼类跟随季节性的水流脉冲

从河道到洪泛平原，鱼类生长的70%～100%发生在该时期。

洪水是存在了千万年的自然现象，人类的水资源活动严重影响洪水过程。例如建坝对洪泛平原的影响最大，使得洪泛平原淹没消失，河道和洪泛平原的联系切断，洪泛平原不再能为河流鱼类提供有机物质。若人类顺应洪水、依托洪水，恢复湿地，洪水就是可利用资源。洪水脉冲实际上是水文事件中的一个特殊事件，在河流生态系统理论中，从恢复的角度洪水脉冲概念是最重要的。在湿地恢复时，一方面应考虑洪水的影响，另一方面可利用洪水的作用，加速恢复退化湿地或维持湿地的动态。

### 三、垂向上的分层与河床质

河流表层阳光充足，与大气接触面大，水汽交换频繁，曝气作用明显，有利于植物的光合作用，因此河流表层常分布有丰富的浮游植物。中层和下层，太阳辐射作用随着水深的加大而逐渐减弱，溶解氧含量降低，浮游生物随着水深的增加而逐渐减少。底部对于许多生物来讲，具有支持底栖动物、提供生活和产卵场所、营养物质来源等作用。因此，河床的结构、形状、河床质组成、稳定程度都直接影响着水生生物的分布。河床的冲淤特性取决于水流流速、流态、水流的含沙率及颗粒级配以及河床的地质条件等。由悬移质和推移质的长期运动形成了河流的动态河床。在河流上游急流区由于水流冲刷作用，河床质除了透水性较差的岩石外，大部分河床由卵石、砾石、沙土、黏土等组成，都具有透水性和多孔性，这些特征给地表水与地下水之间的交换提供了连通通道。具有透水性能又呈多孔状的河床基质，适于水生和湿生植物以及微生物生存。不同粒径卵石的自然组合，也为鱼类产卵提供了场所。

### 四、河流生态系统的时间尺度

另外，河流生态系统的时间尺度在许多方面都是很重要的。随着时间的推移和季节的变化，河流生态系统的结构及其功能也呈现出不同的变化。由于水、光、热在时空中的不均匀分布，河流的水位、流量、水温、营养物质等也呈季节变化，水生生物活动及群落演替也相应呈明显变化，从而影响着河流生态系统的功能的发挥。

## 第三节　河流形态多样性的生态特征

### 一、河流地貌形态分类

由于气候、地质地貌因素、水流运动特性及其相应的沉积特性，河道植被的连续性，使得河流形态在小尺度范围内总体上形成四种不同类型的平面河型，分别指的是顺直型、弯曲型、分汊型和交织型。

在顺直型河道中，河流形态顺直较为稳定的单河道，水面比降较小，一般下游比上游比降要小，横断面特征表现较为对称，在河流上中下游均有分布。水流连续性好，在边界特征上顺直型河道两岸物质组成较为均匀连续，河床质组成沿断面变化较小。

在弯曲型河道中，弯曲度通常大于1.3，为单河道系统，断面为不对称，一般在冲积河流中下游，水流特点是右岸冲刷、左岸沉积，水流在一定条件下使河道裁弯取直，形成漫滩。横断面在弯道处表现为复式断面，河床质沿断面变化较大，沿右岸到左岸粒径较大的卵石或砾石逐渐变为粒径较小的粗砂或细砂。

在分汊型河道中，通常为弯曲型河道和分汊河道交替分布，是较稳定的多河道系统。一般在冲积河流的中下游。比降较大，断面分布较为复杂，一般单河道呈不对称的V字型，而在分汊处多为W字型。水流在各分支流彼此消长，但是主流稳定。通常在河道中有江心洲存在，河岸具有一定的抗冲性，河床质分布不均，河床质的组成也相对多样化。

在交织型河道中，弯曲度通常小于1.5且具有一系列可迁移的河道砂坝，为多河道系统，比降最大。横断面的形态最为多样化，常常是被砂质冲积物隔开的宽深不一的复合式断面。在这种河道中，河流水流连续性差，多形成涡流，流速大小和方向变化多端，随机性强。河岸边界组成颗粒较粗且抗冲能力较差。

## 二、不同河道形态与生境的相互关系

在实际情况下，天然河流从源头到入海口总是各种不同河型相互交织，不同类型的河道形态在局部河段会同时存在。河流的地貌、河道地形、横断面形状、水流状态也呈现出多样性和异质性，从而造就了各种不同的生境，形成了丰富的生物群落和物种。河流首先给水生生物提供了生活栖息地，自然界的生物在长期的进化演变过程中，逐渐适应了不同类型的栖息地，栖息地的类型与河流地貌、河道形态有密切的关系，河流地貌形态这些边界条件决定了水流的运动规律，复杂的河道形态水流运动复杂，流态紊乱，流向多变。

在顺直型河道中，河道构造和结构较为单一。河流自上游到下游河道断面逐渐由V字型逐渐转变为U字型，河势较为稳定，水流速度快，一些急流生物如大型鱼类逐渐适应这样的生存环境，在这里形成固定的栖息场所和繁殖场地。但长江葛洲坝下游中华鲟产卵场处于大坝消能区内，受工程的影响，河道断面并不表现为较对称的字型。从能量和物质结构的角度来看，水流运动所消耗能量主要用于水体向下游运动，而对河岸的冲刷不明显，上游所携带下来的沉积物和营养物质，在顺直型河道随水流迁移到下游。因此在顺直型河道中，由于河流形态地貌，空间异质性不很明显且生物多样性程度较低。

而在弯曲型、分汊型、游荡型河道中，河道形态多样性明显，沿河道纵向断面形状变化多端，由在水力学条件上表现为深槽和浅滩的交替出现。浅滩的生境，光热条件优越，适于形成湿地，供鸟类、两栖动物和昆虫栖息。而在深潭里，太阳光辐射作用随水深加大而减弱。水温随深度变化，深水层水温变化较表层变化缓慢。由于水温、阳光辐射、食物和含氧量沿水深变化，在深潭中存在着生物群落的分层现象。同时深

槽内流速较小，也为水生生物特别是鱼类提供休息场所。从能量和物质角度来说，河道形态的多样性造就了不同水流流态，在右岸流速较快，水流携带的能量冲刷河岸、下切河床，同时在水体自身的碰撞和摩擦中消耗能量。在河流左岸水流缓慢，与右岸的急流相互作用形成涡流，在回水区形成静止水域，河床逐渐淤积，营养物质被截留，为鸟类、两栖动物和鱼类提供饵料、育肥、栖息等。在这种开放的生境中，生境的异质性明显，生物多样性较高，形成了较为复杂的生态系统。

自然界的河流都是蜿蜒曲折的，不存在直线或折线形态的天然河流。在自然界长期的演变过程中，河流的河势也处于演变之中，使得弯曲与自然裁弯两种作用交替发生。但是弯曲或微弯是河流的趋向形态。另外，也有一些流经丘陵、平原的河流在自然状态下处于分岔散乱状态。一些分岔散乱状态的河流归入主槽，形成明显的干流，往往是由于人类治河工程的结果。蜿蜒性是自然河流的重要特征。河流的蜿蜒性使得河流形成主流、支流、河湾、沼泽、急流和浅滩等丰富多样的生境，由于流速不同，在急流和缓流的不同生境条件下，形成丰富多样的生物群落。

### 三、河道横断面形状及多样性

河流的横断面形状多样性表现为非规则断面，也常有深潭与浅滩交错的布局出现。

一般来说，自然界不存在严格意义上的梯形、矩形等断面的河流。浅滩的生境、光热条件优越，适于形成湿地供鸟类、两栖动物和昆虫栖息。积水洼地中，鱼类和各类软体动物丰富，它们是肉食性候鸟的食物来源，鸟粪和鱼类肥土又促进水生植物生长，水生植物又是植食鸟类的食物，形成了有利于珍禽生长的食物链。由于水文条件随年周期循环变化，河湾湿地也呈周期变化。在洪水季节水生植物种群占优势。水位下降后，水生植物让位给湿生植物种群，是一种脉冲式的生物群落变化模式。而在深潭里，太阳光辐射作用随水深加大而减弱。红外线在水体表面几厘米即被吸收，紫外线穿透能力也仅在几米范围。水温随深度变化，深水层水温变化迟缓，与表层变化相比存在滞后现象，由于水温、阳光辐射、食物和含氧量沿水深变化，在深潭中存在着生物群落的分层现象。

河流整治工程中天然河道的人工化改变了自然河流的天然特性，河道纵向和横向形态发生了急剧变化，使河流急流、缓流相间的格局消失，而在横断面上的几何规则化，也改变了深潭、浅滩交错的形态，河道水力参数发生了跃变，沿河道纵向和横向重新分布，由于河流的自我调节功能，形成新的河道特性。与此同时，河流生态系统的结构与功能随之发生变化，生境的异质性降低，特别是水生生物群落多样性将随之降低，生态系统退化，丧失了河流生境多样化的根本基础。

## 第四节　河流生态环境

前面已经简单介绍过河流生态系统，在河流生态系统中，生命部分是生态系统的主体，生境是生命支持系统。下面具体介绍生境的概念及生境与生物群落之间的关系。在生态学中，具体的生物个体和群体生活地区内的非生物生态环境称为“生境”。

## 一、河流生境要素

### （一）水文要素

河流水文要素包括流量、水位、泥沙、水文特征值等，河流水文要素及其特征值的变化规律是河流生物群落组成和多样性的决定条件，主要体现在以下几个方面：

**1. 流量**

在单位时间内通过某过水断面的水量，叫作流量，单位是 $m^3/s$。测出流速和断面的面积，就可以知道流量，流量是河流的重要特征值之一。流量的变化将引起流水蚀积过程和水流的其他特征值的变化，随着流量的变化，水位也发生变化，流量和水位之间有着内在联系。

流量对生态群落和生态系统有重要影响，流动越剧烈，河水的搅拌就越多，沿河流活跃界面上的溶解的氧气就越多。有剧烈流动的河流（山区、半山区）还会产生含有大量空气的射流。因此这样的河流水中富含氧气，其中盛产鳄鱼、淡水蛙和其他喜欢纯净水体的生物。流量的大小对洄游性鱼类来说是非常重要的信息。人类活动造成水量时空分布改变，往往破坏了水量时空分布与生态系统的和谐关系。人类对径流的影响往往表现在水量的减少。河道流量减少的最直接效应是流速降低、水深变小和水面面积减少。流速降低造成水流挟沙能力的减小，造成河道淤积，改变河床形态。河流形态的变化会潜在地影响河流生物的分布和丰富度。流速的降低还可能影响像鱼类产卵这样的生理活动。河道流量的减小还造成低水流量时间变长，进而改变了水生栖息地的环境，对物种分布和丰富度产生长期影响。水深和水面面积的减少，造成水生生物栖息地总面积减少。这些影响往往造成生物的数量减少。

**2. 水位**

河流中某一标准基面或测站基面上的水面高度，叫作水位。水位高低是流量大小的主要标志。流域内的降水和冰雪消融状况等径流补给是影响流量，同时也是影响水位变化的主要因素。但是，其他因素也可以影响水位变化，例如流水侵蚀或堆积作用造成河床下降或上升河坝，改变了河流的天然水位情势。河中水草或河流冰情等使水流不畅，水位升高入海，河流的河口段和感潮段由于潮汐和风的影响而引起水位变化等等。可见，水位变化是多种因素同时作用的结果。这类因素各具有不同的变化周期，如流水侵蚀作用具有多年变化周期，径流补给形式的变化具有季节性周期，潮汐影响具有日变化周期等等，因而，河流的水位情势是非常复杂的。河流水位有年际变化和季节变化，山区冰源河流甚至有日变化。水位变化具有重要的实际意义，根据水位观测资料，可以确定洪水波传播的速度和河流水量周期性变化的一般特征。用纵坐标表示不同时间的水位高度，用横坐标表示时间，可以绘出水位过程线，通过分析水位过程线，可以研究河流的水源、汛期、河床冲淤情况和湖泊的调节作用。

河流的水位有着重要的生态学意义。水位影响河流的水面面积、水体体积和生物的生存空间。在洪水高水位的条件下，河流与湖泊、岸滩、洪泛区的联系更加密切，四大家鱼的洄游对洪水上涨的过程都很敏感，它们一般只有在江水上涨的情况下才能产卵。

**3. 泥沙**

泥沙是改变河床形态的物质基础，沙量的多少、颗粒的粗细影响着河床变形的方向，不同的水沙组合特征决定了河床的平面形态和断面特征。河流输沙量及其时空变化在河流地貌的形成和演变过程中起着重要的作用，同时河流中携带的营养物质与泥沙对于生物群落的发育和演替有着深刻的影响。

（1）输沙的年内和年际变化

绝大多数输沙的年内变化过程与流量过程相应，河流含沙量与输沙量的峰值出现在汛期，沙峰大致就在洪峰时段上，相应的枯季输沙量少，输沙在年内分配具有高度集中和极不均匀的特点。

输沙的年际变化与自然因素（如降雨雨量、雨强及地区分布）和下垫面条件地貌类型、岩性、土壤种类等有关，同时还受人类活动的影响。参考长江宜昌站年径流量和输沙量的历年变化过程线，发现该站水、沙量变化过程基本一致。

（2）输沙的沿程变化

河流中的泥沙主要来自上游河段的输移和本河段内河床和边界的供给，因此河段内的泥沙运动必然同它河段内的泥沙运动紧密相连。在河流中上游、中游和下游河段表现出不同的输沙特性。

河流输沙的沿程变化，尤其是泥沙在区域输移的变化，是决定河段的冲淤和演变的重要原因。随着长江三口的逐渐淤积萎缩，分沙比的减小，洞庭湖的沉沙功能逐渐减弱，洞庭湖淤积量的减少打破了中游长期的输沙平衡。

水体含沙量是河流生态系统重要的非生物因子，它对于水生植物的生长，及水生动物的产卵繁殖、生长发育、觅食等多方面产生影响，甚至直接关系到水生动植物的生存。

一旦河流的含沙过程发生巨大的变化，其生态效应即在短期内体现出来。含沙量剧增将减少水体透明度，减少浮游生物的数量，甚至威胁到一些鱼类的生存。同样，含沙量剧减，将增加水体的透明度，有利于水生植物的生长，但同时使得一些浮游动物减少了庇护，增加了其被捕食概率，不利于其生物种类和数量的维持。由于细颗粒泥沙富含大量有机物和矿物质，一些生物在某些发育阶段对这些物质非常敏感，泥沙含量的大量减少将使得它们的卵或幼虫死亡率增加。

河床冲刷和淤积是在河流的水流泥沙作用下，河床发生的剧烈变化，它对生态系统直接作用效应可以分为两类。一类是直接作用于生物。冲刷将破坏河床床面结构，引起河床粗化，对水生动植物产生直接的破坏，以水库下游的河床冲刷为例，冲刷将破坏坝下游水生植物区，导致整个植物的剥离和根除、根的暴露，在水流直接作用下，水底无脊椎动物向下游推移，鱼类产卵场破坏，大量的鱼苗被激流冲走。同样大量的泥沙淤积，将加大对鱼卵的覆盖作用，使孵化率大幅度下降。

另一类是改变生物十分敏感的生存条件。冲刷引起的河床粗化，使许多水生动物失去了隐蔽场所，泥沙淤积掩埋了水底石砾、碎石及水底其他不规则的类似物，从而破坏了鱼苗天然的庇护场所，而庇护场所是鱼苗借以躲避敌害、提高成活率的有效保证。大量实验证明，河床剧烈冲淤变化对水中的底栖生物、鱼卵及鱼苗等有不可估量的影响。

**4. 水文特征**

（1）河流径流及其分配

河流的径流具有显著的、与一般的气候年变化有关的周期性。

年内分配径流情势在年内反映出洪水、枯水季节交替出现的规律。在河流中春汛的洪水波、枯水期的小流量、秋汛、冬季的低流量等现象的范围及其随时间变化呈现出一定的规律。其年内变化又可称为年内分配，即一年内总水量按各月的分配。径流的季节分配主要取决于补给源及其变化，我国大部分地区都以雨水补给为主，径流的年内变化主要决定于降水的季节变化，因此径流季节性变化剧烈，有明显的汛期和枯水期。汛期河水暴涨，容易形成洪水泛滥枯水期水量很小，水源不足。

径流年内分配有着重要生态意义。径流年内分配的变化使得各种生物不同生长周期所需水文条件改变，最终适应这种水文条件的生态系统受到破坏。径流年内的不同分配为水生生物提供适宜的栖息地，而改变年内分配则会对生态系统稳定带来影响，如长时间的小流量导致水生生物聚集植被减少或消失，植被的多样性消失外来生物容易入侵，威胁土著物种，改变种群组成减少水和营养物质进入河漫滩等。但如果延长淹没时间，植被功能发生变化对树木有致命的影响水生生物的浅滩生境消失等。

年际变化河流水情的周期性多年变化规律也是决定河流生态系统的特征和生物多样性的重要因素。年径流多年变化规律对研究确定水利工程的规模和效益提供了基本依据，同时对中长期预报及跨流域引水也十分重要。年径流的多年变化一般指年径流年际间的变化幅度（简称年际变幅）和多年变化过程两方面。

河流年际变化对于生态系统同样有着重要的意义。对物种的补充来说，一些植物需要长时段的夏季低流量来播种和补充含种子的泥土；另一些植物，如杨木，则需要结合一些极端水文年的组合。大洪水提供了有新鲜泥土的平原，接着几年的小流量使树苗能够长大以不至于被下一场洪水冲走。这种极端水文年的组合具有一定的恢复功能，如特大洪水能够通过冲刷淤沙，恢复长期废弃的河道。

（2）洪水

洪水是一种峰高量大、水位急剧上涨的自然现象。洪水给人类正常生产生活带来了损失和祸患，但与此同时洪水又是河流的必要组成部分，在一般情况下，河流决定着洪水的行进方向，而洪水有时又要冲刷或淤积河床，甚至让河流改道。自然洪水的存在对生态系统有其积极的意义。正是在河流与洪水的相互影响、相互作用下，河流生态系统才得以逐渐进化，生物多样性才得以不断丰富，生态环境也才不断朝着有利于人类生存与发展的方向演替。

一般可以根据河流的水情和防洪水平，将洪水划分为一般洪水、较大洪水、大洪水、特大洪水、罕见特大洪水等。小洪水在半干旱地区的干旱季节有着重要的生态意义。它刺激着鱼类的产卵，改善水质、输沙（以提高河床形态的多样性，有利于水流的变化）。它们重新设定了一系列的河流条件，引发了上游鱼类和植物种子的迁移。大洪水同小洪水一样，同样能引发一系列的生态响应。此外，它提供了冲刷的水流，直接影响着河床形态，它能输送粗细颗粒泥沙，并在冲积平原上淤积淤泥、营养物、动物的卵、植物的种子等。它还能淹没死水区和分支河道，促发许多物种的生长，同时能对河岸重新湿润，淹没滩区，冲积河口淤积等。

洪水发生的时间与一个流域的气候条件密切相关。不同流域的洪水发生的时间存在一定的差异。如长江中下游干流受两湖水系及上游来水影响，洪水发生规律，汛期为5~10月；黄河下游的大洪水则出现在7月中旬至8月中旬；汉江洪水最早出现在4月中下旬，为桃花汛。在同一流域，由于气候和地域的差异，洪水的出现时间也存在差异。以长江为例，一般是中下游洪水早于上游，江南早于江北岸。生态系统中的动植物适应于河流洪水自然季节性变化的生活周期，如许多植物适时开花，适时传播，适时发芽和适时生长，形成了相应的“气候关系”。

自然洪水历时和涨落特征取决于流域的降雨过程和河流地形地貌条件洪水的涨落速率与其历时关系密切，一般而言洪水的历时较长，则表现为洪水的涨落平缓，反之如果洪峰流量大，洪水历时短，则表现为陡涨陡落。受降雨和地形地貌的影响，山区洪水一般表现为陡涨陡落，平原河流所流经的地区坡度比较平缓，河槽两侧又有广阔的河漫滩，降雨以后，汇流时间长，洪峰在传递过程中因槽蓄作用不断削平，加上大面积的降雨分布不均，支流汇流时间有先有后，所以其起涨和回落都比较平缓，持续时间长。

（3）枯水

流域内降雨量较少、通过河流断面的流量过程低落而比较稳定的时期，称为枯水季节或枯水期，其间所呈现出的河流水文情势叫作枯水。枯水期的河流流量主要由汛末滞留在流域中的蓄水量的消退而形成，其次来源于枯季降雨。枯水期的起止时间及历时，完全决定于河流的补给情况。如雨水补给的南方河流，每年冬季降雨量很少，所以雨水补给的河流每年冬季经历一次枯水阶段。以雨水融合补给的北方河流，每年可能经历两次枯水径流阶段，即一次在冬季，主要因降水量少，全靠流域蓄水补给另一次在春末夏初，因积雪已全部融化，并由河网泄出，夏季雨季尚未来临而造成的。各河的枯水径流具体经历时间决定于河流流域的气候条件及补给方式。

枯水期的水量同样对水生生物有着重要的影响。长时间的小流量将会导致水生生物聚集；植被减少或消失；植被的多样性消失；植物生理胁迫导致植物生长速度较低；导致地形学的变化。改变淹没时间会改变植被的覆盖类型，延长淹没时间植被功能发生变化；对树木有致命的影响；水生生物的浅滩生境丧失。根据三峡工程的蓄水方案，进入月份后，水库开始蓄水，使得枯水期提前，对渔业资源可能造成了两方面的不利影响：一是缩短鱼类肥育生长期。因枯水期提前，水位降低，水量减少而造成鱼类天然饵料的相应减少；二是对主要经济鱼类越江过冬将造成较大影响。按常规，春季江中鱼类入湖肥育，秋季湖中鱼类下江越冬，大量鱼类亲体得以保存下来，枯水期提前到达，极有可能造成下江亲体数量减少。

### （二）水力学要素

水力学要素对河流生态系统也具有重要的作用。

河道形态要素反映水生生物的生存空间，同时可以反映河道冲淤变化，河道形态要素与一定的水文过程相对应，在来水流量不同的情况下，水生生物对水力学要素的要求也不同。河渠形状的变化会改变水流速度特性，从而改变河流容纳鱼类生存的潜力。研究表明，栖息地是河流中水生无脊椎动物和鱼类的丰度和分布的重要决定因素。

描述河流能量变化的要素中，流速是十分重要的指标。流速指水质点在单位时间内移动的距离。它决定于纵比降方向上水体重力的分力与河岸和河底对水流的摩擦力之比，可以运用等流速公式。河流中流速的分布是不一致的，在河底与河岸附近流速最小，流速从水底向水面和从岸边向主流线递增。流速对河流生态系统有重要作用。对于河流水生植物群落，水力条件是影响其群落组成成分的重要因子，流速过大，常使许多种类（特别漂浮植物不能生存），但在湖泊及缓流水域中，水流的影响较小，水生植物大量生长。一般来说，水流状况对挺水植物影响较小，而对浮水及沉水植物影响较大。河流的水力条件直接关系到水生动物的产卵、繁殖、生长、捕食等生命过程，最终影响着水生生物的分布、种群形成、年龄结构、数量变动等。水流速度表示了传送食物和营养物质的一种重要机制，然而也限制了生物体继续生存在河流段落中的能力。以鱼类为例，水流能够刺激鱼类的感觉器官，使其产生相应的活动方式及反应。如丰水期高流量对很多物种迁徙时间和许多鱼类产卵会起到提示作用。极端的低流量或许会限制幼鱼的产量因为这样的流量经常发生在新苗补充和生长时期。

### （三）河流水质要素

河流水环境是生物赖以生存的重要条件之一，与此同时河流生物又表现出较强的污染物降解和净化功能。河流水环境和生态系统之间表现出紧密的作用和联系，河流水质要素主要包括水温、溶解氧、pH 值、电导率、含盐率、氨、氮等。

**1. 水温**

河水热状况的综合标志是河水温度。河流的补给特征是影响河水温度状况的主要因素。河水温度随时间而变化，还随流程远近而发生变化。流程愈近，水温与补给水源的温度愈接近流程愈远，水温受流域气温状况的影响则愈显著。

水温是评价水库对于下游水下生境影响的重要水质参数。实际上，在很大程度上许多重要的物理、化学和生物过程都受河水温度的影响。河流里的水温具有高度季节性变化和日变化，它影响鱼类的繁殖、水生植物生长和水中氧气的含量，由于水的密度特征，冬季可以保护河流中生物，冰的导热性差，能保护河底不被冻透。对生物生存、洄游、产卵、孵化、水质影响具有保护作用。不同鱼类的繁殖对水温的要求非常

严格，像四大家鱼产卵的温度在18～26℃之间，主要在21～24℃水温条件下产卵。水库对水温的调节减弱了这样的季节性变化，水库下游的水温，在夏季比天然条件下的低，在冬季则比天然条件下的高，对于许多水生昆虫的羽化、产卵和中断滞育的信息系统具有特别不利的影响，与此同为对水温十分敏感的水生生物的生长、繁殖带来不利影响。

**2. 溶解氧**

水中溶解氧来自水生植物光合作用和空气中氧气的溶解，河流溶氧是衡量河流水质的最重要的综合指标之一。

溶解氧直接影响水生生物的生存，当溶解氧低于3～4mg/L时，水中缺氧使鱼类窒息死亡，甲壳类动物、轮虫、原生动物和好氧生物无法生存溶解氧的降低可能会影响沉水植物的繁殖生长，并因此在沉水植物的退化或消亡，以及在沉水植被恢复过程中起到重要的作用，水中溶解氧的缺乏也会影响污染物质的降解和转化，造成了水体自净能力降低。

**3. 生物盐**

水中生物盐是生物生长的必须物质。营养升高促进藻类和大型水生植物之间的竞争，同时高营养本身也对水生植物产生胁迫，从促进植物生长，消除植物生长的营养限制，到最终抑制植物生长的过程。过量的营养盐如氮盐、磷盐的分布会造成水体富营养化，使得水生植物如藻类疯长，引起水化现象并导致水质恶化。

## 二、河流生境特点

### （一）水－陆两相和水－气两相的联系紧密性

河流是一个流动的生态系统，水－陆两相联系紧密，是相对开放的生态系统。水域与陆地间过渡带是两种生境交汇的地方，由于异质性高，使得生物群落多样性的水平高，适于多种生物生长，优于陆地或单纯水域，另外，河流又是联结陆地与海洋的纽带，河口三角洲是滨海盐生沼泽湿地。

由于河流中水体流动，水深又往往比湖水浅，与大气接触面积大，所以河流水体含有较丰富的氧气，是一种联系紧密的水－气两相结构。特别在急流、跌水和瀑布河段，曝气作用更为明显。与此相应，河流生态系统中的生物一般都是需氧量相对较强的生物。

### （二）上中下游的生境异质性

我国的大江大河多发源于高原，流经高山峡谷和丘陵盆地，穿过冲积平原到达宽阔的河口。上中下游所流经地区的气象、水文、地貌和地质条件有很大差异。以长江为例，长江流域地势西高东低呈现三大台阶状。长江流域内的地貌类型众多，据统计，流域的山地、高原面积占全流域的71.4%，丘陵占13.3%，平原占11.3%，河流、湖泊等水面占4%。形成峡谷型河段、丘陵型河段及平原型河段。与长江干流相连的湖泊众多。长江流域为典型亚热带季风气候，流域辽阔，地理环境复杂，各地气候差异很大，且高原峡谷河流两岸常有立体气候特征。流域内形成了急流、瀑布、跌水及缓流等不同的流态。

河流上中下游有多种异质性很强的生态因子描述的生境，形成了极为丰富的流域生境多样化条件，这种条件对于生物群落的性质、优势种和种群密度以及微生物的作用都产生重大影响。在生态系统长期的发展过程中，形成了河流沿线各具特色的生物群落，构成了丰富的河流生态系统。仍以长江流域为例，流域大部分处于中亚热带植被区，介于暖温带和南亚热带之间，并且有青藏高原高寒植物和垂直地带性植物，种类极为丰富。

#### （三）河流纵向的蜿蜒性

自然界的河流都是蜿蜒曲折的，不存在直线或折线形态的天然河流。在自然界长期的演变过程中，河流的河势也处于演变之中，使得弯曲与自然裁弯两种作用交替发生。河流的蜿蜒性使得河流形成主流、支流、河湾、沼泽、急流和浅滩等丰富多样的生境。由于流速不同，在急流和缓流的不同生境条件下，形成了丰富多样的生物群落。

#### （四）河流断面形状的多样性

自然河流的横断面也多有变化。河流的横断面形状多样性表现为非规则断面，也常有深潭与浅滩交错的布局出现。自然界的河流处于浅滩的生境，光热条件优越，适于形成湿地，供鸟类、两栖动物和昆虫栖息。积水洼地中，鱼类和各类软体动物丰富，它们是肉食候鸟的食物来源，鸟粪和鱼类肥土又促进水生植物生长，水生植物又是植食鸟类的食物，形成了有利于珍禽生长的食物链。而在深潭里，由于水温、阳光辐射、食物和含氧量沿水深变化，在深潭中存在着生物群落分层现象。

#### （五）河床材料的透水性

由悬移质和推移质的长期运动形成了河流动态的河床。除了在高山峡谷段的由冲刷作用形成的河段，其河床材料是透水性较差的岩石以外，大部分河流的河床材料都是透水的，即由卵石、砾石、沙土、黏土等材料构成的河床。具有透水性能的河床材料，适于水生和湿生植物以及微生物生存。不同粒径卵石的自然组合，又为鱼类产卵提供了场所。同时，透水的河床又是联结地表水和地下水的通道，使得淡水系统形成整体。

### 三、人类活动对河流生态系统的影响

#### （一）河流生物群落与河流生境的关系

野生动物栖息地可以为某一动物个体、种群或群落提供生活所需要的空间场所，非生物环境作为其重要组成，是动物生存的首要因素。不同的生物以及在不同生长阶

段的同一种生物对生境要素都有不同的要求。

**1. 生物群落与生境的统一性**

有什么样的生境就会造就什么样的生物群落，二者是不可分割的。如果说生物群落是生态系统的主体，那么，生境就是生物群落的生存条件。一个地区丰富的生境能造就丰富的生物群落，生境多样性是生物群落多样性的基础。因此作为重要的生态因子，河流水文、水力学、水质要素具有的自然状态下的变化性造就了河道内外类型丰富的栖息地环境，促进了水域生物群落的多样化。对于很多河流生物而言，为了完成生命的循环与不息，生境也应处于不断的演化、更替当中。

**2. 生物群落与生境的适应性**

在生物群落与生境之间是一种物质、能量的供需关系，在长期的进化过程中也形成了相互适应的能力，使其具有自我调控和自我修复功能。对于很多河流生物而言，为了完成生命的循环与不息，生境也应处于不断的演化、更替当中。正是由于河流系统中生物群落对栖息地环境不断变化的适应能力，使得它们能够面临更加恶劣的水文现象，如洪水和干旱。因为这样的极端水文状况尽管会破坏原有的生境，但又会重新形成和发展新的栖息地环境。水体自我修复能力，也是河流生态系统自我调控能力的一种。由于具有这种自我调控会自我修复能力，才使河流生态系统具有相对的稳定性。

**3. 生物群落与生境的整体性**

从生物群落内部看，完整性是生态系统结构的重要特征。一旦形成系统，生态系统的各要素不可分割而孤立存在。如果硬性分开，那么分解的要素就不具备整体性的特点和功能。在一个河流淡水水域中，生境与生物以及各类生物之间互为依存，互相制约和影响，形成复杂的食物链或网结构。研究表明，一个生态系统的生境越丰富，生物群落多样性就越丰富，即食物链越复杂，其结构形成三维的食物网状结构，生态系统的稳定性比简单的直线型食物链要高得多，其抵抗外界干扰的承载力也高得多。另外，从生物群落多样性角度看，一个健康的淡水生态系统，不仅生物物种的种类多，而且数量比较均衡，没有哪一种物种占有优势，各物种间既能互为依存，也能互相制衡，使生态系统达到某种平衡态即稳态，这样的生态系统功能是完善的。反之，如果一个淡水生态系统的生物群落内比例失调，就会造成整个系统的生态失衡，恶化河流生境，致使河流生境多样化降低。

## 四、人类活动对河流生态系统的胁迫

近一百多年来人类利用现代工程技术手段，对河流进行了大规模开发利用，兴建了大量工程设施，不仅改变了河流的地貌学特征，而且也显著地改变了河流情势。全世界有大约超过60%的河流经过了人工改造，包括筑坝、筑堤、自然河道渠道化、裁弯取直等。一方面，这些工程为人类带来了巨大的经济和社会效益，另一方面极大地改变了河流自然演进的方向。

### （一）胁迫类型

水文水利工程的兴建造成对河流生态系统的胁迫主要有以下两种类型：

**1. 河流渠道化**

所谓渠道化（channelization）。就是为了防洪的目的，在整条河流或某一河段用人工的手段进行取直、加宽、挖深或衬砌等。一条典型的河流，水陆交错，蜿蜒曲折，为众多的河流动物、植物和微生物创造了赖以生长、生活、繁衍的宝贵栖息地。人们对原始的河流进行了裁弯取直、河道衬砌等改造工程，使河道的深潭与浅滩、急流和缓流丧失，河道断面呈现均一化和水流均匀化，渠道化改变了河流的物理特性，使河流的生命、生态系统受到威胁，一些水生生物面临种群灭绝的危险。

**2. 河流连续性受到破坏**

河流连续体概念（River Continuum Concept，RCC）是河流生态学中最重要的概念，代表着河流生态学取得的重大进步。这一概念不仅阐述了流域、泛洪平原和河道系统的连续性，而且也描绘出了从河源到河口生物群落的发展和变化规律。

渠道或改造过的河道断面、江河堤防采用人工材料对岸坡进行硬质化处理，或在河道中修建大型水文水利工程，如水闸、大坝、泵站等，这些工程切断了河流各部分之间的紧密联系，使河流的四维空间连续性遭到破坏，进而将影响到河流的物理水质指标和化学指标、河流的泥沙淤积、河流栖息地生物移动和河流鱼类洄游等。

同大坝上游未整治河流相比，下游的流量、温度、基流变化及值得注意的一些其他变量，在生物模式中都发生了重要的变化。序列不连续体概念的目的是解释大坝对河流生态系统结构和功能所产生的相关效应，根据“不连续体的距离”“参数强度”等特定的参数，可以对工程措施引起的河流生态系统的生态反应进行预测。SDC 将把大坝看作最典型的干扰事物，认为大坝是造成河流连续体分裂并引起非生物和生物参数与过程在河流上游—下游之间变化的不连续体。

### （二）胁迫内容

大坝是近代人类活动显著影响河流生态系统的一个典型，以下将主要讨论水库对河流生态系统的影响。

在河流筑坝蓄水后，河流将产生一系列复杂连锁反应改变河流的物理、生物、化学因素。

第一级影响是大坝蓄水影响能量和物质流入下游河道及其有关的生态系统，对非生物环境产生影响，它是导致河流系统其他各要素变化的根本原因。主要是河流水文、水力、水质的变化，具体表现在：河道下泄流量减少、相应流量变化、淹没范围、历时和频率的变化；水库拦沙使得下泄泥沙含量减少，浑浊度降低；水库以及下泄水体溶解氧含量、氮含量、pH 值、营养物等的改变。

第二级的影响是局部条件变化引起生态系统结构和初级生物的非生物变化与生物变化。主要是河道、洪泛区和三角洲地貌、浮游生物、附着的水生生物、水生大型植物、岸边植被的变化，具体体现在：河道的冲刷或淤积抬高；污染物含量增加导致浮游生物数量的增加；附着水生生物数量的增加；带根植物和漂浮植物数量的增加；洪水减小使依赖于洪水变动的物种受到负面影响，洪泛区内营养物补充减小会让土壤肥

力减小。

第三级的影响是由于第一、二级变化的综合作用，使得生物种群发生了变化，它直接决定河流生态环境的健康程度。主要是无脊椎动物、鱼类、鸟类和哺乳动物的变化，体现在：水情和物理化学条件（如水温、浑浊度和溶解氧）的变化使得微型无脊椎动物的分布和数量发生显著变化（通常是种类减少）；因为洄游通道被堵以及水情、物理化学条件、初级生物和河道地貌等发生变化，鱼的数量显著变化；因洪泛区动物栖息地环境的变化和河道通路阻断引起鸟和哺乳动物数量的变化。如三峡工程建成后，就白鳍豚来说，由于水库蓄水后清水下泄河床冲刷，中下游栖息水域改变，白鳍豚的分布范围缩小155公里，意外死亡、事故概率增多。10月份水库蓄水，葛洲坝下游水位下降，江面变窄，产卵场面积相应减小，不利于产卵和发育幼鱼，同时船舶增多，对亲鱼噪声干扰加剧，机械损伤概率也增多。对四大家鱼来说，如果水库调度不考虑家鱼繁殖要求，宜昌至城陵矶江段的家鱼繁殖将受到严重不利影响，鱼苗在中下游将减少50～60%，进入洞庭湖鱼苗的减少幅度则更大。水库调蓄使洞庭湖提前一个月进入枯水期，鱼汛提前，鱼产品的数量与质量亦将下降。

河流系统响应的三个层次表现出层层递进的关系，其中水文水力学条件变化是系统变化的因，而河流生态环境变化是果。

## 第五节　大型水利工程对河流生态系统的影响

水能作为一种可再生能源，伴随着社会经济的高速发展和人类对水资源开发利用需求的不断增大，大江河流上筑建的大坝和水库越来越多，满足了人类对于供水、发电、灌溉、防洪等方面的需求，但在造福人类的同时也影响了河流的天然生态系统和环境，如使河流连续性发生变化、河流环境受到影响或水生物环境遭到破坏等等，这些改变必将对流域及河流生态系统造成深刻且长远的影响。但是由于世界能源的趋紧，为满足社会的发展水库大坝的修建又是不可避免的，因此，只有充分地认识和理解水利枢纽工程对所控河流水文情势和环境的影响，才能正确地对待和治理现如今显现的河流生态问题、维持河流生态系统的健康生命、实现人水和谐，同时这也成为国内外学者研究的焦点和重点。

随着大坝带来的经济效益的不断体现，大坝对生态的影响问题也变得越来越突出。大坝工程的修建造成水库淤积，影响了周围的生态环境，对水文过程带来变化，减少了河流、流域片段的链接，改变了水体的水文条件，河流的天然状态也发生了较大变化，上游库岸侵蚀，下游河道形态改变，水质下降，阻隔洄游通道，同时还打破了河流生态环境的初始性和稳定性。这些缓慢而长期的影响，会破坏水生栖息地，最终使浮游动植物、水生植物、底栖无脊椎动物、两栖动物和鱼类都发生不同种类的变化，导致种群数量减少，基因遗传多样性丧失，种群结构简化，生物多样性降低，还可能会改变物种的组成和丰度，许多敏感水生生物种群甚至面临灭绝的边缘。

## 一、水利工程的河流生态效应中非生物环境影响研究

水利工程的河流生态效应中，非生物环境影响研究主要表现在两个层面：第一个层面是反映在河流生态系统的河道径流、泥沙特性、水质等非生物环境要素，具体表现在河道下泄流量、河道水深、含沙量、水温、溶解氧含量、有机物质含量、pH 值及营养物质含量等的改变；第二个层面是反映在水利工程长时间运行后对上游库区淤积、库岸侵蚀和河道形态的影响，两个层面的共同作用影响了河流生态系统的天然性和整体性特征。

### （一）水利工程对第一层面的非生物环境影响研究

**1. 对河道径流的影响**

天然河流的径流变化是季节性的，毫无规律，而大坝蓄水后人工调节作用的产生，彻底颠覆了河流的原始径流模式，转变成为有目的的调蓄径流模式。实现了防洪、发电、灌溉、调水的综合功能。

（1）防洪

汛期，大坝可拦截洪水，进而消减了洪峰、发洪频率降低，截滞洪水于水库内，有利于减轻下游大坝的防洪负担，大大减少了洪泛造成的人员伤亡和财产损失，避免了河道干涸，降解了有毒有害物质，通过合理的调节水量，同时解决了枯水期的旱灾问题，实现了人们多年期望的掌控淡水资源、与洪水和谐共存的优良局面，进而改善了人们的生活质量和居住环境，有助于和谐社会发展目标的顺利完成。

（2）发电

发电型功能水库调蓄水量是根据下游的需电量为指导依据，与天然降水无关，因此下泄流量的变化是因发电量而异的，河道水位和流速自然也是随之呈波动状态变化。

（3）灌溉

大坝拦截的大量水体可供往各个种植区的作物灌溉，充足的灌溉用水有助于规划用地、促进劳作积极性、提高粮食产量，从而缓解灾害地区的灾情，民以食为天，充足的灌溉用水才能保障人民安居乐业，保障社会的可持续性和谐发展。

（4）调水

我国的淡水资源分布不均，使得地区水资源供求矛盾不断加深。大坝建设缓解了这一问题，通过各个大坝的联合调水措施解决了我国水资源时空分布失衡的难题，充分实现水资源的优化配置，促进河流生态系统服务功能的全面发展。

**2. 对河流泥沙特性的影响**

天然的河流中夹带着大量的泥沙从发源地流向入海口，泥沙在中途流速小的区域沉积下来填补河床避免冲刷，并在河岸沉积形成冲积平原和在入海口淤积形成三角洲保护内陆，但冲积平原和三角洲是人类的重要发展资源，许多产量丰硕的农耕区和高品质油气田都散布在三角洲区域。水利工程的建成蓄水后，拦截了大量泥沙在库区堆

沉淀积，下泄的水量中携带的泥沙含量大大减少，而且颗粒一般较细；下泄的“清水”容易对下游河床造成冲刷，河道形态发生变化；下游河道年含沙量降低，使得水生生物的栖息地环境遭到破坏；河流输沙的功能减弱，使得河岸无法形成冲积平原、河湖交汇处或入海口无法形成三角洲等宝贵资源。

**3. 对水温及水质的影响**

大坝拦截了径流流量，蓄积在水库中，流水变为了止水，随着库区水深增加，水温、有机物质分层现象显著，水温与水深呈负相关趋势发展。库区表面的水温升高和水的长时间滞留以及大坝拦截的有机物质和营养物质富集可诱发浮游植物大量繁殖，导致大坝水库富营养化。库区水域的大量水生植物进行光合作用消耗了大量的氧气，使得水体溶解氧含量降低，同时光合作用产生的大量二氧化碳和大量的有机物质富集，致使水体呈酸性，pH 值降低。同时由于大坝的拦截作用，泥沙的运输、污染物质的转移和降解受到了限制，水体浑浊度增加，污染程度高。水温分层、水体富营养化、pH 值降低和污染物质残余的综合作用导致库区水质变差，改变了库区水生动植物的生活环境，影响生态系统平衡。

### （二）水利工程对第二层面的非生物环境影响研究

水利工程的第二个层面影响可谓是间接性的，生态系统经过被大坝长时间的作用后产生的一系列影响。

**1. 对上游库区淤积和库岸的侵蚀**

水利工程蓄水投入运行，开挖了大体积的库区对上游流量进行拦蓄，导致库前水深和库后水深落差增加，容易造成上游库区淤积和库岸侵蚀的不良现象。大坝最主要的不良影响就是拦截作用，长期运行后，大量的泥沙、有机物、污染物等淤积在大坝上游，改变了河流的天然生态系统状态，使水温和有机物分层、溶解氧含量降低、pH 值降低、水库富营养化、污染物难以降解分离，水质变差的同时引起多种生态环境问题，更威胁到生物种群的生存和繁衍、生物多样性的扩展和群落结构的丰富性。水库蓄水后，开挖的库岸初期会由于流入水流的冲蚀作用对岸边进行侵蚀，破坏原始的生态环境和土地形态，引起土壤流失并降低岸边植物防止库岸冲刷的功能，后期会由于库区大量的泥沙堆积作用形成新的库岸边线，并且该边线会在水流冲蚀和泥沙堆积的共同影响下发生迁移。大坝的拦截改变了区域生态环境，库区水生动植物和库岸动植物的生活习惯都将引起巨大改变，对各类生物的生存和发展构成一定的威胁。

**2. 对下游河道形态的影响**

在河流上加筑大坝，抬高了大坝上游水位，下泄的“清水”势能增加，剧烈冲刷了靠近大坝的下游河道和河岸，造成越靠近大坝，河道深度越深的趋势，从而降低了下游水位，容易引起下游干涸，河道和岸区的横向物质能量交换减少，洪泛区、湿地、沼泽的面积也将有所下降。伴随着径流对下游河道泥沙和其他沉积物的冲刷，泥沙和其他沉积物堆积在离大坝更远的下游河道，抬升了河床。因为下游水量的减少和输沙量的降低，丧失了冲积平原和三角洲等这类利于人类发展的地球资源，同时入海口的三角洲又是保护入海口淡水域和防止河岸侵蚀的最佳屏障。

不同的大坝功能和规模对下游河道形态的影响也有所不同。对于水电站来说，依据水库蓄调水能力分为径流式和调节式，径流式电站根据季节性径流变化发电，来多少排多少，调节式电站是根据需电量调节下泄水量且多蓄少补，但整体来说水电站的下泄水量是变化频繁的，变化频率的改变引起下游河道形态发生变化，下泄流量的突然增大或减少会造成河岸冲刷和侵蚀程度的强弱改变，不利于河内生境和河岸生境的维护，影响生物群落的栖息。对于供水大坝来说，下泄的水量是根据丰水期和枯水期调节的，丰水期大坝蓄水，枯水期向下游泄水，从而改变了下游河道的天然径流规律，使径流量始终保持在河流生态流量范围内，下游河流流速下降，对水生生物的产卵和繁殖造成威胁，生物多样性降低和生态完整性遭破坏。

## 二、水利工程的河流生态效应中初级生物影响研究

水利工程对河流非生物环境的河道径流、泥沙特性、水质的一系列影响和上游库区淤积、库岸侵蚀和河道形态的变化，直接引起植物群落生长环境的巨大改变，严重威胁到植物群落的多样性特征。

### （一）对浮游生物和附生藻类的影响研究

**1. 浮游生物**

浮游生物一般喜于静水或流速较慢的水环境生长。

（1）坝前库区

大坝建造之前的天然河道往往地势较高，河道较窄且流速较快，不适宜该生物的生长，因此浮游生物种群结构较单一，种群数量较少。筑坝之后，拦截径流蓄于水库内，坝前水面流速降低近似于静水水域，导致浮游生物的大量繁殖；而水库淹没的树木、草、岩石、动物等大量的有机物分解，为浮游生物带来了大量的有机物和营养物质，为其生存和繁衍提供了丰硕的养分补给，为其规模的扩大提供了条件；有机物质分解生成的大量氮和磷，进一步对浮游生物的繁殖产生刺激，从而导致其数量呈指数型增长。

（2）下游河道

大坝修筑后，下游河道的天然生境发生变化，伴随下泄流量的改变，河道内的流速、水温、含沙量、水质、有机物质等也发生着变化，不同的水文、营养物质、季节、水库运行条件都将从根本上影响着浮游生物的繁衍和结构。下游河道内的水深不及库区，流速相对库区来讲较快，营养元素也没有库区多，整体来说下游河道内的浮游生物生境条件没有库区好，但其数量发展仍为增加趋势，且整条河道内的浮游生物种类会较多，结构更为复杂。

大坝的拦截作用改变了河流的天然生境，促进了坝前库区和下游河道的浮游生物增长，且其调蓄作用下泄的种群促进了下游浮游生物的多样性发展，最后引起被人为干扰（建坝）的河流内浮游生物种群结构和数量都将高于天然河流。

**2. 附生藻类**

附生藻类即附生于河床和河流内淹没物质上的藻类，包括水下石块、腐木和其他大型植物表面。筑坝后的河流，水质变清，阳光照射程度高，相对水温升高，流速减缓，有机物质含量增加等一系列变化为附生藻类的生长提供了条件，再加上平时水库岸边滑落库区的生物，和枯水期下游普遍水深的增加使淹没的生物增多，导致附生藻类的规模不断扩大。附生藻类肆无忌惮的生长会诱发河流内溶解氧含量的降低，水质变差，并散发出恶臭味，破坏生态环境；河床上的附生藻类繁殖，可能会阻碍河床的砾石运动，不利于水生动物的栖息和产卵，降低生物多样性。

### （二）对大型水生植物的影响研究

大型水生植物包括除小型藻类以外的所有水生植物种群，主要包括水生维管植物。水生维管植物一般个头较大，顺着河心到岸边的顺序可分为四种植物类型，分别为沉水植物（如黑藻）、浮叶植物（如浮萍）、挺水植物（如芦苇）和湿生植物（如香蒲）。

大坝的拦截作用在一定程度上促进了大型水生植物的生长，这是由于库区内水质变好、浑浊度降低，促进了光合作用强度，水体营养物质和有机物含量增加，为其提供了更多的养料，加剧了大型水生植物的繁殖发育；另一原因，是由于减少了汛期流量对下游河道的冲刷，枯水期河道水深的保持也确保了河床的稳定性，从而减少了冲刷对大型水生植物水面下部分的影响，提高其根的抓地性；再加上库区的类湖泊水环境和下游的河流水环境不同，下泄流量中夹带的有生长于库区内的大型水生植物物种，漂流到适宜它们生存的地带或冲积平原和三角洲区域，从而扩充了大坝下游大型水生植物的生物多样性。

大型水生植物的繁殖量过多也为生态系统带来了压力，也影响了人类的健康生活。大型水生植物的数量之多，造成散布区域面积大，促进蚊子肆虐生长，容易堵塞供水口阻碍灌溉和人类生活用水。大型水生植物的数量之多，亦消耗了大量的氧气，引起水体含氧量含量降低，影响其他水生动植物的生长。与此同时，大型水生植物的数量之多，破坏了底栖无脊椎动物、两栖动物、鱼类和岸边动物的活动场所，例如鱼类的迁徙、鸟类的觅食、鳄鱼的栖息等，甚至导致物种生活习性的被迫丧失。

## 三、水利工程的河流生态效应中鱼类影响研究

水利工程的建成运行后，对鱼类的影响在时间的推移下缓慢而长期地被体现出来。鱼类从出生到繁殖，一系列的生物周期所需的生态环境的相对稳定，是保证鱼类生物种群生存和鱼类资源稳定的前提条件。大坝阻隔了鱼类的洄游和迁徙习性，使得鱼类生境破碎化，破坏鱼类的产卵和繁殖，引起种群的基因遗传多样性丧失，长期作用下会对原始物种的存亡造成威胁，种群结构改变，从而导致生物多样性降低。

### （一）直接影响

水利工程的建造对河流的直接影响就是分割作用，是天然河道被分割为大坝上游、

大坝库区和大坝下游，同时也分割了生态环境使其分散化，一条河流中出现了不同的水环境和生物群落分布和组成。对鱼类的直接影响表现在三个方面分别为：

**1. 洄游鱼类的阻隔**

该方面的影响是最严重的。大坝的建筑破坏了河流的连续性，使极小长度的河段内产生了极大的水头差，阻碍了鱼类在河段内的迁移和产卵路径，对洄游性鱼类的洄游习性造成了影响，使其不能到达产卵场，有些甚至撞坝而亡，最终导致其产卵活动终止，严重威胁洄游鱼类的产卵繁殖，被迫改变已经习惯了的产卵区域和生存空间，甚至威胁到物种的存亡。

**2. 物种基因交流的隔断**

大坝破坏河流连续性的同时，原来连续分布的种群，被隔断为彼此独立的小种群，阻碍了水生种群之间的物种基因交流，造成物种单一性，改变物种结构，导致种群个体或不同个体内的基因遗传多样性的终极毁灭。

**3. 对鱼类的伤害**

鱼类游经溢洪道、水轮机组等大坝构造时，容易受到高压高速水流的冲击，造成休克、受伤，严重者甚至死亡。高水头大坝泄洪和溢流时，大量空气被卷入水中，造成氧气和氮气含量长时间处于超饱和状态，容易使鱼类诱发气泡病导致死亡，大大降低幼鱼和鱼卵的存活率，严重影响鱼类的生存和繁殖，造成了鱼类资源的直线型下降。

### （二）间接影响

水利工程建成后，水库开始蓄水，大量的来水积蓄在库内，破坏上游河段、库区和下游河段的天然水文情势，从而间接地影响了鱼类的生活环境，引起鱼类种群结构、生物多样性的改变。

**1. 水位的改变**

大坝的建成，使得所控河流分为三个河段：上游自然河段、水库库区和水库下游河段。上游自然河段在上游没有水利工程影响的情况下，仍保持天然水流情势；水库对上游来水进行拦截，水位在库区逐渐上升，水库静水区面积增大，待汛期到来之际，水库届时将进行调蓄和泄洪，水位将发生频繁变化，且变化幅度也会增大；水库下游河段则由于库区不断的调洪作用，河流自然水位变动较为稳定，水位的变化幅度降低，年内年际变化水平趋小。水库下游河段自然水位变化趋于稳定，促使了河流生境产生变化，那些对水流变化敏感的鱼类的栖息地将遭到破坏。

经水库蓄水和泄洪，水库下游河道的水位将发生剧烈变化，这些变化使得水流对河岸的冲刷和侵蚀越来越严重，使得鱼群已适应的休憩场所受到淹没或裸露，促使鱼类的生存环境恶化，轻者影响鱼类产卵、繁殖和生长发育，繁殖日期推迟，重者将导致鱼类性腺退化，鱼群数量急剧减少，最终走向灭绝。

**2. 水温的改变**

水温作为鱼类栖息地环境的一个影响因子，直接影响鱼类的生长、发育、繁殖、疾病、死亡、分布、产量、免疫、新陈代谢等，鱼类的生长一般与温度成正相关。筑

坝蓄水后，随着库区水深增加，水温分层现象显著，库区水深越深温度越低，库区表层的水温由于太阳辐射则相对较高，特别是库岸的区域水深较浅水温分布较为均匀，更适宜鱼类的繁殖和生长，加之库内静水面积增大，促使静水性鱼类的种群数量扩展较快。同时水温升高，水的长时间滞留以及与大坝运行相关的营养物富集可诱发浮游植物大量繁殖，导致大坝水库富营养化。一般大坝下泄的水量位于水库底部，相对温度较低，对于水库下游的一些对水温变化比较敏感的鱼群来说，泄水过程将会破坏其产卵信号，导致产卵时间推迟，影响产卵数量和质量，促使生长周期紊乱。

**3. 流速的改变**

水库蓄水后流速降低，对漂流性鱼卵的影响最为严重。漂流性鱼卵产出后本应吸水膨胀漂在水面，但没有适当的漂流距离，就会沉入水底，以致死亡，降低了鱼类的产卵数量。比如四大家鱼，亲鱼产卵后，受精卵需要约 2d 才能孵化，若漂流到下游库区的静止水面，没有流速推动其继续漂流，最终将沉入水底，受精卵承受过大水压致其破裂，最终导致死亡。因此，流速条件的变化严重影响了对产漂流性卵鱼类的繁殖和生长。另外，流速的降低会使某些鱼类失去方向感进而被猎食。

**4. 流量的改变**

大坝建成之后，经过水库的运行调度，季节性的洪峰流量将被削减，枯水流量变大，流量的年际变化幅度显著降低，流量的恒定流状态所处的时间逐渐变长。对于通过流量的改变作为产卵刺激因素的鱼类来说，产卵活动将受到干扰和抑制，日期将延后，有些鱼类没有受到流量的刺激，反而没有产卵活动。经水库调节，下游河道中的流量也会随之发生变动，产粘性卵的鱼类，往往会把卵排在产卵场底部黏附在砾石或泥沙中，而河道中突然增大的下泄流量，导致产卵场底部的新生卵伴随砾石和泥沙一起被冲下下游，大大降低了卵的孵化率。因此流量的变化对产粘性卵鱼类的繁殖和生长产生巨大影响。

**5. 泥沙含量的改变**

库区蓄水后，对上游来流进行拦截，使上游的泥沙沉积在库区中。由于水库下泄的是“清水”而不是原来夹带泥沙的水流，对下游河床大肆冲刷使河道内泥沙含量显著降低，泥沙组成变细。而绝大多说鱼类是在河床和河岸带进行生产和繁殖的，泥沙的来源中断了，使得在河床和河岸带生活的鱼类的生存环境受到影响，久而久之甚至威胁到其生存。

**6. 溶解氧的改变**

库区大量蓄水后，水面较平静，流速降低，导致库区里的藻类等厌氧植物和细菌疯长，特别是在气温下降时，库区水体表层与底层产生对流，水体发生翻动，底泥中动植物的腐体和腐殖质上浮，大量的溶解氧被消耗，进而引起水体中含氧量迅速降低，库区的底栖无脊椎动物、鱼类和其他植物将会因缺少氧气和阳光大量死亡。

# 第六章　水利工程治理

## 第一节　水利工程治理的概念内涵

### 一、现代水利工程治理的概念

不同历史时期、不同经济发展水平、不同发展阶段对水利的要求不断地发生变化，进而水利工程治理的概念以及标准也在不断变化，由水利工程管理到水利工程治理，是理念的转变，也是社会发展到一定阶段的必然结果。

#### （一）水利工程管理的概念

水利工程是伴随着人类文明发展起来的，在整个发展过程中，人们对水利工程要进行管理的意识越来越强烈，但发展至今并没有一个明确的概念。近年来，随着对水利工程管理研究的不断深入，不少学者试图给水利工程管理下一个明确的定义。水利工程管理实质上就是保护和合理运用已建成的水利工程设施，调节水资源，为社会经济发展和人民生活服务的工作，进而使水利工程能够很好地服务于防洪、排水、灌溉、发电、水运、水产、工业用水、生活用水和改善环境等方面。水利工程管理，就是在水利工程项目发展周期过程中，对于水利工程所涉及的各项工作，进行的计划、组织、指挥、协调和控制，以达到确保水利工程质量和安全，节省时间和成本，充分发挥水利工程效益的目的。它分为两个层次，一是工程项目管理：通过一定组织形式，用系统工程的观点、理论和方法，对工程项目管理生命周期内的所有工作，包括项目建议书、可行性研究、设计、设备采购、施工、验收等系统过程，进行计划、组织、指挥、协调和控制，以达到保证工程质量、缩短工期、提高投资的目的；二是水利工程运行管理：通过健全组织、建立制度，综合运用行政、经济、法律、技术等手段，对已投入运行的水利工程设施，进行保护、运用，以充分发挥工程的除害兴利效益。水利工程管理是运用、保护和经营已开发的水源、水域及水利工程设施的工作。水利工程管理是从水利工程的长期经济效益出发，以水利工程为管理对象，对其各项活动进行全面、全过程的管理。完整的内容应该涵盖工程的规划、勘测设计、项目论证、立项决

策、工程设计、制定实施计划、管理体制、组织框架、建设施工、监理监督、资金筹措、验收决算、生产运行、经营管理等内容。一个水利工程的完整管理可以分为三个阶段，即第一阶段，工程前期的决策管理；第二阶段，工程的实施管理；第三阶段，工程的运营管理。

在综合多位学者对水利工程管理概念理解的基础上，水利工程管理是指在深入了解已建水利工程性质和作用的基础上，为尽可能地趋利避害，保护并合理利用水利工程设施，充分发挥水利工程的社会和经济效益，所做出的必要管理。

### （二）由水利工程管理向水利工程治理的发展

在中国，“治理”一词有着深远的历史，“大禹治水”的故事，实际上讲的就是一种治理活动。在中国历史上，治理包括四层含义：一是统治和管理，二是理政的成效，三是治理政务的道理，四是处理公共问题，在现代，治理是一个内容丰富、使用灵活的概念。从广义上看，治理是指人们通过一系列有目的活动，实现对对象的有效管控和推进，反映了主客体的关系。从内容上看，有国家治理、公司治理、社会治理、水利工程治理等，它不外乎三个要素：治理主体、治理方式及治理效果，这三者共同构成治理过程。

从水利工程管理到水利工程治理，虽然只有一字之差，但却体现了治水理念的新跨越。“管理”与“治理”的差别，一是体现在主体上，“管理”的主体是政府，“治理”的主体不仅包括政府，也包括各种社会组织乃至个人；二是体现在方式上，由于“管理”的主体单一，权力运行单向，但是往往存在“我强你弱、我高你低、我说你听、我管你从”的现象，因此在管理方式上往往出现居高临下、简单生硬的人治作风，“治理”不再是简单的命令或完全行政化的管理，而是强调多元主体的相互协调，这就势必使法治成为协调各种关系的共同基础。因此，从水利工程管理到水利工程治理，体现了治理主体由一元到多元的转变，反映治理方式由人治向法治的转化，折射了对治理能力和水平的新要求。

### （三）现代水利工程治理的概念

水利是国民经济的命脉，水利工程更是地方经济建设和社会发展不可或缺的先决条件。因此，构建水利工程治理体系是构建国家治理体系的重要组成部分。水利工程治理现代化就是要适应时代特点，通过改革和完善体制机制、法律法规，推动各项制度日益科学完善，实现水利工程治理的制度化、规范化、程序化。它不仅是硬件的现代化，也是软件的现代化、人的思想观念及行为方式的现代化。主要包括与市场经济体制相适应的管理体制、科学合理的管理标准和管理制度、高标准的现代化管理设施和先进的调度监控手段、掌握先进管理理念和管理技术的管理队伍等。所实现的目标应为保障防洪安全、保护水资源、改善水生态、服务民生。

本书认为，现代水利工程治理应具有顺畅的与市场经济体制相适应的管理机制和系统健全、科学合理的规章制度；应采用先进技术及手段对水利工程进行科学控制运用；应突出各种社会组织乃至个人在治理过程中的主体地位；应创造水利工程治理良好的法制环境，在维修经费投入、工程设施保护、涉水事件维权等方面均能得到充分的法制保障；应具有掌握先进治理理念和治理技术的治理队伍；应注重和追求水利工程治理的工程效益、社会效益、生态效益及经济效益的“复合化”。

## 二、水利工程治理的思想渊源

水利工程是伴随着人类文明发展起来的，人类文明的进程从根本上讲是依附于对水的利用。水利工程治理作为一门学科，有其自身的基本理论，同时也有着其独特的基础思想和精神支柱。

### （一）中国传统文化思想的传承

水，浮天载地，是构成自然界的物质基础。作为生命之源的水和生活环境中普遍存在而丰富多彩的物象，自然会与文化结下不解之缘。华夏民族文明是大河文明，在文明发育的过程中，江河等水体不仅为先民提供了饮用、水产和舟楫、灌溉之利，而且还以各种特质和存在方式启迪和影响着华夏民族，并在精神生活和文化意识等方面打下了“水文化”的深刻烙印。

人类社会的存在和发展是以丰富的自然资源和自然环境的存在和发展为前提和基础的，因此，正确处理人与自然、人与自身、人与社会的关系，就成为社会发展和人民幸福的基本条件之一。

改造客观、适应自然，是人类生存发展的基本前提。兴修水利、保护环境，无疑是其中最具代表性的活动之一。在兴修水利方面，尊重自然就是尊重河湖的自然规律。经过数万年形成的自然河流和湖泊生态系统，其结构、功能及过程都遵循着一定的自然规律，在开发、改造河流湖泊的时候，应遵循其固有的规律，不能盲目地按照主观意志轻易改造，将人的意志凌驾于自然之上。

天人合一、物我一体的整体生态观念反映在处理人与自然的关系时，认为自然界存在自身的限度，人类在开发和利用自然时主张合理利用自然万物，人类作为大自然的产物应该对大自然怀有感激、热爱之情，尊重自然界的一切生命，尊重自然规律，保护生之养之的自然家园，回归到人与自然融洽无间的和谐状态。“天人合一”的思想反映在现代，是人类与自然关系的一种思考，它确立了人与自然和谐共生的前提条件和行为方式，在人与自然关系的处理上，要破除人类中心的观念，把人与天地万物视为彼此平等、互相影响的关系。大江大河的治理、水利工程的管理、水生态的修复和水利资源的利用，是人类与自然打交道最频繁、最直接的几大领域之一，河流是陆地生态系统的动脉，是一切生命的源泉。人与河流的关系集中反映了人与自然的关系，在治理、管理、修复及利用河流的过程中奉行“天人合一”的思想，是目前水利工作的基本思想。

### （二）现代治水理念的创新

水利工程治理中存在的问题，是人与自然如何和谐相处的问题，是人类对可持续

发展的认识问题。在治理过程中，融入人水和谐、可持续发展，生态文明及系统治理的思想理念是解决这些问题的根本出路。

**1. 人水和谐的理念**

"和谐"一词最早出现于《管子·兵法》中"畜之以道，则民和。养之以德，则民合。和合故能谐，谐故能辑。谐辑以悉，莫之能伤气"意思是有了和睦、团结，行动才能协调，才能达到整体的步调一致。而中国古代的和谐理念来源于《周易》一书中的阴阳和合思想。《周易·乾卦》中说"乾道变化，各正性命，保合太和，乃利贞"。意思是事物发展变化尽管错综复杂、千姿百态，但整体上却始终保持着平衡与和谐。"和谐"一词，《辞源》解释为"协调"，《现代汉语词典》解释为"配合得适当和匀称"。在汉语中，和顺、协调、一致、统一等词语均表达了"和谐"的意思，人与天合一，人与人和谐，构成了几千年中华民族源远流长的思想观念，和谐思想成为中国哲学与文化的显著特色。

古人将"和谐"作为处理人天（人与自然）、人际（人与人或社会）、身心（人的身体与人的精神）等关系的理想模式。中国传统的管理哲学思想中，孔子所极力倡导的"仁"实际上探讨的是人与人之间的和谐问题，但以老子为代表的学说，则探讨了人与自然的和谐关系，探讨了人对自然的管理所应遵循的方式。在西方管理哲学中，和谐理念也由来已久。柏拉图（Plato）指出，人对自身的管理，就是保持心灵中的三个部分各司其职，即理智居支配和领导地位，激情服从理智并协助理智保卫心灵和身体不受外敌侵犯，欲望接受理智的统领和领导，三个部分互不干涉、互不僭越、彼此友好，就达到了对自身管理的和谐。亚里士多德（Aristotle）认为，国家管理应实行轮流执政，全体公民都是平等的，都有参与政治、实施管理的权力，这样的管理才是和谐的管理。

人与自然和谐相处。其包含两方面的含义：一是指人与人的和谐，即通过各种法律、法规来约束人类的行为，从而达到人类共享美好自然环境的目的；二是指人与自然的和谐，即人类如何适应自然、改造自然，协调人的需求与自然承载力之间的关系，从而实现人类社会与自然界均衡发展的目标。水是自然界的产物，是重要的基础性和战略性自然资源，人水和谐是人与自然和谐相处的一个缩影，被纳入现代水利的内涵及体系中。

**2. 可持续发展理念**

可持续发展理论的研究方向可分为经济学方向、社会学方向及生态学方向。经济学方向，是以区域开发、生产力布局、经济结构优化、物质供需平衡等作为基本内容，力图将"科技进步贡献率抵消或克服投资的边际效益递减率"作为衡量可持续发展的重要指标和基本手段；社会学方向，是以社会发展、社会分配利益均衡等作为基本内容，力图将"经济效率与社会公正取得合理的平衡"作为可持续发展的重要判据和基本手段；生态学方向，是以生态平衡、自然保护、资源及环境的永续利用等作为基本内容，力图将环境保护与经济发展之间取得合理的平衡作为可持续发展的重要指标和基本原则。

自然资源的可持续发展是可持续发展理论生态学方向的一个重要组成部分，关系到人类的永续发展。自然资源是人类创造一切社会财富的源泉，是指在一定技术经济条件下，能用于生产和生活，提高人类福利、产生价值的自然物质，例如土地、淡水、森林、草原、矿藏、能源等。自然资源的稀缺是相对的，是由于高速增长的需求超过了自然资源的承载负荷，资源无序无度的和不合理的开发利用，是产生资源、生态和灾害问题的直接原因，甚至也是引发贫困、战争等一系列社会问题的重要原因。自然资源的可持续发展是解决人类可持续发展问题的关键环节，它强调人与自然的协调性、代内与代际间不同人、不同区域之间在自然资源分配上的公平性以及自然资源动态发展能力等。自然资源可持续发展是一个发展的概念，从时间维度上看，涉及代际间不同人所需自然资源的状态与结构；从空间维度上看，涉及不同区域从开发利用、到保护自然资源的发展水平和趋势，是强调代际与区际自然资源公平分配的概念。自然资源可持续发展是一个协调的概念，这种协调是时间过程和空间分布的耦合，是发展数量和发展质量的综合，是当代与后代对自然资源共建共享。

水资源是基础自然资源，是生态环境的控制性因素之一。目前，我国水资源存在时空分布不均、人均占有量低、污染严重等问题。实现水资源的可持续发展是一系列工程，它需要在水资源开发、保护、管理、应用等方面采用法律、管理、科学、技术等综合手段。水利工程是用于控制和调配自然界的地表水和地下水资源，开发利用水资源而修建的工程。它与其他工程相比，在环境影响方面有突出的特点，如影响地域范围广，影响人口多，对当地的社会、经济、生态影响大等，同样外部环境也对水利工程施以相同的影响。在水利工程建设和管理的过程中，要坚持可持续发展的理念，加强水土保持、水生态保护、水资源合理配置等工作，树立依法治水、依法管水的理念，既要保证水利事业的稳步发展，也要顾及子孙后代的利益，让水利事业走上可持续稳步发展的道路。

**3. 水生态文明的理念**

水生态文明是生态文明的重要组成部分，它把生态文明理念融入兴水利、除水害的各项治水活动中，按照人与自然和谐相处的原则、遵循自然生态平衡的法则，采取多种措施对自然界的水进行控制、调节、治理、开发、保护和管理，以防治水旱灾害、开发利用水资源、保护水生态环境，从而达到既支撑经济社会可持续发展，又保障水生态环境良性循环的目标。随着人类文明的不断发展，工业文明带来的环境污染、资源枯竭、极端气候、生物物种锐减等问题不断加剧，人们愈来愈清晰地认识了水作为生态系统控制性要素的重要地位。

水利建设包括水害防治、水资源开发利用和水生态环境保护等各种人类活动，在满足人类生存和发展要求的同时，也会对自然生态系统造成一定的影响。在水利建设的各个环节，应遵循在保护中促进开发、在开发中落实保护的原则，高度重视生态环境保护，正确处理好治理开发与保护的关系，在努力减轻水利工程对自然生态系统影响的同时，充分发挥其生态环境效益。要在水利建设的各个环节中，注重水生态文明的建设，就要遵循以下几个原则：首先，科学布局治理开发工程。在系统调查水生态

环境状况、全面复核和确定水生态环境优先保护对象与保护区域的基础上，制定治理开发与保护分区和控制性指标，科学规划水害防治和水资源开发利用工程布局，使治理开发等人类活动严格控制在水资源承载能力、水环境承载能力及水生态系统承受能力所允许的范围内，避免对水生态环境系统造成依靠其自组织功能无法恢复的损害。其次，全面落实水利工程生态环境保护措施。高度重视水利工程建设对生态环境的影响，在水利工程设计建设和运行各个环节采取综合措施，努力把对生态环境的影响减小到最小。在工程设计阶段，要吸收生态学的原理，改进水利工程的设计方法；要重视水利工程与水生态环境保护的结合，发挥水利工程的生态环境效益；要考虑水生生物对水体理化条件的要求，合理选择水工结构设计方案；要针对所造成的生态环境影响，全面制定水生态环境保护舒缓措施。在工程建设阶段，要根据环评要求安排专项投资，全面落实各项水生态环境保护措施。在工程运行阶段，要科学调度，维系和改善水体理化条件，满足水生态环境保护的要求，努力将水利工程建设对生态环境的影响降低到最低程度。再次，充分发挥水利工程生态环境效益。水利工程建设应在有效发挥水利工程兴利除害功能的同时，充分发挥水利工程的生态环境效益。例如，水土保持工程应考虑发挥对面源污染的防治作用，中小河流治理工程应考虑结合景观营造和水环境改善，河道整治工程应考虑满足水生生物对其生境蜿蜒连续、断面多样的要求，护岸护坡工程应考虑采用生物技术，治涝工程应考虑结合湿地保护需要留足蓄涝水面，水资源配置工程应考虑结合河湖连通改善水环境，各个水工程应考虑满足人类对文化景观和娱乐休闲水环境的需要等。

**4. 系统治理理念**

系统一词最早源于古希腊，是一组相互联系和相互制约的要素按一定的方式形成的，具有特定功能的整体，即对自然界和社会的各种复杂事物要进行整体的综合研究和布置。战国末期著作《吕氏春秋》中对系统论思想作了小结和提高，认为：整个宇宙是一个由天、地、人三大要素有机结合而成的大系统。天、地、人又是三个各有其结构与功能，而又互相联系与配合的子系统。宇宙大系统的整体性，正是通过天、地、人各子系统之间的相互作用、相互联结而呈现出来的。《吕氏春秋》中还进一步认为，只有注意各子系统的稳定，才能保证整个大系统的稳定。但是这种稳定性并非静止不动、凝固不变的，而是按照一定的节律运动变化，保持运动的一致与和谐。系统科学认为世界上万事万物是有着丰富层次的系统，系统要素之间存在着复杂的非线性关系。系统思维强调的是整体性、层次性、相关性、目的性、动态性和开放性，它着重从系统的整体、系统内部关系、系统与外部关系以及系统动态发展的角度去认识、研究系统。与其他系统一样，水利工程也是一个有机的整体，是由多个子系统相互影响、彼此联系结合而成，但又不是工程内单个要素的简单叠加。因此，要在水利工程的治理过程中，将系统论的理念融合进去，从而达到整体统一。

节水优先，是针对我国国情水情，总结世界各国发展教训，着眼中华民族永续发展作出的关键选择，是新时期治水工作必须始终遵循的根本方针。空间均衡，是从生态文明建设高度，审视人口经济与资源环境关系，在新型工业化、城镇化和农业现代化进程中做到人与自然和谐的科学路径，是新时期治水工作必须始终坚守的重大原则。系统治理，是立足山水林田湖生命共同体，统筹自然生态各要素，解决我国复杂水问题的根本出路，是新时期治水工作必须始终坚持的思想方法。两手发力，是从水的公共产品属性出发，充分发挥政府作用和市场机制，既使市场在水资源配置中发挥好作用，也更好发挥政府在保障水安全方面的统筹规划、政策引导、制度保障作用，这是提高水治理能力的重要保障，是新时期治水工作必须要始终把握的基本要求。

## 三、现代水利工程治理的基本特征

水利工程治理是一项非常繁杂的工作，既有业务管理工作，又有社会服务工作。要实现现代化，就必须以创新的治水理念、先进的治理手段、科学的管理制度为抓手，充分实现水利工程治理的智能化、法制化、规范化及多元化。

### （一）治理手段智能化

智能化是指由现代通信与信息技术、计算机网络技术、行业技术、智能控制技术汇集而成的针对某一方面的应用。先进的智能化管理手段是现代水利工程治理区别于传统水利工程管理的一个显著标志，是水利工程治理现代化的重要表象。只有不断探索治理新技术，引进先进治理设施，增强治理工作科技含量，才能推进水利工程治理的现代化、信息化建设，提高水利工程治理的现代化水平。水库大坝自动化安全监测系统、水雨情自动化采集系统、水文预测预报信息化传输系统、运行调度和应急管理的集成化系统等智能化管理手段的应用，将使治理手段更强，保障水平更高。

### （二）治理依据法制化

健全的水利法律法规体系、完善的相关规章制度、规范的水行政执法体系、完善的水利规划体系是现代水利工程治理的重要保障。提升水利管理水平，实现行为规范、运转协调、公正透明、廉洁高效的水行政管理，增强水行政执法力度，提高水利管理制度的权威性和服务效果，都离不开制度的约束和法律的限制。严格执行河道管理范围内建设项目管理，抓好洪水影响评价报告的技术审查，健全水政监察执法队伍，防范控制违法水事案件的发生是现代水利工程治理的一个重要组成部分，也是未来水利工程管理的发展目标。

### （三）治理制度规范化

治理制度的规范化是现代水利工程治理的重要基础，只有将各项制度制订详细且规范，单位职工都照章办事才能在此基础上将水利工程治理的现代化提上日程。管理单位分类定性准确，机构设置合理，维修经费落实到位，实施管养分离是规范化的基础。单位职工竞争上岗，职责明确到位，建立激励机制，实行绩效考核，落实培训机制，人事劳动制度、学习培训制度、岗位责任制度、请示报告制度、检查报告制度、事故处理报告制度、工作总结制度、工作大事记制度及档案管理制度等各项制度健全

是规范化的保障。控制运用、检查观测、维修养护等制度以及启闭机械、电气系统和计算机控制等设备操作制度健全，单位各项工作开展有章可循、按章办事、有条不紊、井然有序是规范化的重要表现。

### （四）治理目标多元化

水利工程治理的最基本的目标是在确保水利工程设施完好的基础上，保证工程能够长期安全运行，保障水利工程效益持续充分发挥。随着社会的进步，新时代赋予了水利工程治理的新目标，除了要保障水利工程安全运行外，还要追求水利工程的经济效益、社会效益和生态环境效益。水利工程的经济效益是指在有工程和无工程的情况下，相比较所增加的财富或减少的损失，它不仅仅指在运行过程中征收回来的水费、电费等，而是从国家或国民经济总体的角度分析，社会各方面能够获得的收入。水利工程的社会效益是指比无工程情况下，在保障社会安定、促进社会发展和提高人民福利方面的作用。水利工程的生态环境效益是指比无工程情况下，对改善水环境、气候和生态环境所获得的利益。

要使水利工程充分发挥良好的综合效益，达到现代化治理的目标，首先，要树立现代治理观念，协调好人与自然、生态、水之间的关系，重视水利工程与经济社会、生态环境的协调发展；其次，要努力构筑适应社会主义市场经济要求、符合水利工程治理特点和发展规律的水利工程治理体系；最后，在采用最先进治理手段的基础上，加强水利工程治理的标准化、制度化、规范化构建。

## 第二节　水利工程治理的框架体系

水利工程治理的框架体系主要由工程管理的组织体系、制度体系、责任体系、评估体系构建而成，其中组织体系为工程治理提供人员和机构保障，制度体系发挥重要的规范作用，责任体系明确各部门的基本职责，评估体系就从整体上对前三个体系的运作成效进行系统评价。

### 一、水利工程治理的组织体系

按照我国现行的水利工程治理模式，对为满足生活生产对水资源需求而兴建的水利工程，国家实行区域治理体系及流域治理体系相结合的工程治理组织体系。

#### （一）区域治理体系

水资源属于国家所有。水资源的所有权由国务院代表国家行使。国务院水行政主管部门负责全国水资源的统一管理和监督工作。国务院有关部门按照职责分工，负责水资源开发、利用、节约和保护的有关工作。水利部作为国务院的水行政主管部门，是国家统一的用水管理机构。

县级以上地方人民政府水行政主管部门按照规定的权限，负责本行政区域内水资源的统一管理和监督工作。县级以上地方人民政府有关部门按照职责分工，负责本行政区域内水资源开发、利用、节约和保护的有关工作。地方水资源管理的监督工作按照职责分工，由县级以上各级地方人民政府的水利厅（局）负责。

### （二）流域治理体系

国务院水行政主管部门在国家确定的重要江河湖泊设立的流域管理机构，在所管辖的范围内行使法律、行政法规规定的和国务院水行政主管部门授予的水资源管理和监督职责。我国已按七大流域设立了流域管理机构，有长江水利委员会、黄河水利委员会、海河水利委员会、淮河水利委员会、珠江水利委员会、松辽水利委员会、太湖流域管理局。七大江河湖泊的流域机构依照法律、行政法规的规定和水利部的授权，在所管辖的范围内对水资源进行管理与监督。

流域管理机构的法定管理范围确定为：参与流域综合规划和区域综合规划的编制工作；审查并管理流域内水工程建设；参与拟订水功能区划，监测水功能区水质状况；审查流域内的排污设施；参与制订水量分配方案和旱情紧急情况下的水量调度预案；审批在边界河流上建设水资源开发、利用项目；制订年度水量分配方案和调度计划；参与取水许可管理；监督、检查及处理违法行为等。

### （三）工程管理单位

具体管理单位内部组织结构是指水利工程管理单位内部各个有机组成要素相互作用的联系方式或形式，也可称为组织内部各要素相互连接的框架。单位组织结构设计最主要的内容是组织总体框架的设计。不同的单位、不同规模、不同的发展阶段，都应当根据各自面临的外部条件和内部特点来设计相应的组织结构。影响组织结构模式选择主要权变因素包括外部环境、单位规模、人员素质等。

按照因事设岗、以岗定责、以工作量定员的原则，将大中型水库、水闸、灌区、泵站和1~4级河道堤防工程管理单位的岗位划分为单位负责、行政管理、技术管理、财务与资产管理、水政监察、运行、观测和辅助类等八个类别。将小型水库工程管理单位的岗位划分为单位负责、技术管理、财务与资产管理、运行维护和辅助类等五个类别。同时规定水利工程管理单位可根据水行政主管部门的授权，设置水政监察岗位并且履行水政监察职责。

## 二、水利工程治理的制度体系

现代水利工程治理制度涉及日常管理的各个方面，并在工作实践中不断健全完善，使工程治理工作不断科学化、规范化。其中，重点的制度主要包括组织人事制度、维修养护制度、运行调度制度。

## （一）组织人事制度

人事制度是关于用人以治事的行动准则、办事规程和管理体制的总和。广义的人事制度包括工作人员的选拔、录用、培训、工资、考核、福利、退休与抚恤等各项具体制度。水利工程管理单位在日常组织人事管理工作中经常使用的制度，主要包括：

**1. 选拔任用制度**

（1）选拔原则

认真贯彻执行党的干部路线，规范执行干部选拔任用制度，坚持党管干部的原则，坚持公开、平等、竞争、择优的原则，注重实绩，坚持民主集中制，为适应科技事业改革与发展的需要，并提供坚实的组织人事保障。

（2）选拔任用条件

①坚持四项基本原则，坚决贯彻党的基本路线，积极投身于科技事业，有强烈的进取精神和奉献精神。②坚持实事求是，能够理论联系实际，讲真话、办实事、求实效，工作有实绩。③具有较强的事业心和责任感，有实践经验，具有胜任工作的组织能力、文化水平和专业知识。④遵纪守法，清正廉洁，勤政为民及团结同志。

（3）选拔任用程序

①民主推荐，选拔任用干部应按工作需要和职位设置，由领导班子确定工作方案并主持，人事干部实施。民主推荐包括个人自荐、群众推荐、部门推荐或领导成员推荐，推荐者应真实负责地写出推荐材料。②组织考察，在民主推荐的基础上，集体研究确定考察对象。考察应坚持群众路线，充分发扬民主，全面准确地考察干部的德能勤绩廉，注重工作实绩。考察后由考察人员形成书面考察材料。③集体决定，选拔任用干部由集体研究作出任免决定。集体研究前，书记可以与分管领导进行酝酿，充分交换意见；研究时应按照民主集中制原则充分发表意见，并实行无记名票决制。④任前公示，经研究拟提拔任用的干部，通过公示函在内部予以公示。内容包括拟任用职务及基本情况，公示期限为 7 天。公示期内实名反映举报的问题，及时予以调查，并向领导班子汇报，研究决定是否任用，公示无异议，按干部管理权限办理任职手续。

（4）选拔任用监督

对违反制度规定者，由纪检部门进行调查核实，按照有关党纪政纪规定追究纪律责任。

**2. 培训制度**

（1）培训目的

通过对员工进行有组织、有计划的培训，提高员工技能水平，提升本部门整体绩效，实现单位与员工共同发展。

（2）培训原则

结合本部门实际情况，在部门内部组织员工各岗位分阶段组织培训，从而提高全员素质。

（3）培训的适用范围

本部门在岗员工。

（4）培训组织管理

①培训领导机构，组长：单位主要负责人；副组长：分管人事部门负责人、人事部门负责人；成员：办公室、人事、党办、主要业务科室负责人。②培训管理，单位主要负责人是培训的第一责任人，负责组织制订单位内部培训计划并组织实施，指派相关人员建立内部培训档案，保存培训资料，作为单位内部绩效考评的指标之一。

（5）培训内容

单位制度、部门制度、工作流程、岗位技能、岗位操作规程、安全规定、应急预案以及相关业务的培训等。

（6）培训方法

组织系统内及本单位技术性强、业务素质高的专家、员工担任辅导老师，也可聘请专门培训机构的培训师培训，按照理论辅导与实际操作相结合的学习方法进行培训。

（7）培训计划制订

年初要根据实际要求，针对各岗位实际状况，结合员工培训需求并集中制订年度培训计划。

（8）培训实施

根据本部门培训计划，定期组织培训。

（9）培训考核与评估

年终单位主要负责人或委托他人对参训人员的培训效果及出勤率做出评估，作为内部员工绩效考核的指标之一。

**3. 绩效考核制度**

（1）指导思想

①建立导向明确、标准科学、体系完善的绩效考核评价制度。②奖优罚劣、奖勤罚懒、优绩优效。③效率优先、兼顾公平、按劳取酬、多劳多得。④充分调动干部职工的工作积极性、创造性，增强单位内部活力，推动全省水利工程管理事业全面、协调、可持续发展。

（2）绩效考核及绩效工资分配原则

①尊重规律，以人为本。尊重事业发展规律，尊重职工的主体地位，充分体现本岗位工作特点。②奖罚分明，注重实绩，激励先进，促进发展。基础性绩效保公平，奖励性绩效促发展。③客观公正，简便易行。坚持实事求是、民主公开，科学合理、程序规范，讲求实效、力戒烦琐。④坚持多劳多得，优绩优酬。绩效工资分配以个人岗位职责、实际工作量、工作业绩为主要依据，适度向高层次人才以及有突出成绩的人员倾斜。⑤坚持统筹兼顾，综合平衡，总量控制，内部搞活与绩效考核挂钩。

（3）实施范围

在编在岗工作人员。

（4）岗位管理

①岗位设置：根据职责范围，将工作任务和目标分解到相应的岗位，按照“因事设岗”等原则进行岗位设置。在设置时一并明确对应的岗位职责、岗位目标、上岗条件、岗位聘期。按照人社部门批复岗位设置方案，聘任管理人员、专业技术人员和工勤人员。②岗位竞聘：根据人社部门批复的岗位设置方案，按照“公开、公平、公正、择优”的原则，制定各岗位竞聘上岗实施方案，进行全员竞聘上岗。③签订聘用合同：根据岗位竞聘结果，签订聘用合同，各个岗位上岗人员在聘期内按照岗位要求履行相应的岗位职责。单位按年度对岗位职责履行情况、岗位目标完成情况进行绩效考核。

（5）绩效工资构成

绩效工资分为基础性绩效工资和奖励性绩效工资两部分。基础性绩效工资，根据地区经济发展水平、物价水平、岗位职责等因素，占绩效工资总量的 70%；奖励性绩效工资，主要体现工作量和实际贡献等因素，与绩效考核成绩挂钩，占绩效工资总量的 30%。绩效工资分配严格按照人社部门及财政部门核定的总量进行。

（6）绩效考核的组织实施

为保证绩效考核和绩效工资分配工作的顺利开展，成立绩效考核和绩效工资分配领导小组，由主要负责同志任组长，成员由领导班子成员和各部门负责人组成。领导小组下设办公室，负责绩效考核和绩效工资分配的具体工作。

### （二）维修养护制度

水利工程的维修养护是指对投入运行的水利工程的经常性养护和损坏后的修理工作。各类工程建成投入运行后，应立即开展各项养护工作，进行经常性的养护，并尽量减少外界不利因素对工程的影响，做到防患于未然；如工程发生损坏一般是由小到大、由轻微到严重、由局部而逐渐扩大范围，故应抓紧时机，适时进行修理，不使损坏发展，以致造成严重破坏，养护和修理的主要任务是：确保工程完整、安全运行，巩固和提高工程质量，延长使用年限，为充分发挥和扩大工程效益创造条件。

20 世纪 60 年代，中国水利管理的主管部门编制了水库、水闸以及河道堤防等三个管理通则，规定了养护修理的原则是经常养护、随时维修、养重于修、修重于抢，要求首先要做好养护工作；发现工程损坏，要及时进行修理，小坏小修，随坏随修，不使损坏发展扩大，还规定养护修理分为经常性的养护和岁修及大修等。

水利工程养护范围包括工程本身及工程周围各种可能影响工程安全的地方。对土、石和混凝土建筑物要保持表面完整，严禁在工程附近爆破，并且防止外来的各种破坏活动及不利因素对工程的损坏，经常通过检查，了解工程外部情况，通过监测手段了解工程内部的安全情况；闸坝的排水系统及其下游的减压排水设施要经常疏通、清理，保持通畅；泄水建筑物下游消能设施如有小的损坏，要立即修理好，以免汛期泄水和冬季结冰后加重破坏；闸门和拦污栅前经常清淤排沙；钢结构定期除锈保护；启闭设备经常加润滑剂以利启闭；河道和堤防严禁人为破坏和设障，并保持堤身完整。

各类水工建筑物产生的破坏情况各不相同。土、石和混凝土建筑物常出现裂缝、渗水和表面破损，此外土工建筑物还可能出现边坡失稳、护坡破坏以及下游出现管涌、流土等渗透破坏问题；与建筑物有关的河岸、库岸和山坡有可能出现崩坍、滑坡，从而影响建筑物的安全与使用；输水、泄水及消能建筑物可能发生冲刷、空蚀和磨蚀破坏；金属闸、阀门及钢管经常出现锈蚀和止水失效等现象。管理单位应根据上述各种破坏情况，分别采取适宜、有效的修理措施，经常使用的日常维修养护制度主要包括以下几类：

**1. 水库日常维修养护制度**

第一，对建筑物、金属结构、闸门启闭设备、机电动力设备、通信、照明、集控装置及其他附属设备等，必须进行经常性养护，并定期检修，以保证工程完整，设备完好。

第二，养护修理应本着“经常养护、随时维修、养重于修、修重于抢”的原则进行。

第三，对大坝的养护维修，工程管理范围内不得任意挖坑、建鱼池、打井，维护大坝工程的完整；保护各种观测设施完好；排水沟要经常清淤，保证畅通；坝面及时排水，避免雨水侵蚀冲刷；维护坝体滤水设施的正常使用；发现渗漏、裂缝、滑坡时，采取适当措施，及时处理。

第四，溢洪道、放水洞的养护修理：洞内裂缝采取修补、补强等措施及时进行处理；溢洪道进口、陡坡、消力池以及挑流设施应保持整洁，杂物随时清除；溢流期间必须注意打捞上游的漂浮物，严禁木排、船只等靠近溢洪道进口；例如有陡坡开裂、侧墙及消能设施损坏时，应立即停止过水，用速凝、快硬材料进行抢修；在纵断面突变处、高速流速区出现气蚀破坏时，及时用抗气蚀性能好的材料进行填补加固，并将可能改善和消除产生气蚀的原因；溢洪道挑流消能如引起两岸崩塌或冲刷坑恶化危及挑流鼻坎安全时，要及时予以保护；闸门必须及时作防锈、防老化的养护；闸门支铰、门轮和启闭设备必须定期清洗、加油、换油进行养护；部件及闸门止水损坏要及时更换；启闭机、配电要做好防潮、防雷等安全措施。

第五，冬季应视冰冻情况，及时对大坝护坡、放水洞、溢洪闸闸门以及其附属结构采取破冰措施，防止冰冻压力对工程的破坏。

第六，融冰期过后，对损毁的部位及时采取措施进行修复。

**2. 机电设备维修保养管理制度**

（1）操作人员

①按规定维护保养设备。②准确判断故障，同时按操作人员应知应会处理相应故障。③不能处理的故障要迅速报告主管领导，并通知相关人员，电气故障通知专职电气维修人员，机械故障通知技术人员。④负责修理现场的协调，并参与修理。⑤修理结束检查验收。⑥做好维修保养记录。

（2）管理人员

①承接维修任务后，迅速做好准备工作。②关键部位的修理，按技术部门制订的修理方案执行，不得自作主张；一般修理按技术规范及工艺标准执行。③发现故障要

及时报技术人员备案。④不能发现、判断故障，或发现故障隐瞒不报，要追究责任，情节严重的加倍处罚。

（3）主管领导

①修理工作实行主管领导负责制。②检查、监督维修管理制度的落实。③负责关键部位修理方案的审批。④协调解决与修理工作相关的人、机和材问题。⑤推广新材料、新工艺、新技术的应用。⑥主持对上述人员进行在岗培训。

第一，保持坝（堤）顶的干净，无白色垃圾物，每天组织保洁人员清洁打扫、拣除，定时检查，使坝（堤）顶清洁干净。

第二，保持花草苗木无杂草、无乱枝，定期组织养护人员浇灌、修剪、拔除杂草，保证花草的成活率和美观。

第三，对坝（堤）顶道路设置的限高标志、栏杆等工程设施，每日进行巡视、看护，防止新的损坏发生，发现情况及时汇报，妥善处理。

第四，对种植的苗木、花草组织养护人员及时浇灌、修剪、拔除杂草，坝（堤）顶（坡）面清洁人员及时进行清扫、拣除垃圾，实行“三定”（定人、定岗、定任务）、“两查”（周查、月查）管理，全面提高养护质量水平，实现花草苗木养护的长效管理。

第五，对工程设施、花草苗木的现状及损坏情况及时做好拍照存档。

第六，及时做好日常养护、清理人员的档案及花草苗木的照片等资料的归档与管理工作。

### （三）运行调度制度

水利工程是调节、调配天然水资源的设施，而天然水资源来量在时空分布上极不均匀，具有随机性，影响效益的稳定性及连续性。水利工程在运行中，需要专门的水利调度技术、测报系统、指挥调度通信系统，以便根据自然条件的变化灵活调度运用。

许多水利工程是多目标开发综合利用的，一项工程往往兼有防洪、灌溉、发电、航运、工业、城市供水、水产养殖以及改善环境等多方面的功能，各部门、各地区、上下游、左右岸之间对水的要求各不相同，彼此往往有利害冲突。因此，在工程运行管理中，特别需要加强法制和建立有权威的指挥调度系统，才能较好地解决地区之间、部门之间出现的矛盾，发挥水利工程最大的综合效益。水库效益是通过水库调度实现的。发挥水闸的作用是通过水闸调度实现的。堤防管理的中心任务就是防备出险和决口。其中，在水库调度中，尤其要坚持兴利服从安全的原则，其调度管理制度体系应包括以下内容：各类制度制定依据、适用工程范围、领导机构、审查机构、调度运用的原则和要求；各制度主要运用指标；防洪调度规则；兴利调度规则及绘制调度图；水文情报与预报规定；水库调度工作的规章制度及调度运用技术档案制度等。

**1. 闸门操作规范制度**

（1）操作前检查

①检查总控制盘电缆是否正常，三相电压是否平衡。②检查各控制保护回路是否

相断，闸门预置启闭开度是否在零位。③检查溢洪闸及溢洪道内是否有人或其他物品，操作区域有无障碍物。

（2）操作规程

①当初始开闸或较大幅度增加流量时，应采取分次开启办法。②每次泄放的流量应根据“始流时闸下安全水位－流量关系曲线”确定，并根据“闸门开高－水位－流量关系曲线”确定闸门开高。③闸门开启顺序为先开中间孔，然后开两侧孔，关闭闸门时与开闸顺序相反。④无论开闸或关闸，都要使闸门处在不发生震动的位置上，按开启或关闭按钮。

（3）注意事项

①闸门开启或关闭过程中，应认真观察运行情况，一旦发生异常，必须立即停车进行检查，如有故障要抓紧处理。如现场处理有困难时，要立即报告领导，并组织有关技术人员进行检修处理。检修时要将闸门落实。②每次开闸前要通知水文站，便于水文站及时发报。③每次闸门启闭、检修、养护，必须要做好记录，汇总整理存档。

**2. 提闸放水工作制度**

（1）标准洪水闸门启闭流程

①当雨前水位达到汛限水位，且雨后上游来水量比较大时，需提闸放水。②值班人员向主要领导或分管领导汇报情况，报有管辖权防办同意后准备提闸放水。③提闸放水前，需事先传真通知下游政府部门和沿河乡镇以及有关单位；同时值班人员需沿河巡查，确认无险情后，通知提闸放水。④根据来水情况进行提闸放水操作，每次操作必须有两人参加；闸门开启流量要由小到大，半小时后提到正常状态；闸门开启后向水文局发水情电报。⑤关闭闸门时，要根据来水情况进行计算，经领导同意后，关闭闸门，每次操作必须有两人参加，操作人员同上；关闭闸门后向水文局发水情电报。

（2）超标准洪水闸门启闭流程

如下游河道过水断面较大，可加大溢洪闸下泄流量；否则，向有管辖权防办请示，启用防洪库容，减少下游河道的过水压力，同时向库区乡镇发出通知，按防洪预案，由当地政府组织群众安全转移。

**3. 中控室安全管理制度**

第一，中控室设备实行专人负责管理，无关人员不得随意出入该室，一般不允许外来人员参观，特殊情况必须经领导同意，并有指定人员陪同进入。

第二，工作人员要认真阅读使用说明，熟悉各设备的基本性能，掌握并严格遵守设备操作规程，注意电控设备的正确使用，要保障人身安全。

第三，设备管理人员要定时检查设备运行情况，并做好设备维护日志记录工作。

第四，中控室操作人员对中控室内的全部电气设备不准擅自维修，拆卸，对技术性能了解不透的不得擅自操作。违规操作造成重大事故的，依法追究责任。

第五，中控室设备实行24小时运行制度，未经领导批准，不得擅自关闭主要通信网络和传输设备。因设备检测、维修或其他原因必须关闭的，应提出申请并经领导批准方能关闭；若因外部原因，如遇雷电天气及停电等情况工作人员将市电切断，其他

设备应采取相应措施，停电时等待 1 小时确认停电才可关闭设备。

第六，管理人员应当定期对设备进行检修、保养，经常检查电源的插头、插座及接线是否牢固，电源线是否老化，随时消除事故隐患；如果发现设备故障，应及时向领导报告。

第七，中控室内必须保持整洁，注意防火、防尘、防潮；温度、湿度应保持在设备正常工作环境的指标，保证设备清洁和安全。

第八，时刻注意安全用电，严禁带电维修或清扫。

第九，中控室内严禁吸烟、吃食物、乱扔垃圾、吐痰；不得用专用设备进行与工作无关的事情，一经发现，视情节轻重，给予处分。

第十，中控室各设备因人为原因造成损坏的，个人必须进行赔偿。

**4. 交接班制度**

（1）交班工作内容

①交班人员在交接班前，由值班班长组织本班人员进行总结，并将交班事项填写在运行日志中。②设备运行方式、设备变更和异常情况及处理情况。③当班已完成和未完成工作及有关措施。④设备整洁状况、环境卫生情况和通信设备情况等。

（2）接班工作内容

①接班人员在接班前，要认真听取交班人员的介绍，并到现场进行各项检查。②检查设备缺陷，尤其是新发现的缺陷及处理情况。③了解设备修试工作情况及设备上的临时安全措施。④审查各种记录、图表、技术资料及工具、仪表、备品备件等。⑤了解内外联系事宜及有关通知、指示等。⑥检查设备及环境卫生。

## 三、水利工程治理的责任体系

明确水利工程治理的各类责任，对确保工程安全运行并发挥效益具有十分重要的意义。按照现行的管理模式划分，水利工程安全治理应包括由各级政府承担主要责任的行政责任、水利部门自身担负的行业责任且水利工程管护单位作为工程的直接管护主体担负的直接责任。

### （一）水利工程治理的行政责任体系

按照“属地管理、分级管理”的原则，各级政府负责本行政区域内所有水利工程的防洪及安全管理工作。对由设区市人民政府负责市级管理的水利工程防洪及安全管理工作，由县（区、市）人民政府负责本行政区域内大中型及重点小型水利工程的防洪及安全管理工作，由乡镇人民政府负责其他水利工程防洪及安全管理工作。按照“谁主管、谁负责”的原则，各级水利、能源、建设、交通、农业等有关部门，作为其所管辖的水利工程主管部门，对其水利工程大坝安全实行行政领导负责制，对水利工程管护单位的防洪及安全管理工作进行监督、指导和协调，确保水利工程安全。同时，各级安监、监察、国土、气象、财政、市政等有关部门也将视具体水利工程管理情况，作为职能部门充分发挥职能作用，共同做好水利工程防洪及安全管理工作。

各级政府主要负责人是本地区水利工程防洪及安全管理工作的第一责任人，承担着全面的领导责任，分管领导是本地区水利工程防洪及安全管理工作的直接责任人，按照“一岗双责”的原则承担直接领导责任。各级行政领导责任人主要负责贯彻落实水利工程防洪及安全管理工作的方针政策、法律法规和决策指令，统一领导和组织当地水利工程防洪及安全管理工作，协调解决水利工程防洪及安全管理工作中涉及的机构、人员、经费等重大问题，组织开展水利工程安全管理工作的全面检查，督促有关部门认真落实防洪及安全管理工作责任，研究制定和组织实施安全管理应急预案，建立健全安全管理应急的保障体系。

### （二）水利工程治理的行业责任体系

水行政主管部门在本级政府的领导下，负责本行政区域内水利工程防洪及安全管理工作的组织、协调、监督、指导等日常工作，会同有关主管部门对本行政区域内的水利工程防洪及安全管理工作实施监督。

各水利工程主管部门的主要负责人是本部门管理的水利工程防洪及安全管理工作的第一责任人，承担全面领导责任；分管领导是直接责任人，按照“一岗双责”的原则承担直接领导责任。各级主管部门责任人负责在本级政府的统一领导下抓好本部门所管辖水利工程的安全管理工作，建立健全工作制度，制定完善安全工作机制和应急预案并组织实施，负责组织开展本系统内水利工程安全隐患排查，督促及指导有关管护单位搞好工程除险工作，协调解决本系统内水利工程安全管理的困难和难题。

### （三）水利工程治理的技术责任体系

水利工程管理单位是工程的直接管护主体，承担水利工程防洪及安全管理的具体工作，并根据有关管理规范落实和执行水利工程洪水调度计划、防洪抢险预案、安全管护范围、工程抢险或除险加固、用水调度计划等安全管理措施。

水利工程管理单位主要负责人是本工程防洪及安全管理工作的具体管护责任人，负责组织编制防汛抢险应急预案，建立健全以安全生产责任制为核心的安全生产规章制度，落实安全管理机构、人员、经费、物资等各项安全保障措施；负责组织开展日常安全检查，对发现的隐患及时整改除险；建立健全工程安全运行管理档案，落实值班值守、安全巡查及雨情水情等各项报告制度；组织编制水利工程防汛抢险物资储备方案和设备维修计划，妥善保管水利工程防汛储备物资、备用电源、防汛报讯等有关物资设备；对水利工程大坝、输洪设施、启闭设备、输水管道、通信设备等进行经常性观测和保养维护，确保工程安全运行；在水利工程出险时及时组织抢险，优先保证涉险群众的生命财产安全，并按照工程管理权限及时上报地方政府及有关部门；负责组织开展本单位从业人员的安全教育和培训，从而保证从业人员具备必要的安全生产知识。

## 四、水利工程治理的评估体系

对水利工程治理成效的测评，可以从多个角度各有侧重的进行，以期做出系统全

面的评价。工程管理单位所在地党委、政府可以进行地方行政能力评估，水行政主管部门可以按照不同工程种类的各项技术要求进行行业评估，社会对水利工程管理单位的评价可以通过对指标的检查与考核，全面建立评估体系。

### （一）行政评估体系

主要是指水利工程管理单位所在地党委、政府对水利工程管理单位的领导班子、业务成绩、管理水平、人员素质、社会责任等各方面的总体评价及综合认定。

考核内容可包括两个方面，一是党的建设，二是重点工作任务。党建方面，主要考核领导班子思想政治建设、干部队伍建设、党的基层组织建设、精神文明建设和党风廉政建设情况，突出落实从严治党责任、从严管理干部、党建创新、社会主义核心价值观教育及严明党的纪律等内容。

重点工作任务，主要考核水利工程管理单位年度发展主要目标、全面深化改革重点任务、履行职能重点工作完成情况和法制建设成效。对重点工作任务，根据业务开展重点每年可确定 10 ~ 12 项考核指标。

考核实行千分制，其中党的建设指标 500 分，重点工作指标 500 分。在考核方式上，实行定量考核与定性考核相结合。对定量指标设定目标值，由考核责任部门（单位）根据年度数据核定，目标值完成不足 60% 的指标，计零分；完成 60% 以上的，按实际完成比例计分。定性指标的考核，由考核责任部门（单位）考核各项指标和要点落实推进情况，考核要点完成的计该要点满分，未完成的计零分。

考核还可以设置扣分项目，在依法履职、社会稳定、安全生产、计划生育等方面发生重大失误、造成较大负面影响的，省人大代表建议批评和意见、省政协提案办理情况较差的，予以扣分，单项扣分不超过 10 分。

考核中可以设置工作评价环节，水利工程管理单位业务分管部门领导，本单位干部职工，当地党委、政府主要负责同志、工作服务对象等对管理单位年度工作进行总体评价，评价结果作为重点工作任务的考核系数，依据综合考核分值，分为“好”“较好”“一般”“较差”四个档次。

为强化激励约束，综合考核结果的权重可以占到水管单位领导班子主要负责人年度考核量化分值的 80%，占其他班子成员年度考核量化分值的 60%，即综合考核结果将作为领导班子建设和领导干部选拔任用、培养教育、管理监督的重要依据。这样可以把综合考核与工作绩效考核、领导班子和领导干部年度考核一体设计、一并进行，做到了考事与考人有机结合，可以据此对水利工程管理单位党建情况、重点工作完成情况及领导班子队伍建设情况作出整体评价。

### （二）行业评估体系

主要是指各级水行政管理部门，依照制定的各项指标，对水利工程管理单位的组织管理、安全管理、运行管理、经济管理四方面情况进行综合评估。

### （三）社会评估体系

社会对水利工程管理单位的评价可以通过对两级指标的检查与考核，全面建立评估体系，评价指标主要包括一级和二级评价指标。

**1. 一级评价指标**

（1）水利工程管理体制改革

国有大中型水利工程管理体制改革成果进一步巩固，两项经费基本落实到位，水利工程管理单位内部改革基本完成，维修修养护市场基本建立，分流人员社保问题妥善解决；小型水利工程管理体制改革取得阶段性进展，管理主体和经费得到基本保障。

（2）水利工程运行管理制度建设

各类水利工程运行管理的法规、规范、规程和技术标准基本健全，能够满足水利工程安全运行和用水管理、科学管理的要求；水利工程运行管理制度健全，全面落实安全管理责任制，切实防止重大垮坝、溃堤伤亡事故及水污染事件发生，保障工程安全及人民群众饮用水安全。

（3）水利工程自动化和信息化建设

整合气象、水文、防汛等资源，水库、水闸等重要、大型水利工程，基本实现水情、工情、水质等监测信息的自动采集和同步传输，以及重要工程管理范围的实时和全天候监控；水利工程运行管理初步实现自动化和信息化，运行效率显著提升。中、小型水利工程的自动化和信息化水平显著提高，这基本满足工程运行管理的需要。

（4）水管单位能力建设

水利工程管理单位人员结构得到优化，专业素质显著提高；运行管理设备设施装备齐全、功能完备；突发事件处理技术水平、物资储备、综合能力、反应速度和协调水平显著提升。在地方政府支持和社会各界的配合下，有效预防、及时控制和妥善处理水利工程运行管理中发生的各类突发事件。

**2. 二级评价指标**

人员经费和维养经费到位、大专以上人员比例（小型工程高中以上）、安全管理行政责任制完全、内部管理岗位责任制完全落实、工程信息化集中监控综合管理平台设置、视频会商决策系统（房间及传输显示）配置、智能化远程调度操控终端配置率、管理范围视频监视全覆盖、工程监测数据自动采集、巡视检查智能化、雨量水位遥测预报、工程运行基本信息数字化、职工办公电脑配置率、完成工程安全管理应急预案制订并批准、视频监视设施完好率、工程监测设施完好率、启闭设施完好率、注册登记、工程管理范围及保护范围划界、安全鉴定达到2级以上、金属结构安全检测达到2级以上、管理单位安全等级达到2级以上并满足设计要求。

评价方法包括定量描述与定性表述。定量描述是通过简单、方便的函数计算所得数据，评价可复制、可推广、可评估、可量化、易于操作的分项指标；对难以定量的指标，通过综合分析表述方法对指标性质进行定性表述。

# 第三节 水利工程治理的技术手段

## 一、水利工程治理技术概述

### （一）现代理念为引领

现代理念，概括为用现代化设备装备工程，用现代化技术监控工程和用现代化管理方法管理工程。加快水利管理现代化步伐，是适应由传统型水利向现代化水利及持续发展水利转变的重要环节。我国经济社会的快速发展，一方面，对于水利工程管理技术有着极大促进作用；另一方面，对水利工程管理技术的现代化有着迫切的需要。今后水利工程管理技术将在现代化理念引领下，有一个新的更大的飞跃。今后一段时期的工程管理技术将会加强水利工程管理信息化建设工作，工程的监测手段会更加完善和先进，工程管理技术将基本实现自动化、信息化、高效化。

### （二）现代知识为支撑

现代水利工程管理的技术手段，必须以现代知识为支撑。随着现代科学技术的发展，现代水利工程管理的技术手段得到长足发展。主要表现在工程安全监测、评估与维护技术手段得到加强和完善，建立开发相应的工程安全监测、评估软件系统，并对各监测资料建立统计模型和灰色系统预测模型，对工程安全状态进行实时的监测和预警，实现工程维修养护的智能化处理，为工程维护决策提供信息支持，提高工程维护决策水平，实现资源的最优化配置。水利工程维修养护实用技术被进一步的广泛应用，如工程隐患探测技术、维修养护机械设备的引进开发和除险加固新材料与新技术的应用，将使工程管理的科技含量逐渐增加。

### （三）经验提升为依托

我国有着几千年的水利工程管理历史，人们应该充分借鉴古人的智慧和经验，对传统水利工程管理技术进行继承和发扬。新中国成立后，我国的水利工程管理模式也一直采用传统的人工管理模式，依靠长期的工程管理实践经验，主要通过以人工观测、操作，进行调度运用。近年来，随着现代技术的飞速发展，水利工程的现代化建设进程不断加快，为满足当代水利工程管理的需要，人们要对传统工程管理工作中所积累的经验进行提炼，并结合现代先进科学技术的应用，形成一个技术先进且性能稳定实用的现代化管理平台，这将成为现代水利工程管理的基本发展方向。

## 二、水工建筑物安全监测技术

### （一）概述

**1. 监测及监测工作的意义**

监测即检查观测，是指直接或借专设的仪器对基础及其上的水工建筑物从施工开始到水库第一次蓄水整个过程中，以及在运行期间所进行的监测量测与分析。

工程安全监测在中国水电事业中发挥着重要作用，已成为工程设计、施工、运行管理中不可缺少的组成部分。

**2. 工作内容**

工程安全监测一般有两种方式，包括现场检查和仪器监（观）测。

现场检查是指对水工建筑物及周边环境的外表现象进行巡视检查的工作，可分为巡视检查和现场检测两项工作。巡视检查一般是靠人的感觉直觉并采用简单的量具进行定期和不定期的现场检查；现场检测主要是用临时安装的仪器设备在建筑物及其周边进行定期或不定期的一种检查工作。现场检查有定性的也有定量的，以了解建筑物有无缺陷、隐患或异常现象。现场检查的项目一般多为凭人的直观或辅以必要的工具可直接的发现或测量的物理因素，如水文要素侵蚀、淤积；变形要素的开裂、塌坑、滑坡、隆起；渗流方面的渗漏、排水、管涌；应力方面的风化、剥落和松动；水流方面的冲刷和振动等。

### （二）巡视检查

**1. 一般规定**

巡视检查分为日常巡视检查、年度巡视检查和特别巡视检查三类。从施工期开始至运行期均应进行巡视检查。

（1）日常巡视检查

管理单位应根据水库工程的具体情况和特点，具体规定检查的时间、部位、内容和要求，确定巡回检查路线和检查顺序。

（2）年度巡视检查

每年汛前、汛后、用水期前后和冰冻严重时，应该对水库工程进行全面或专门的检查，一般每年 2 ~ 3 次。

（3）特别巡视检查

当水库遭遇到强降雨、大洪水、有感地震，水位骤升骤降或持续高水位等情况，或发生比较严重的破坏现象和危险迹象时，应组织特别检查，必要时要进行连续监视。水库放空时应进行全面巡查。

**2. 检查项目和内容**

（1）坝体

①坝顶有无裂缝、异常变形、积水或植物滋生等；防浪墙有无开裂、挤碎、架

空、错断、倾斜等。②迎水坡护坡有无裂缝、剥（脱）落、滑动、隆起、塌坑或植物滋生等；近坝水面有无变浑或漩涡等异常现象。③背水坡及坝趾有无裂缝、剥（脱）落、滑动、隆起、塌坑、雨淋沟、散浸、积雪不均匀融化、渗水、流土、管涌等；排水系统是否通畅；草皮护坡植被是否完好；有无兽洞和蚁穴等；反滤排水设施是否正常。

（2）坝基和坝区

①坝基基础排水设施的渗水水量、颜色、气味及浑浊度、酸碱度、温度有无变化。②坝端与岸坡连接处有无裂缝、错动、渗水等；坝端岸坡有无裂缝、滑动、崩塌、溶蚀、塌坑、异常渗水及兽洞、蚁迹等；护坡有无隆起、塌陷等；绕坝渗水是否正常。③坝趾近区有无阴湿、渗水、管涌、流土或隆起等；排水设施是否完好。④有条件时应检查上游铺盖有无裂缝、塌坑。

（3）输、泄水洞（管）

①引水段有无堵塞、淤积、崩塌。②进水塔（或竖井）有无裂缝、渗水、空蚀、混凝土碳化等。③洞（管）身有无裂缝、空蚀、渗水、混凝土碳化等；伸缩缝、沉陷缝、排水孔是否正常。④出口段放水期水流形态是否正常；停水期是否渗漏。⑤消能工有无冲刷损坏或沙石、杂物堆积等。⑥工作桥、交通桥是否有不均匀沉陷、裂缝和断裂等。

（4）溢洪闸（道）

①进水段（引渠）有无坍塌、崩岸、淤堵或其他阻水障碍；流态是否正常。②堰顶或闸室、闸墩、胸墙、边墙、溢流面、底板有无裂缝、渗水、剥落、碳化、露筋、磨损、空蚀等；伸缩缝、沉陷缝、排水孔是否完好。③消能工有无冲刷损坏或沙石、杂物堆积等，工作桥、交通桥是否有不均匀沉陷、裂缝及断裂等。④溢洪河道河床有无冲刷、淤积、采沙、行洪障碍等；河道护坡是否完好。

（5）闸门及启闭机

①闸门有无表面涂层剥落，门体有无变形、锈蚀、焊缝开裂或螺栓、铆钉松动；支承行走机构是否运转灵活；止水装置是否完好等。②启闭机是否运转灵活、制动准确可靠，有无腐蚀和异常声响；钢丝绳有无断丝、磨损、锈蚀、接头松动、变形；零部件有无缺损、裂纹、磨损及螺杆有无弯曲变形；油路是否通畅，油量、油质是否符合规定要求等。③机电设备、线路是否正常，接头是否牢固，安全保护装置是否可靠，指示仪表是否指示正确，接地是否可靠，绝缘电阻值是否符合规定，备用电源是否完好；自动监控系统是否正常可靠，精度是否满足要求；启闭机房是否完好等。

（6）库区

①有无爆破、打井、采石（矿）、采沙、取土、修坟、埋设管道（线）等活动。②有无兴建房屋、码头或其他建（构）筑物等违章行为。③有无排放有毒物质或污染物等行为。④有无非法取水的行为。

（7）观测、照明、通信、安全防护、防雷设施及警示标志、防汛道路等是否完好。

**3. 检查方法和要求**

（1）检查方法

①常规方法：用眼看、耳听、手摸、鼻嗅、脚踩等直观方法，或辅以锤钎、钢卷尺、放大镜、石蕊试纸等简单工具对工程表面和异常部位进行检查。②特殊方法：采用开挖探坑（槽）、探井、钻孔取样、孔内电视、向孔内注水试验、投放化学试剂、潜水员探摸、水下电视、水下摄影、录像等方法，对工程内部、水下部位或者坝基进行检查。

（2）检查要求

①及时发现不正常迹象，分析原因、采取措施，防止事故发生，保证工程安全。②日常巡视检查应由熟悉水库工程情况的管理人员参加，人员应相对稳定，检查时应带好必要的辅助工具、照相设备和记录笔、簿等。③年度巡视检查和特别巡视检查，应制订详细检查计划并做好如下准备工作：第一，安排好水情调度，为检查输水、泄水建筑物或水下检查创造条件；第二，做好检查所需电力安排，为检查工作提供必要的动力和照明；第三，排干检查部位的积水，清除堆积物；第四，安装好被检查部位的临时通道，便于检查人员行动；第五，采取安全防范措施，确保工程、设备及人身安全；第六，准备好工具、设备、车辆或船只以及量测、记录、绘草图、照相及录像等器具。

**4. 检查记录和报告**

（1）记录和整理

①每次巡视检查均应按巡视检查记录表作出记录。对已发现的异常情况，除详细记述时间、部位、险情和绘出草图外，必要时应测图、摄影或录像。②现场记录应及时整理，并将每次巡视检查结果与以往巡视检查结果进行比较分析，如有问题或异常现象，应及时复查。

（2）报告和存档

①日常巡视检查中发现异常现象时，应立即采取应急措施，并上报主管部门。②年度巡视检查和特别巡视检查结束后，应提出检查报告，对发现的问题应立即采取应急措施，并根据设计、施工、运行资料进行综合分析，提出处理方案，上报主管部门。③各种巡视检查的记录、图件和报告等均应整理归档。

### （三）水工建筑物变形观测

变形观测项目主要有表面变形、裂缝以及伸缩缝观测。

**1. 表面变形观测**

表面变形观测包括竖向位移和水平位移，水平位移包括垂直于坝轴线的横向水平位移和平行于坝轴线的纵向水平位移。

（1）基本要求

①表面竖向位移和水平位移观测一般共用一个观测点，竖向和水平位移观测应配合进行。②观测基点应设置在稳定区域内，每隔 3～5 年校测一次；测点应与坝体或岸

坡牢固结合；基点和测点应有可靠的保护装置。③变形观测的正负号规定：第一，水平位移：向下游为正，向左岸为正；反之为负。第二，竖向位移：向下为正，向上为负。第三，裂缝和伸缩缝三向位移：对开合，张开为正，闭合为负；对沉陷，同竖向位移；对滑移，向坡下为正，向左岸为正，反之则为负。

（2）观测断面选择和测点布置

①观测横断面一般不少于3个，通常选在最大坝高或原河床处、合龙段、地形突变处、地质条件复杂处、坝内埋管及运行有异常反应处。②观测纵断面一般不少于4个，通常在坝顶的上、下游两侧布设1～2个；在上游坝坡正常蓄水位以上可视需要设临时测点；下游坝坡半坝高以上1～3个，半坝高以下1～2个（含坡脚一个）。对建在软基上的坝，应在下游坝趾外侧增设1～2个。③测点的间距：坝长小于300米时，宜取20～50米；坝长大于300米时，宜取50～100米。④视准线应旁离障碍物1.0米以上。

（3）基点布设

①各种基点均应布设在两岸岩石或坚实土基上，便于起（引）测，避免自然和人为影响。②起测基点可在每一纵排测点两端的岸坡上各布设一个，其高程宜与测点高程相近。③采用视准线法进行横向水平位移观测的工作基点，应在两岸每一纵排测点的延长线上各布设一个；当坝轴线为折线或坝长超过500米时，可在坝身每一纵排测点中增设工作基点（可用测点代替），工作基点的距离保持在250米左右；当坝长超过1 000米时，一般可用三角网法观测增设工作基点的水平位移，有条件的，应该用倒垂线法。④水准基点一般在坝体下游0.5～3.0千米处布设2～3个。⑤采用视准线法观测的校核基点，应在两岸同排工作基点延长线上各设1～2个。

（4）观测设施及安装

①测点和基点的结构应坚固可靠，且不易变形。②测点可采用柱式或墩式。兼作竖向位移和横向水平位移观测的测点，其立柱应高出地面0.6～1.0米，立柱顶部应设有强制对中底盘，其对中误差均应小于0.2毫米。③在土基上的起测基点，可采用墩式混凝土结构。在岩基上的起测基点，可凿坑就地浇注混凝土。在坚硬基岩埋深5～20米情况下，可采用深埋双金属管作为起测基点。④工作基点和校核基点一般采用整体钢筋混凝土结构，立柱高度以司镜者操作方便为准，但应大于1.2米。立柱顶部强制对中底盘的对中误差应小于0.1毫米。⑤水平位移观测的觇标，可采用觇标杆、觇牌或电光灯标。⑥测点和土基上基点的底座埋入土层的深度不小于0.5米，并且采取防护措施。埋设时，应保持立柱铅直，仪器基座水平。各测点强制对中底盘中心位于视准线上，其偏差不得大于10毫米，底盘倾斜度不能大于4′。

（5）观测方法及要求

①表面竖向位移观测，一般用水准法。②横向水平位移观测，一般用视准线法。采用视准线观测时，可用经纬仪或视准线仪。当视准线长度大于500米时，应采用J1级经纬仪。视准线的观测方法，可选用活动觇标法，宜在视准线两端各设固定测站，观测其靠近的位移测点的偏离值。③纵向水平位移观测，一般用铟钢尺，也可用普通

钢尺加修正系数，其误差不得大于0.2毫米。有条件时可用光电测距仪测量。

**2. 裂缝及伸缩缝监测**

坝体表面裂缝的缝宽大于5毫米的，缝长大于5米的，缝深大于2米的纵、横向缝以及输（泄）水建筑物的裂缝、伸缩缝都应进行监测。观测方法和要求如下：

（1）坝体表面裂缝，可采用皮尺、钢尺等简单工具及设置简易测点。对2米以内的浅缝，可用坑槽探法检查裂缝深度、宽度及产状等。（2）坝体表面裂缝的长度和可见深度的测量，应精确到1厘米；裂缝宽度宜采用在缝两边设置简易测点来确定，应精确到0.2毫米；对深层裂缝，宜采用探坑或竖井检查，并测定裂缝走向，应精确到0.5°。（3）对输（泄）水建筑物重要位置的裂缝及伸缩缝，能在裂缝两侧的浆砌块石、混凝土表面各埋设1～2个金属标志。采用游标卡尺测量金属标志两点间的宽度变化值，精度可量至0.1毫米；采用金属丝或超声波探伤仪测定裂缝深度，精度可量至1厘米。（4）裂缝发生初期，宜每天观测一次；当裂缝发展缓慢后，可适当减少测次。在气温和上、下游水位变化较大或裂缝有显著发展时，均应增加测次。

### （四）水文、气象监测

**1. 水位观测**

（1）测点布置要求

①库水位观测点应设置在水面平稳、受风浪和泄流影响较小、便于安装设备和观测的地点或永久性建筑物上。②输、泄水建筑物上游水位观测点应在建筑物堰前布设。③下游水位观测点应布置在水流平顺、受泄流影响较小、便于安装设备且观测的地点或与测流断面统一布置。

（2）观测设备

一般设置水尺或自记水位计。有条件时，可设遥测水位计或自动测报水位计。观测设备延伸测读高程应低于库死水位、高于校核洪水位，水尺零点高程每年应校测一次，有变化时应及时校测。水位计每年汛前应检验。

（3）观测要求

每天观测一次，汛期还应根据需要调整测次，开闸泄水前后应各增加观测一次。观测精度应达到1厘米。

**2. 降水量观测**

（1）测点布置

视水库集水面积确定，一般每20～50平方千米设置一个观测点，或者根据洪水预报需要布设。

（2）观测设备

一般采用雨量器。有条件时，可用自记雨量计、遥测雨量计或自动测报雨量计。

（3）观测方法和要求

定时观测以8时为日分界，从本日8时至次日8时的降雨量为本日的日降雨量；分段观测从8时开始，每隔一定时段（如12、6、4、3、2或1小时）观测一次；遇大暴雨时应增加测次。观测精度应达到1毫米。

**3. 气温观测**

坝区至少应设置一个气温测点。

观测设备设在专用的百页箱内，设直读式温度计、最高最低温度计或自计温度计。

**4. 出、入库流量观测**

（1）测点布置

出库流量应在溢泄道、溢洪闸下游、灌溉涵洞出口处的平直段布设观测点；入库的流量应在主要汇水河道的入口处附近设置观测点。

（2）观测设备

一般采用流速仪，有条件的可采用ADCP（超声波）测速仪。

### （五）监测资料的整编与分析

资料整编包括平时资料整理和定期资料编印，在整编和分析的过程中应注意：

第一，平时资料整理重点是查证原始观测数据的正确性，计算观测物理量，填写观测数据记录表格，点绘观测物理量过程线，考察观测物理量的变化，初步判断是否存在变化异常值。

第二，在平时资料整理的基础上进行观测统计，填制统计表格，绘制各种观测变化的分布相关图表，并编写编印说明书。编印时段，在施工期和初蓄期，一般不超过1年。在运行期，每年应对观测资料进行整编与分析。

第三，整编成果应项目齐全、考证清楚、数据可靠、图表完整、规格统一且说明完备。

第四，在整个观测过程中，应及时对各种观测数据进行检验和处理，并结合巡视检查资料进行复核分析。有条件的应利用计算机建立数据库，并采用适当的数学模型，对工程安全性态作出评价。

第五，监测资料整编、分析成果应建档保存。

## 三、水利工程养护与修理技术

### （一）工程养护技术

**1. 概述**

（1）工程养护应做到及时消除表面的缺陷和局部工程问题，防护可能发生的损坏，保持工程设施的安全、完整、正常运用。（2）养护计划批准下达之后，应尽快组织实施。

**2. 大坝养护**

（1）坝顶养护应达到坝顶平整，无积水，无杂草，无弃物；防浪墙、坝肩、踏步完整，轮廓鲜明；坝端无裂缝，无坑凹且无堆积物。（2）坝顶出现坑洼和雨淋沟缺，应及时用相同材料填平补齐，并应保持一定的排水坡度；坝顶路面如有损坏，应及时修复；坝顶的杂草、弃物应及时清除。（3）防浪墙、坝肩和踏步出现局部破损，应及时修补。（4）坝端出现局部裂缝、坑凹，应及时填补，发现堆积物应及时清除。（5）坝坡养护应达到坡面平整，无雨淋沟缺，无荆棘杂草滋生；护坡砌块应完好，砌缝紧密，填料密实，无松动、塌陷、脱落、风化、冻毁或架空现象。（6）干砌块石护坡的养护应符合下列要求：第一，及时填补、楔紧脱落或松动的护坡石料。第二，及时更换风化或冻损的块石，并嵌砌紧密。第三，块石塌陷、垫层被淘刷时，应先翻出块石，恢复坝体和垫层后，再将块石嵌砌紧密。（7）混凝土或浆砌块石护坡的养护应符合下列要求：第一，清除伸缩缝内杂物、杂草，及时填补流失的填料。第二，护坡局部发生侵蚀剥落、裂缝或破碎时，应及时采用水泥砂浆表面抹补、喷浆或者填塞处理。第三，排水孔如有不畅，应及时进行疏通或补设。（8）堆石或碎石护坡石料如有滚动，造成厚薄不均时，应及时进行平整。（9）草皮护坡的养护应符合下列要求：第一，经常修整草皮、清除杂草、洒水养护，保持完整美观。第二，出现雨淋沟缺时，应及时还原坝坡，补植草皮。（10）对无护坡土坝，如发现有凹凸不平，应进行填补整平；如有冲刷沟，应及时修复，并改善排水系统；如遇风浪淘刷，应进行填补，必要时放缓边坡。

**3. 排水设施养护**

（1）排水、导渗设施应达到无断裂、损坏、阻塞、失效现象，排水畅通。（2）排水沟（管）内的淤泥、杂物及冰塞，应及时清除。（3）排水沟（管）局部的松动、裂缝和损坏，应及时用水泥砂浆修补。（4）排水沟（管）的基础如被冲刷破坏，应先恢复基础，后修复排水沟（管）；修复时，应使用与基础同样的土料，恢复至原断面，并夯实；排水沟（管）如设有反滤层时，应按设计标准恢复。（5）随时检查修补滤水坝趾或导渗设施周边山坡的截水沟，防止山坡浑水淤塞坝趾导渗排水设施。（6）减压井应经常进行清理疏通，保持排水畅通；周围如有积水渗入井内，应将积水排干并填平坑洼。

**4. 观测设施养护**

（1）观测设施应保持完整，无变形、损坏、堵塞。（2）观测设施的保护装置应保持完好，标志明显，随时清除观测障碍物；观测设施如有损坏，应及时修复，并重新校正。（3）测压管口应随时加盖上锁。（4）水位尺损坏时，应及时修复，并重新校正。（5）量水堰板上的附着物和堰槽内的淤泥或堵塞物，应及时清除。

**5. 自动监控设施养护**

（1）自动监控设施的养护应符合下列要求：第一，定期对监控设施的传感器、控制器、指示仪表、保护设备、视频系统、通信系统、计算机及网络系统等进行维护和清洁除尘。第二，定期对传感器、接收以及输出信号设备进行率定和精度校验。对不符合要求的，应及时检修、校正或更换。第三，定期对保护设备进行灵敏度检查、调整，对云台、雨刮器等转动部分加注润滑油。（2）自动监控系统软件系统的养护应遵守下列规定：第一，制定计算机控制操作规程并严格执行。第二，加强对计算机及网络的安全管理，配备必要的防火墙。第三，定期对系统软件和数据库进行备份，技术

文档应妥善保管。第四，修改或设置软件前后，均应进行备份，并做好记录。第五，未经无病毒确认的软件不得在监控系统上使用。（3）自动监控系统发生故障或显示警告信息时，应查明原因，及时排除，并详细记录。（4）自动监控系统及防雷设施等，应该按有关规定做好养护工作。

**6. 管理设施养护**

（1）管理范围内的树木、草皮，应及时浇水、施肥、除害、修剪。（2）管理办公用房、生活用房应整洁、完好。（3）防汛道路及管理区内道路、供排水、通信及照明设施应完好无损。（4）工程标牌（包括界桩、界牌、安全警示牌、宣传牌）应保持完好、醒目、美观。

## （二）工程修理技术

**1. 概述**

（1）工程修理分为岁修、大修和抢修，其划分界限应符合下列规定：第一，岁修：水库运行中所发生的和巡视检查所发现的工程损坏问题，每年进行必要的修理和局部改善。第二，大修：发生较大损坏或设备老化、修复工作量大、技术较复杂的工程问题，有计划进行整修或设备更新。第三，抢修：当发生危及工程安全或影响正常运用的各种险情时，应立即进行抢修。（2）水库工程修理应积极推广应用新技术、新材料、新设备、新工艺。（3）修理工程项目管理应符合下列规定：第一，管理单位根据检查和监测结果，依据水利部、财政部编制次年度修理计划，并按规定报主管部门。第二，岁修工程应由具有相应技术力量的施工单位承担，并明确项目负责人，建立质量保证体系，严格执行质量标准。第三，大修工程应由具有相应资质的施工单位承担，并按有关规定实行建设管理。第四，岁修工程完成后，由工程审批部门组织或委托验收；大修工程完成后，由工程项目审批部门主持验收。第五，凡影响安全度汛的修理工程，应在汛前完成；汛前不能完成的，应采取临时安全度汛措施。第六，管理单位不得随意变更批准下达的修理计划。确需调整的，应提出申请，报原审批部门进行批准。（4）工程修理完成后，应及时做好技术资料的整理且归档。

**2. 护坡修理**

（1）砌石护坡修理应符合下列要求

①修理前，先清除翻修部位的块石和垫层，并保护好未损坏的砌体。②根据护坡损坏的轻重程度，可按以下方法进行修理：第一，局部松动、塌陷、隆起、底部淘空、垫层流失时，可采用填补翻筑。第二，局部破坏淘空，导致上部护坡滑动坍塌时，可增设阻滑齿墙。第三，护坡石块较小，不能抗御风浪冲刷的干砌石护坡，可采用细石混凝土灌缝和浆砌或混凝土框格结构；厚度不足、强度不够的干砌石护坡或浆砌石护坡，可在原砌体上部浇筑混凝土盖面，增强抗冲能力。③垫层铺设应符合以下要求：第一，垫层厚度应根据反滤层设计原则确定，一般为0.15～0.25米。第二，根据坝坡土料的粒径和性质，按照碾压式土石坝设计规范确定垫层的层数及各层的粒径，由小到大逐层均匀铺设。④采用浆砌框格或增建阻滑齿墙时，应符合下列要求：第一，浆

砌框格护坡一般采用菱形或正方形，框格用浆砌石或混凝土筑成，宽度一般不小于0.5米，深度不小于0.6米。第二，阻滑齿墙应沿坝坡每隔3～5米设置一道，平行坝轴线嵌入坝体；齿墙尺寸，一般宽0.5米、深1米（含垫层厚度）；沿齿墙长度方向每隔3～5米应留排水孔。⑤采用细石混凝土灌缝时，应符合以下要求：第一，灌缝前，应清除块石缝隙内的泥沙、杂物，并用水冲洗干净。第二，灌缝时，缝内应灌满捣实，抹平缝口。第三，每隔适当距离，应设置排水孔。⑥采用混凝土盖面修理时，应符合以下要求：第一，护坡表面及缝隙内泥沙、杂物应刷洗干净。第二，混凝土盖面厚度根据风浪大小确定。第三，混凝土标号一般不低于C20。第四，应自下而上浇筑，振捣密实，每隔3～5米纵横均应分缝。第五，原护坡垫层遭破坏时，应补做垫层，修复护坡，再加盖混凝土。第六，修整坡面时，应保持坡面密实平顺；如有坑凹，应采用与坝体相同的材料回填齐实，并与原坝体结合紧密、平顺。

（2）混凝土护坡（包括现浇和预制混凝土）修理应符合下列要求

①根据护坡损坏情况，可采用局部填补、翻修加厚、增设阻滑齿墙和更换预制块等方法进行修理。②当护坡发生局部断裂破碎时，可采用现浇混凝土局部填补。填补修理时，应符合以下要求：第一，凿除破损护坡时，应保护好完好的部分。第二，新旧混凝土结合处，应凿毛清洗干净。第三，新填补的混凝土标号应大于等于原护坡混凝土的标号。第四，严格按照混凝土施工规范拌制混凝土；结合处先铺1～2厘米厚砂浆，再填筑混凝土；填补面积大的混凝土应自下而上浇筑，振捣密实。第五，新浇混凝土表面应收浆抹光，洒水养护。第六，处理好修理部位的伸缩缝和排水孔。第七，垫层遭受淘刷，致使护坡损坏的，修补前应按设计要求先修补好垫层。③当护坡破碎面积较大、护坡混凝土厚度不足、抗风浪能力差时，可采用翻修加厚混凝土护坡的方法进行修理，并应符合下述要求：第一，按满足承受风浪和冰推力的要求，重新设计确定护坡尺寸和厚度第二，加厚混凝土护坡时，应将原混凝土板面凿毛清洗干净，先铺一层1～2厘米厚的水泥砂浆，再浇筑混凝土盖面。④当护坡出现滑移或基础淘空、上部混凝土板坍塌下滑时，可采用增设阻滑齿墙的方法修理，应符合以下要求：第一，阻滑齿墙应平行坝轴线布置，并嵌入坝体。第二，齿墙两侧应按原坡面平整夯实，铺设垫层后，重新浇筑混凝土，并处理好与原护坡板的接缝。⑤更换预制混凝土板时，应符合以下要求：第一，拆除破损预制板时，应保护好完好部分。第二，垫层应按防冲刷的要求铺设。第三，更换的预制混凝土板应铺设平稳、接缝紧密。

（3）草皮护坡修理应符合下列要求

①草皮遭雨水冲刷流失和干枯坏死时，可采用填补和更换的方法进行修理。②护坡的草皮中有杂草或灌木时，可采用人工挖除或化学药剂除净杂草。

**3. 坝体裂缝修理**

（1）坝体发生裂缝时，应根据裂缝的特征，按以下原则进行修理

①对表面干缩、冰冻裂缝以及深度小于1米的裂缝，可只进行缝口封闭处理。②对深度不大于3米的沉陷裂缝，待裂缝发展稳定后，可采用开挖回填方法修理。③对非滑动性质的深层裂缝，可采用充填式黏土灌浆或采用上部开挖回填与下部灌浆

相结合的方法处理。④对土体与建筑物间的接触缝，可采用灌浆处理。

（2）采用开挖回填方法处理裂缝时，应符合下列要求

①裂缝的开挖长度应超过裂缝两端1米、深度超过裂缝尽头0.5米；开挖坑槽底部的宽度至少0.5米，边坡应满足稳定要求，且通常开挖成台阶型，保证新旧填土紧密结合。②坑槽开挖应做好安全防护工作；防止坑槽进水、土壤干裂或冻裂；挖出的土料要远离坑口堆放。③回填的土料应符合坝体土料的设计要求；对沉陷裂缝应选择塑性较大的土料，并控制含水量要大于最优含水量的1%～2%。④回填时应分层夯实，特别注意坑槽边角处的夯实质量，压实厚度为填土厚度的2/3。⑤对贯穿坝体的横向裂缝，应沿裂缝方向，每隔5米挖“十”字形结合槽一个，开挖的宽度、深度与裂缝开挖的要求一致。

（3）采用充填式黏土灌浆处理裂缝时，应符合下列要求

①根据隐患探测和坝体土质钻探资料分析成果做好灌浆设计。②布孔时，应在较长裂缝两端和转弯处及缝宽突变处布孔；灌浆孔与导渗、观测设施的距离不少于3米。③灌浆孔深度应超过隐患1～2米。④造孔应采用干钻、套管跟进的方式按序进行。造孔应保证铅直，偏斜度不大于孔深的2%。⑤配制浆液的土料应选择具有失水性快、体积收缩小的中等黏性土料。浆液各项技术指标应按设计要求控制。灌浆过程中，浆液容重和灌浆量每小时测定一次并记录。⑥灌浆压力应通过试验确定，施灌时应逐步由小到大。灌浆过程中，应维持压力稳定，波动范围不超过5%。⑦施灌应采用“由外到里、分序灌浆”和“由稀到稠、少灌多复”的方式进行，在设计压力下，灌浆孔段经连续3次复灌不再吸浆时，灌浆即可结束。⑧封孔应在浆液初凝后（一般为12小时）进行。封孔时，先扫孔到底，分层填入直径2～3厘米的干黏土泥球，每层厚度通常为0.5～1.0米，或灌注最优含水量的制浆土料，填灌后均应捣实；也可向孔内灌注浓泥浆。⑨雨季及库水位较高时，不应该进行灌浆。

**4. 坝体渗漏修理**

（1）坝体渗漏修理应遵循“上截下排”的原则

上游截渗通常采用抽槽回填、铺设土工膜、坝体劈裂灌浆等方法，有条件时，也可采用混凝土防渗墙方法；下游导渗排水可采用导渗沟、反滤层等方法。

（2）采用抽槽回填截渗处理渗漏时，应符合下列要求

①库水位应降至渗漏通道高程1米以下。②抽槽范围应超过渗漏通道高程以下1米和渗漏通道两侧各2米，槽底宽度不小于0.5米，边坡应满足稳定及新旧填土结合的要求，必要时应加支撑，确保施工安全。③回填土料应与坝体土料一致；回填土应分层夯实，每层厚度10～15厘米，压实厚度为填土厚度的2/3；回填土夯实后的干容重不低于原坝体设计值。

（3）采用土工膜截渗时，应符合下列要求

①土工膜厚度应根据承受水压大小确定。承受30米以下水头的，可用非加筋聚合物土工膜，铺膜总厚度0.3～0.6毫米。②土工膜铺设范围，应超过渗漏范围四周各2～5米。③土工膜的连接，一般采用焊接，热合宽度不小于0.1米；采用胶合剂粘接时，粘

接宽度不小于0.15米；粘接可用胶合剂或双面胶布，连接处应均匀、牢固、可靠。④铺设前应先拆除护坡，挖除表层土30~50厘米，清除树根杂草，坡面修整平顺、密实，再沿坝坡每隔5~10米挖防滑槽一道，槽深1.0米，底宽0.5米。⑤土工膜铺设时应沿坝坡自下而上纵向铺放，周边用“V”形槽埋固好；铺膜时不能拉得太紧，以免受压破坏；施工人员不允许穿带钉鞋进入现场。⑥保护层可采用沙壤土或沙，施工要与土工膜铺设同步进行，厚度不小于0.5米；施工顺序，首先应回填防滑槽，再填坡面，边回填边压实。

（4）采用劈裂灌浆截渗时，应符合下列要求

①根据隐患探测和坝体土质钻探资料分析成果做好灌浆设计。②灌浆后形成的防渗泥墙厚度，一般为5~20厘米。③灌浆孔一般沿坝轴线（或略偏上游）位置单排布孔，填筑质量差、渗漏水严重的坝段，可双排或三排布置；孔距、排距根据灌浆设计确定。④灌浆孔深度应大于隐患深度2~3米。⑤灌浆应先灌河槽段，后灌岸坡段和弯曲段，采用“孔底注浆、全孔灌注”和“先稀后稠、少灌多复”的方式进行。每孔灌浆次数应在5次以上，两次灌浆间隔时间不少于5天。当浆液升至孔口，经连续复灌3次不再吃浆时，即可终止灌浆。⑥有特殊要求时，浆液中可掺入占干土重的0.5%~1%水玻璃或15%左右的水泥，最佳用量可通过试验确定。⑦雨季和库水位较高时，不宜进行灌浆。

（5）采用导渗沟处理渗漏时，应符合下列要求

①导渗沟的形状可采用“Y”“W”“I”等形状，但不允许采用平行于坝轴线的纵向沟。②导渗沟的长度以坝坡渗水出逸点至排水设施为准，深度为0.8~1.0米，宽度为0.5~0.8米，间距视渗漏情况而定，一般为3~5米。③沟内按滤层要求回填沙砾石料，填筑顺序按粒径由小到大、由周边到内部，分层填筑成封闭的棱柱体，也可用无纺布包裹砾石或沙卵石料，填成封闭的棱柱体。④导渗沟的顶面应铺砌块石或回填黏土保护层，厚度为0.2~0.3米。

（6）采用贴坡式沙石反滤层处理渗漏时，应符合下列要求

①铺设范围应超过渗漏部位四周各1米。②铺设前应清除坡面的草皮杂物，清除深度为0.1~0.2米。③滤料按沙、小石子、大石子、块石的次序由下至上逐层铺设；沙、小石子、大石子各层厚度为0.15~0.20米，块石保护层厚度为0.2~0.3米。④经反滤层导出的渗水应引入集水沟或滤水坝趾内排出。

（7）采用土工织物反滤层导渗处理渗漏时，应符合下列要求

①铺设前应清除坡面的草皮杂物，清除深度为0.1~0.2米。②在清理好的坡面上满铺土工织物。铺设时，沿水平方向每隔5~10米做一道“V”形防滑槽加以固定，以防滑动；再满铺一层透水沙砾料，厚度为0.4~0.5米，上压0.2~0.3米厚的块石保护层。铺设时，严禁施工人员穿带钉鞋进入现场。③土工织物连接能采用缝接、搭接或粘接。缝接时，土工织物重压宽度0.1米，用各种化纤线手工缝合1~2道；搭接时，搭接面宽度0.5米；粘接时，粘接面宽度0.1~0.2米。④导出的渗水应引入集水沟或滤水坝趾内排出。

**5. 排水设施修理**

（1）排水沟（管）的修理应符合下列要求

①部分沟（管）段发生破坏或堵塞时，应将破坏或堵塞的部分挖除，按原设计标准进行修复。②修理时，应采用相同的结构类型及相应的材料施工。③沟（管）基础（坝体）破坏时，应使用与坝体同样的土料，先修复坝体，之后修复沟（管）。

（2）减压井、导渗体的修理应符合下列要求

①减压井发生堵塞或失效时，应按掏淤清孔、洗孔冲淤、安装滤管、回填滤料、安设井帽、疏通排水道等程序进行修理。②导渗体发生堵塞或失效时，应先拆除堵塞部位的导渗体，清洗疏通渗水通道，重新铺设反滤料，并按原断面恢复。

（3）贴坡式反滤体的顶部应封闭

损坏时应及时修复，防止坝坡土粒堵塞。

（4）完善坝下游周边的防护工程

防止山坡雨水倒灌影响导渗排水效果。

**6. 观测、监控设施修理**

第一，观测设施损坏时，应及时修复。测压管滤层淤塞或失效时，应重新补设。

第二，观测设施的标志、盖锁、围栏或观测房损坏时，应及时修复。

第三，观测仪器、设备损坏时，应及时修复或更新。

第四，自动化监控设施发生损坏时，应及时修理和更换。

**7. 管理设施修理**

第一，防汛道路、供排水设施损坏时，应及时修复至原设计标准

第二，管理房屋顶、侧墙出现裂缝、倾斜时，应及时修理。

第三，通信、照明、遥测及电器观测设备损毁时，应及时修理、更新。

第三，管理区范围内树木、草皮大面积毁坏或遭虫害时，应及时清除、更新。

## 四、水利工程的调度运用技术

### （一）水库调度运用

**1. 一般规定**

（1）水库管理单位

应根据经审查批准的流域规划、水库设计、竣工验收以及有关协议等文件，制订水库调度运用方案，并按规定报批执行，在汛期，综合利用水库的调度运用应服从防汛指挥部的统一指挥。

（2）水库调度运用工作应包括以下主要内容

①编制水库防洪和兴利调度运用计划。②进行短期、中期、长期水文预报。③进行水库实时调度运用。④编制或修订水库防洪抢险应急预案。

（3）水库调度运用的主要技术指标应包括

①校核洪水位、设计洪水位、防洪高水位、汛期限制水位、正常蓄水位、综合利

用下限水位、死水位。②库区土地征用及移民迁安高程。③下游河道的安全水位及流量。④城市生活及工业、农业用水量。

（4）水库调度运用

应采用先进技术和设备，研究优化调度方案，并逐步实现自动测报和预报。

**2. 防汛工作**

（1）水库防汛工作应贯彻以防为主

防重于抢的方针，并实行政府行政首长负责制。

（2）每年汛前，管理单位应做好以下主要工作

①组织汛前检查，做好工程养护。②制订汛期各项工作制度和工作计划，落实防汛责任制。③修订完善水库防洪抢险应急预案，并按规定报批。④补充落实防汛抢险物资、器材及机电设备备品备件。⑤清除管理范围内的障碍物。

（3）汛期，管理单位应做好以下主要工作

①加强防汛值班，确保信息畅通，及时掌握、上报雨情、水情和工情，准确执行上级主管部门的指令。②加强工程的检查观测，随时地掌握工程运行状况，发现问题及时处理。③泄洪时，应提前通知下游，并加强对工程和水流情况的巡视检查，安排专人值班。④对影响安全运行的险情，应及时组织抢险，并上报主管部门。

（4）汛后，管理单位应做好以下主要工作

①开展汛后工程检查，做好设备养护工作。②编制防汛抢险物资、器材及机电设备备品备件补充计划。③根据汛后检查发现的问题，编制次年度工程修理计划。④完成防汛工作总结，制订次年度工作计划。

（5）当水库遭遇超校核标准洪水或特大险情时

应按防洪预案规定及时向下游报警并报告地方政府，采取紧急抢护以及转移群众等措施。

**3. 防洪调度**

（1）水库防洪调度应遵循下列原则

①在保证水库安全的前提下，按下游防洪需要，对入库洪水进行调蓄，充分利用洪水资源。②汛期限制水位以上的防洪库容调度运用，应按各级防汛指挥部门的调度权限，实行分级调度。③与下游河道和分、滞洪区联合运用，充分地发挥水库的调洪错峰作用。

（2）防洪调度方案应包括以下内容

①核定（明确）各防洪特征水位。②制定实时调度运用方式。③制定防御超标准洪水的非常措施，绘制垮坝淹没风险图。④明确实施水库防洪调度计划的组织措施和调度权限。

（3）实施调度

水库管理单位应按照批准的防洪调度方案，科学合理实施调度。

（4）预报方案

水库管理单位应根据水情、雨情的变化，及时修正和完善洪水预报方案。

（5）保证水库安全

入库洪峰尚未达到时，应提前预降库水位，腾出防洪库容，保证水库安全。

**4. 兴利调度**

（1）水库兴利调度应遵循以下原则

①满足城乡居民生活用水，兼顾工业、农业、生态等需求，最大限度利用水资源。②计划用水、节约用水。

（2）兴利调度计划应包括以下内容

①当年水库蓄水及来水的预测。②协调并初定各用水单位对水库供水的要求。③拟订水库各时段的水位控制指标。④制订年（季、月）的具体供水计划。

（3）实施兴利调度时

应实时调整兴利调度计划，并报主管部门备案。当遭遇特殊干旱年，应该重新调整供水量，报主管部门核准后执行。

**5. 控制运用**

（1）水库管理单位

应根据批准的防洪和兴利调度计划或上级主管部门的指令，实施涵闸的控制运用。执行完毕后，应向上级主管部门报告。

（2）溢洪闸需超标准运用时

应按批准的防洪调度方案执行。

（3）在汛期

除设计兼有泄洪功能的输水涵洞可用于泄洪外，其他输水涵洞不能进行泄洪运用。

（4）闸门操作运用应符合下列要求

①当初始开闸或较大幅度增加流量时，应采取分次开启的方法，使过闸流量与下游水位相适应。②闸门开启高度应避免处于发生振动的位置。③过闸水流应保持平稳，避免发生集中水流、折冲水流、回流、漩涡等不利流态。④关闸或减少泄洪流量时，应避免下游河道水位降落过快。⑤输水涵洞应避免洞内长时间处于明满流交替状态。

（5）闸门开启前应做好下列准备工作

①检查闸门启闭状态有无卡阻。②检查启闭设备是否符合安全运行要求。③检查闸下溢洪道及下游河道有无阻水障碍。④及时通知下游。

（6）闸门操作应遵守下列规定

①多孔闸闸门应按设计提供的启闭要求及闸门操作规程进行操作运用，一般应同时分级均匀启闭，不能同时启闭的，开闸时应先中间后两边，由中间向两边依次对称开启；关闸时应先两边、后中间，由两边向中间依次对称关闭。②电动、手摇两用启闭机在采用人工启门前，应先断开电源；闭门时禁止松开制动器，使闸门自由下落，操作结束后应立即取下摇柄。③两台启闭机控制一扇闸门的，应保持同步；一台启闭机控制多扇闸门的，闸门开度应保持相同。④操作过程中，如发现闸门有沉重、停滞、卡阻、杂声等异常现象，应立即停止运行，并进行检查处理。⑤使用液压启闭机，当闸门开启到预定位置，而压力仍然升高时，应立即控制油压。⑥当闸门开启接近最大

开度或关闭接近底槛时，应加强观察并及时停止运行；闸门关闭不严时，应查明原因进行处理；使用螺杆启闭机的，应采用手动关闭。

（7）采用计算机自动监控的水闸

应根据工程的具体情况，制定相应的运行操作及管理规程。

**6. 冰冻期间运用**

第一，水库管理单位应在每年 11 月底前，制订冬季保护计划，做好防冻的准备工作，备足所需物资。

第二，冰冻期间应因地制宜地采取有效的防冻措施，防止建筑物及闸门受冰压力损坏和冰块撞击。一般可采取在建筑物及闸门周围凿 1 米宽的不冻槽，内置软草或柴捆的防冻措施。闸门启闭前，应消除闸门周边和运转部位的冻结。

第三，解冻期间溢洪闸如需泄水，应将闸门提出水面或小开度泄水。

第四，雨雪后应立即清除建筑物表面及其机械设备上的积雪和积水，防止冻坏设备。备用发电机组在不使用时，应该采取防冻措施。

**7. 洪水调度考评**

第一，水库管理单位应在汛后或年末，对水库洪水调度运用工作进行自我评价。

第二，水库洪水调度考评包括基础工作、经常性工作、洪水预报及洪水调度等内容。

### （二）河道调度运用

河道调度是通过河道内闸（坝）进行调度运用。

**1. 一般规定**

（1）应服从上级防汛指挥机构的调度

水闸管理单位应根据水闸规划设计要求和本地区防汛抗旱调度方案制订水闸控制运用原则或方案，报上级主管部门批准，水闸的控制运用应服从上级防汛指挥机构的调度。

（2）水闸控制运用，应符合下列原则

①局部服从全局，兴利服从抗灾，统筹兼顾。②综合利用水资源。③按照有关规定和协议合理运用。④与上、下游和相邻有关工程密切配合运用。

（3）水闸管理单位应根据规划设计的工程特征值

结合工程现状确定下列有关指标，作为控制运用的依据：

①上、下游最高水位、最低水位。②最大过闸流量，相应单宽流量及上、下游水位。③最大水位差及相应的上、下游水位。④上、下游河道的安全水位和流量。⑤兴利水位和流量。

（4）需制订控制运用计划的水闸管理单位

应按年度或分阶段制订控制运用计划，报上级主管部门批准之后执行。

（5）水闸的控制运用

应按照批准的控制运用原则、用水计划或上级主管部门的指令进行，不得接受其

他任何单位和个人的指令。对上级主管部门的指令应详细记录、复核；执行完毕后，应向上级主管部门报告。承担水文测报任务的管理单位还应及时发送水情信息。

（6）当水闸确需超标准运用时

应进行充分的分析论证和复核，提出可行的运用方案，报上级主管部门批准后施行。运用过程中应加强工程观测，发现问题需及时处置。

（7）在保证工程安全、不影响工程效益发挥的前提下，可照顾以下要求

①保持通航河道水位相对稳定和最小通航水深。②水力发电。

（8）有淤积的水闸

应优化调度水源，扩大冲淤水量，并采取妥善的运用方式防淤减淤。

（9）水闸泄流时

应防止船舶和漂浮物影响闸门启闭或危及闸门、建筑物安全。

（10）通航河道上的水闸

管理单位应及时向有关单位通报有关水情。

**2. 各类水闸的控制运用**

（1）节制闸的控制运用应符合下列要求

①根据河道来水情况和用水需要，适时调节上下游水位和下泄流量。②当出现洪水时，及时泄洪；适时拦蓄尾水。

（2）分洪闸的控制运用应符合下列要求

①当接到分洪预备通知后，应立即做好开闸前的准备工作。②当接到分洪指令后，必须按时开闸分洪。开闸前，鸣笛预警。③分洪初期，应该严格按照实施细则的有关规定进行操作，并严密监视消能防冲设施的安全。④分洪过程中，应做好巡视检查工作，随时向上级主管部门报告工情、水情变化情况，及时执行调整水闸泄量的指令。

（3）排水闸的控制运用应符合下列要求

①冬春季节控制适宜于农业生产的闸上水位；多雨季节遇有降雨天气预报时，应适时预降内河水位；汛期应充分利用外河水位回落时机排水。②双向运用的排水闸，在干旱季节，应根据用水需要，适时引水。③蓄、滞洪区的退水闸，应该按上级主管部门的指令按时退水。

（4）引水闸的控制运用应符合下列要求

①根据需水要求和水源情况，有计划地进行引水；如外河水位上涨，应防止超标准引水。②水质较差或河道内含沙量较高时，应减少引水流量直至停止引水。

（5）挡潮闸的控制运用应符合下列要求

①排水应在潮位落至与闸上水位相平后开闸，在潮位回涨至接近闸上水位时关闸，防止海水倒灌。②根据各个季节供水与排水等不同要求，应控制适宜的内河水位，汛期有暴雨预报，应适时预降内河水位。③汛期应充分利用泄水冲淤，非汛期有冲淤水源的，宜在大潮期冲淤。

（6）橡胶坝的控制运用应符合下列要求

①严禁坝袋超高超压运用，即充水（充气）不得超过设计内压力。单向挡水的橡

胶坝，严禁双向运用。②坝顶溢流时，可改变坝高来调节溢流水深，从而避免坝袋发生振动。③充水式橡胶坝冬季宜坍坝越冬；若不能坍坝越冬，应在临水面采取防冻破冰措施；冬季冰冻期间，不得随意调节坝袋；冰凌过坝时，对坝袋应采取保护措施。④橡胶坝挡水期间，在高温季节为降低坝袋表面温度，可以将坝高适当降低，在坝顶上面短时间保持一定的溢流水深。

**3. 闸门操作运用**

（1）闸门操作运用的基本要求是

①过闸流量应与下游水位相适应，使水跃发生在消力池内；当初始开闸或较大幅度增加流量时，应采取分次开启办法，每次泄放的流量应根据始流时闸下安全水位流量关系曲线确定，并根据“闸门开高水位流量关系曲线”确定闸门开高；每次开启后需等闸下水位稳定后才能再次增加开启高度。②过闸水流应平稳，避免发生集中水流、折冲水流、回流、漩涡等不良流态。③关闸或减少过闸流量时，应该避免下游河道水位降落过快。④应避免闸门开启高度在发生振动的位置。

（2）闸门启闭前应做好下列准备工作

①检查上下游管理范围和安全警戒区内有无船只、漂浮物或其他阻水障碍，并进行妥善处理。②闸门开启泄流前，应及时发出预警，通知下游有关村庄和单位。③检查闸门启闭状态，有无卡阻。④检查机电等启闭设备是否符合安全运行要求。⑤观察上下游水位、流态，查对流量。

（3）多孔水闸的闸门操作运用应符合下列规定

①多孔水闸闸门应按设计提供的启闭要求或管理运用经验进行操作运行，一般应同时分级均匀启闭；不能同时启闭的，应由中间向两边依次对称开启，由两边向中间依次对称关闭。②多孔闸闸下河道淤积严重时，能够开启单孔或少数孔闸门进行适度冲淤，但应加强监视，严防消能防冲设施遭受损坏。③多跨橡胶坝，坍坝时应均匀对称、缓慢坍落，以调整下游水流，避免有害冲刷；起坝时也应均匀对称，通常应同时起坝或先充起两侧边孔坝袋。

（4）闸门操作应遵守下列规定

①应由熟练人员进行操作、监护，做到准确及时。②电动手摇两用启闭机人工操作前，必须先断开电源；闭门时严禁松开制动器使闸门自由下落；操作结束应立即取下摇柄。③有锁定装置的闸门，闭门前应先打开锁定装置；闸门开启时，待锁定可靠后，才能进行下一孔操作。④两台启闭机控制一扇闸门的，应严格保持同步；一台启闭机控制多扇闸门的，闸门开度应保持相同。⑤闸门正在启闭时，不得按反向按钮；如需反向运行，应先按停止按钮，然后才能反向运行。⑥运行时如发现异常现象，如沉重、停滞、卡阻、杂声等，应立即停止运行，待检查处理后再运行。⑦使用液压启闭机，当闸门开启到达预定位置，但压力仍然升高时，应立即控制油压。⑧当闸门开启接近最大开度或关闭接近底板门槛时，应加强观察并及时停止运行；遇有闸门关闭不严现象，应查明原因进行处理；使用螺杆启闭机的，禁止强行顶压。

（5）闸门启闭结束后

应核对启闭高度、孔数，观察上下游流态，并填写启闭记录，内容包括：启闭依据、操作人员、操作时间、启闭顺序及历时、水位、流量、流态、闸门开高、启闭设备运行情况等。

（6）采用计算机自动监控的水闸

应根据本工程的具体情况，制定相应的运行操作以及管理规程。

**4. 防汛工作**

（1）每年汛前管理单位应做好以下工作

①进行汛前工程检查观测，做好设备保养工作。②制订各项汛期工作制度和汛期工作计划，落实各项防汛责任制。③根据工情、水情变化情况，修订本工程防洪预案，对可能发生的险情，拟订应急抢险方案。④检查和补充机电设备备品备件、防汛抢险器材和物资。⑤检查通信、照明、备用电源、起重、运输设备等是否完好。⑥清除管理范围内上下游河道的行洪障碍物，从而保证水流畅通。⑦按批准的岁修、急办项目计划，完成度汛应急工程。

（2）汛期管理单位应做好以下工作

①加强汛期岗位责任制的执行，各项工作应定岗落实到人。②加强24小时防汛值班，确保通信畅通，密切注意水情，及时掌握水文和气象预报，特别是洪水预报工作，准确及时地执行上级主管部门的指令。③严格执行请示汇报制度，按上级主管部门的要求和规定执行。④严格执行请假制度，汛期管理单位负责人未经上级主管部门批准不得离开工作岗位。⑤进一步加强工程的检查观测，随时掌握工程状况，发现问题及时处理。⑥闸门开启后，应加强对工程和水流情况的巡视检查，行洪时，应有专人昼夜值班；泄水后，应对工程进行检查，发现问题及时上报并进行处理。⑦对影响安全运行的险情，应及时组织抢修，并向上级主管部门汇报。

（3）汛后管理单位应做好以下工作

①开展汛后工程检查观测，做好设备保养工作。②检查机电设备备品备件、防汛抢险器材和物资消耗情况，编制物资补充计划。③根据汛后检查发现的问题，编制下一年度工程养护修理计划。④按批准的岁修、水毁项目计划，按期完成工程施工。⑤及时进行防汛工作总结，并制订下一年度工作计划。

**5. 冰冻期间运用**

（1）制订冬季管理计划

管理单位应在每年11月底前制订冬季管理计划，做好防冻、防冰凌的准备工作，备足所需物资。

（2）冰冻期间

应因地制宜地采取有效的防冻措施，防止建筑物及闸门受冰压力损坏和冰块的撞击；闸门启闭前，应采取措施，消除闸门周边和运转部位的冻结。

（3）封冻期间

应保持闸上水位平稳，以利上游形成冰盖。

（4）解冻期间

一般不宜泄水，如必须泄水时，应将闸门提出水面或小开度泄水。

（5）雨雪后

应立即清除建筑物表面及其机械设备上的积雪、积水，防止冻结和冻坏设备。备用的柴油发电机组不使用时，应采取保暖和防冻措施。

### （三）现代水网调度

现代化水网的诞生是人类社会进步的产物，也是水利事业发展的结果。远在我国古代，为了军事或交通运输的目的，古代的统治者不惜耗费巨资修建人工运河，从战国时期的邗沟开始，到元朝时期的京杭大运河，古代劳动人民沟通了海河、黄河、淮河、长江和钱塘江五大水系。人工河道的开凿是古代水网建设的雏形。新中国成立以后，为解决部分区域供水紧张的问题，诸多跨流域调水工程相继建设，如胶东调水工程，天津市的引滦入津、甘肃省的引大入秦等工程。进入21世纪，我国北方水资源短缺阻碍了国民经济的发展，令世人瞩目的南水北调东线、中线工程相继完工，这一壮举不仅改变了我国水利工程格局，而且使水资源网络思想显现出来。更多具有网状结构的水利工程被规划出来，使大小河流、湖泊、水库、调水工程、输水渠道、供水管道等交错连接，预示着水资源系统已经步入现代化的网络时代，也奠定了现代化水网系统的工程基础。

现代化水网系统，就采用现代化工程技术、现代化信息技术和现代化管理技术，以联成网状的水利工程为基础，以水资源优化配置方案为约束，以法律法规为保障，建立起来的现代水资源开发利用体系，它可以实现水资源在时间、空间以及部门间的重新分配，进而按照社会发展的需求达到水资源的高效和可持续利用。洪水作为一种特殊的水资源，不具有长期利用的特性，供水保证率低，具有水害、兴利的双重属性，而且开发利用洪水资源的难度、风险比常规水资源要大，采用单一的工程调度难以有效实现洪水资源化，而通过水网调度则可以扬长避短，使这种特殊的水资源在短时间内融入水资源调配体系，得到有效利用。可见现代化水网调度是最大限度实现洪水资源化最根本、最重要的途径之一。

一个完整的现代化水网体系包括水源、工程、水传输系统、用户、水资源优化配置方案和法律法规六大要素，其中水源、工程、水传输系统和用户是“外在形体”，水资源优化配置方案和法律法规是“内在精神”，尤其是水资源优化配置方案是现代化水网效益发挥的关键所在。该系统所依托的工程涉及为实现水资源引、提、输、蓄、供、排等环节所建设的所有单项工程，包括饮水工程（闸、坝等）、提水工程（泵站、机井、大口井等）、输水工程（河道、渠道、隧洞、渡槽等）、蓄水工程（水库、塘坝、拦河闸坝、湖泊等）、供水工程、排水工程等所有工程网络架构，具有实现水资源最优化配置的优势。水资源优化配置方案，即所有调水规则的总和，没有它水网就犹如一盘散沙，水资源无从实现优化配置和调度，水网的综合效益也就无法发挥。

现代化水网调度，是指现代化水网系统中水资源优化配置，就是在全社会范围内

通过水资源在不同时间、不同地域、不同部门间的科学、合理、实时调度，以尽可能小的代价获得尽可能大的利益。对于洪水资源化而言，现代化水网正好提供了一个解决水多与水少矛盾的最佳平台。针对一次洪水，在确保防洪安全的前提下，改变以往将洪水尽快排走、入海为安的做法，将其纳入整个现代化水网体系中，运用既定的水资源优化配置方案进行科学调度，逐级调配、吸纳及消化，既将洪水进行削峰、错时、阻滞，又将洪水资源进行调配、利用，一举两得。

现代水网是一个立体的系统工程，从地域角度来看，可归属不同的流域和行政区域。若与水行政管理统一起来，可分为省级水网、市级水网和县级水网。省级现代化水网，通过大型河流、输水干道、渠道输水，利用大中型水库、平原水库、闸坝等对水量进行调蓄，实现外调水资源及省内水资源在各市间的优化配置和调度。市级现代化水网，主要是实现县区间的水资源配置，根据市级自身特点，推行多样化网络构建形式，一方面合理分配省级网络确定的外调水资源，另一方面科学地调度本市自身的各类水资源。县级现代化水网，主要是实现县域范围内各部门间的水资源优化配置和调度，在工程上可不拘于形式和规模，调水干线、河流、渠道、水库、塘坝等均可用于水资源的调度，一切以水资源的优化利用为导向。各级水网均具有各自功能、目标和定位，下一级水网只有在执行上一级水网水资源优化配置方案的基础上，采取进一步优化配置措施，着眼大局和长远利益，才能实现由整体到局部、由粗放到精细、由面到点的水量优化调度过程。在现代化水网调度中，水库河道联合调度尤为重要，对一个流域而言，水库与水库之间有串联和并联，河网与河网之间有交叉，水库与河道相互联系、相互制约，构成一个多目标、多约束、多边界的复杂系统。从防汛和洪水资源化观念统筹分析，水库河道联合调度就是针对不同的来水情况实施不同的水库河道防洪调度原则，将单个水库、河道、湖泊、蓄滞洪区的调度方案进行优化整合，制定统一的调度方案，在优先保障防洪安全的前提下，要尽量做到雨洪资源的最大利用。

# 第七章　水利工程水环境保护

## 第一节　水环境保护概述

### 一、水环境的概念

水环境是指自然界中水的形成、分布和转化所处的空间环境。因此，水环境既可指相对稳定的、以陆地为边界的天然水域所处的空间环境，也可指围绕人群空间及可直接或间接影响人类生活和发展的水体，其正常功能的各种自然因素和有关的社会因素的总体，也有的指相对稳定的、以陆地为边界的天然水域所处空间的环境。水环境主要由地表水环境和地下水环境两部分组成。地表水环境包括河流、湖泊、水库、海洋、池塘、沼泽、冰川等；地下水环境包括泉水、浅层地下水、深层地下水等。水环境是构成环境的基本要素之一，是人类社会赖以生存和发展的重要场所，也是受人类干扰和破坏最严重的领域。

通常，“水环境”与“水资源”两个词很容易混淆，其实两者既有联系又有区别。狭义上的水资源是指人类在一定的经济技术条件下能够直接使用的淡水。广义上的水资源是指在一定的经济技术条件下能够直接或间接使用的各种水和水中物质。从水资源这一概念引申，也可以将水环境分作两方面：广义水环境是指所有的以水作为介质来参与作用的空间场所，从该意义上来看基本地球表层都是水环境系统的一部分；而狭义水环境是指与人类活动密切相关的水体的作用场所，主要是针对水圈和岩石圈的浅层地下水部分。

### 二、水环境问题的产生

水环境问题是伴随着人类对自然环境的作用和干扰而产生的。长期以来自然环境给人类生存发展提供了物质基础和活动场所，而人类则通过自身的种种活动来改变环境。随着科学技术的迅速发展，使得人类改变环境的能力日益增强，但发展引起的环境污染则使人类不断受到种种惩罚和伤害，甚至使赖以生存的物质基础受到严重破坏。当前环境问题已成为当今制约、影响人类社会发展的关键问题之一。从人类历史发展

来看，环境问题的发展过程可以分为以下三个阶段：

### （一）生态环境早期环境破坏阶段

此阶段包括人类出现以后直至工业革命的漫长时期，因此又称为早期环境问题。在原始社会中，由于生产力水平极低，人类依赖自然环境，过着以采集天然植物为生的生活。此时，人类主要是利用环境，而很少有意识地改造环境，因此，当时环境问题并不突出。到了奴隶社会和封建社会时期，由于生产工具不断进步，生产力逐渐提高，人类学会了驯化野生动植物，出现了耕作业和渔牧业的劳动分工。人类利用和改造环境的力量增强，与此同时，也产生了相应的生态破坏问题。由于过量地砍伐森林，盲目开荒，乱采乱捕，滥用资源，破坏草原，造成了水土流失、土地沙化和环境轻度污染问题。但这一阶段的人类活动对环境的影响还是局部的，没有达到影响整个生物圈的程度。

### （二）近代城市环境问题

此阶段从工业革命开始到20世纪80年代发现南极上空的臭氧洞为止。18世纪后期欧洲的一系列发明和技术革新大大提高了人类社会的生产力，人类以空前的规模和速度开采和消耗能源和其他自然资源。这一阶段环境问题跟工业和城市同步发展。发生了震惊世界的“八大公害”事件，其中日本的水俣病事件、富山骨痛病事件均与水污染有关。

与前一时期的环境问题相比，这一时期的特点是：环境问题由工业污染向城市污染和农业污染发展；点源污染向面源污染发展；局部污染正迈向区域性和全球性污染，构成了世界上第一次环境问题高潮。

### （三）全球性环境问题阶段

它始于20世纪80年代由英国科学家发现在南极上空出现“臭氧空洞”，构成了第二次世界环境问题高潮。这一阶段环境问题的核心，是与人类生存休戚相关的“淡水资源污染”“海洋污染”“全球气候变暖”“臭氧层破坏”“酸雨蔓延”等全球性环境问题，引起了各国政府和全人类的高度重视。

该阶段环境问题影响是大范围的，乃至全球性的，不但对某个国家、某个地区造成危害，而且对人类赖以生存的整个地球环境造成危害，因此是致命的，又是人人难以回避的。第二阶段环境问题高潮主要出现在经济发达国家，而当前出现的环境问题，既包括经济发达国家，也包括众多的发展中国家。发展中国家不仅与国际社会面临的环境问题休戚相关，而且本国面临的诸多环境问题，像植被和水土流失加剧造成的生态破坏，是比发达国家的环境污染更大、更难解决的环境问题。当前出现的高潮既包括了对人类健康的危害，又显现了生态环境破坏对社会经济持续发展的威胁。

总体来看，水环境问题自古就有，并且随着人类社会的发展而发展，人类越进步，水环境问题也就越突出。发展和环境问题是相伴而生的，只要有发展就不能避免环境问题的产生。要解决环境问题，就要从人类、环境、社会和经济等综合的角度出发，找到一种既能实现发展又能保护好生态环境的途径，协调好发展以及环境保护的关系，实现人类社会的可持续发展。

### 三、水环境保护的任务和内容

水环境保护工作，是一个复杂、庞大的系统的工程，其主要任务与内容有：

第一，水环境的监测、调查与试验，以获得水环境分析计算和研究的基础资料；

第二，对排入研究水体的污染源的排污情况进行预测，称污染负荷预测，包括对未来水平年的工业废水、生活污水、流域径流污染负荷的预测；

第三，建立水环境模拟预测数学模型，根据预测的污染负荷，预测不同水平年研究水体可能产生的污染时空变化情况；

第四，水环境质量评价，以全面认识环境污染的历史变化、现状和未来的情况，了解水环境质量的优劣，为环境保护规划与管理提供依据；

第五，进行水环境保护规划，根据最优化原理与方法，提出满足水环境保护目标要求的水污染负荷防治的最佳方案；

第六，环境保护的最优化管理，运用现有的各种措施，最大限度减少污染。

## 第二节　水体污染与水环境监测

### 一、水体污染概述

#### （一）水环境污染

水体就是江河湖海、地下水、冰川等的总称，是被水覆盖地段的自然综合体。它不仅包括水，还包括水中溶解物质、悬浮物、底泥、水生生物等。水体受人类或自然因素的影响，使水的感官性状、物理化学性质、化学成分、生物组成及底质情况等产生恶化，污染指标超过水环境质量标准，称为水污染或水环境污染。

#### （二）水体自净

污染物进入水体以后，一方面对水体产生污染，另一方面水体本身有一定的净化污染物的能力，使污染物浓度和毒性逐渐下降，经一段时间后恢复到受污染前的状态，这就是水体自净作用产生的结果。

广义的水体自净指的是受污染的水体由于物理、化学及生物等方面的作用，使污染物浓度逐渐降低，经一段时间后恢复到受污染前的状态；狭义的是指水体中的微生物氧化分解有机污染物而使得水体得以净化的过程。水体的自净能力是有限度的。

影响水体自净过程的因素很多，主要有：河流、湖泊、海洋等水体的地形和水文条件；水中微生物的种类和数量；水温和富氧（大气中的氧接触水面溶入水体）状况；污染物的性质和浓度等。

水体自净是一个物理、化学、生物作用极其复杂的过程。

物理净化过程，是指污染物在水体中混合、稀释、沉淀、吸附、凝聚、向大气挥发及病菌死亡等物理作用下使水体污染物浓度降低的现象，例如污水排入河流后，在下游不远的地方污染浓度就会大大降低，就主要是扩散作用混合、稀释的结果。

化学净化过程，是指污染物在水中由于分解与化合、氧化与还原、酸碱反应等化学作用下，致使污染浓度降低或毒性丧失的现象，例如水在流动中，大气里的氧气不断溶入，使铁、镁等离子氧化成难溶的盐类而沉淀，从而减少它们在水中的含量。

生物净化过程，是水体内的庞大的微生物群，在它们分泌的各种酶的作用下，使污染物不断发生分解和转化为无害物质的现象，例如有机物在细菌作用下，部分转化为菌体，部分转化为无机物；接着细菌又成为水中原生动物的食料，原生动物又成为后生动物、高等水生动物的食物，无机物为藻类等植物吸收，使之发育成长，这样有机物逐步转化为无害无机物和高等水生生物，达到无害化，从而起净化作用。污水处理厂很多就是根据水体的自净原理，人为地在一个很小的范围内营造一套非常有利的使水体净化的优良条件，使污水在很短的时间内转化为无害的物质，并从水中分离出去，从而达到净化。但也必须指出：污染物在水中的转化，有时也会使水体污染加重，如无机汞的甲基化，可使毒性大大增加。

### （三）水环境污染物

水中存在的各种物质（包括能量），其含量变化过程中，凡有可能引起水的功能降低而危害生态健康，尤其人类的生存与健康时，则称它们造成了水环境污染，于是它们被称为污染物，如水中的泥沙、重金属、农药、化肥、细菌、病毒、藻类等。可以说，几乎水中的所有物质，当超过一定限度时都会形成水体污染，因此，一般均称其为污染物。显然，水中的污染物含量不损害要求的水体功能时，尽管它们存在，并不造成污染。例如水中适当的氮、磷、温度、动植物等，对维持良好的生态系统持续发展还是有益的，所以，千万不能认为水中有污染物存在就一定会造成水体污染。

### （四）水环境污染的类别

自然界中的水环境污染，从不同的角度可以划分为各种污染类别。

**1. 从污染成因上划分**

可以分为自然污染和人为污染。自然污染是指由于特殊的地质或自然条件，使一些化学元素大量富集，或天然植物腐烂中产生的某些有毒物质和生物病原体进入水体，从而污染了水质。例如，某一地区地质化学条件特殊，某种化学元素大量富集于地层中，由于降水、地表径流，使该元素和其盐类溶解于水或夹杂在水流中而被带入水体，造成水环境污染。或者地下水在地下径流的漫长路径中，溶解了比正常水质多的某种元素和其盐类，造成地下水污染。当它以泉的形式涌出地面流入地表水体时，造成了地表水环境的污染。人为污染则是指由于人类活动（包括生产性的和生活性的）向水体排放的各类污染物质的数量达到使水和水体底泥的物理、化学性质或者生物群落组成发生变化，从而降低了水体原始使用价值而造成的水环境污染。

**2. 从污染源划分**

可分为点污染源和面污染源。

点污染源主要有生活污水和工业废水。由于产生废水的过程不同，这些污水、废水的成分和性质有很大差别。

生活污水主要来自家庭、商业、学校、旅游服务业及其他城市公共设施，包括厕所冲洗水、厨房洗涤水、洗衣机排水、沐浴排水及其他排水等。污水中主要含有悬浮态或溶解态的有机物质，还有氮、磷、硫等无机盐类和各种微生物。

工业废水产自工业生产过程，其水量和水质随生产过程而异，根据其来源可以分为工艺废水、原料或成品洗涤水、场地冲洗水以及设备冷却水等；根据废水中主要污染物的性质，可分为有机废水、无机废水、兼有机物和无机物的混合废水、重金属废水、放射性废水等；根据产生废水的企业性质，也可分为造纸废水、印染废水、焦化废水、农药废水、电镀废水等。

点污染源的特点是经常排污，其变化规律服从工业生产废水和城市生活污水的排放规律，它的量可以直接测定或者定量化，其影响可以直接评价。

面污染源主要指农村灌溉排水形成的径流，农村中无组织排放的废水，地表径流及其他废水。分散排放的小量污水，也可以列入面污染源。

农村废水一般含有有机物、病原体、悬浮物、化肥、农药等污染物，禽畜养殖业排放的污水，常含有很高的有机物浓度。由于过量施加化肥、使用农药，农田地面径流中含有大量的氮、磷营养物质和有毒农药。

大气中含有的污染物随降雨进入地表水体，也可以认为是面污染源，如酸雨，此外，天然性的污染源，如水与土壤之间的物质交换，也是一种面污染源。

面源污染的排放是以扩散方式进行的，时断时续并与气象因素有联系。

**3. 从污染的性质划分**

可分为物理性污染、化学性污染和生物性污染。

物理性污染是指水的浑浊度、温度和水的颜色发生改变，水面的漂浮油膜、泡沫以及水中含有的放射性物质增加等。常见的物理性污染有悬浮物污染、热污染和放射性污染三种。

化学性污染包括有机化合物和无机化合物的污染，如水中溶解氧减少，溶解盐类增加，水的硬度变大，酸碱度发生变化或水中含有某种有毒化学物质等。常见的化学性污染有酸碱污染、重金属污染、需氧性有机物污染、营养物质污染、有机毒物污染等。

生物性污染是指水体中进入了细菌和污水微生物，导致病菌及病毒的污染。事实上，水体不只受到一种类型的污染，而是同时受到多种性质的污染，并且各种污染互

相影响，不断地发生着分解、化合或生物沉淀作用。

**4. 从环境工程学角度划分**

环境工程学划分水体污染是依污染物质和能量（如热污染）所造成的各类型环境问题以及不同的治理措施，具体可以分为病原体污染、需氧物质污染、植物营养物质污染、石油污染、有毒化学物质污染、盐污染及放射性污染等。

### （五）水体污染的危害

**1. 水体污染严重危害人的健康**

水污染后，通过饮水或食物链，污染物进入人体，使人急性或慢性中毒。砷、铬、铵类、苯并［a］芘等，还可诱发癌症。被寄生虫、病毒或其他致病菌污染的水，会引起多种传染病和寄生虫病。重金属污染的水，对人的健康均有危害。被镉污染的水、食物，人饮食后，会造成肾、骨骼病变，摄入硫酸镉20mg，就会造成死亡。铅造成的中毒，引起贫血，神经错乱。六价铬有很大毒性，引起皮肤溃疡，还有致癌作用。饮用含砷的水，会发生急性或慢性中毒。砷使许多酶受到抑制或失去活性，造成机体代谢障碍，皮肤角质化，引发皮肤癌。有机磷农药会造成神经中毒，有机氯农药会在脂肪中蓄积，对人和动物的内分泌、免疫功能、生殖机能均造成危害。稠环芳烃多数具有致癌作用。氰化物也是剧毒物质，进入血液后，与细胞的色素氧化酶结合，使呼吸中断，造成呼吸衰竭窒息死亡。世界上80%的疾病与水有关，伤寒、霍乱、胃肠炎、痢疾、传染性肝炎是人类五大疾病，均由水的不洁引起。

**2. 对工农业生产的危害**

水质污染后，工业用水必须投入更多的处理费用，造成资源、能源的浪费，食品工业用水要求更为严格，水质不合格，会使生产停顿。这也是工业企业效益不高，质量不好的因素。农业使用污水，如果灌溉水中的污染物质浓度过高会杀死农作物，有些污染物又会引起农作物变种，如只开花不结果，或者只长杆不结籽等。污染物质滞留在土壤中还会恶化土壤，积聚在农作物中的有害成分会危及人的健康。海洋污染的后果也十分严重，例如石油污染，造成海鸟和海洋生物死亡。

**3. 水污染造成水生态系统破坏**

水环境的恶化破坏了水体的水生态环境，导致水生生物资源的减少或中毒，以致灭绝。

水污染使湖泊和水库的渔业资源受到威胁。如素有“高原明珠”美誉的云南省最大的淡水湖——滇池，从20世纪70年代中后期开始，由于昆明市生活污水及工业废水的大量排入，致使滇池重金属污染和富营养化十分严重，藻类数量暴增，夏秋季84%的水面被藻类覆盖，作为饮用水源已有多项指标未达标。由于水体污染，珠江、长江河口的溯河性鱼虾资源遭到破坏，产量大幅度下降，部分内湾渔场荒废。

水污染恶化了水域原有的清洁的自然生态环境。水质恶化使许多江河湖泊水体浑浊，气味变臭，尤其是富营养化加速了湖泊衰亡。

## 二、水环境质量监测

水环境质量是指水环境对人群的生存和繁衍以及社会经济发展的适宜程度，通常指水环境遭遇污染的程度。水环境监测是指按照水的循环规律，对水的质和量以及水体中影响生态与环境质量的各种人为和天然因素所进行的统一的定时或随时监测，随着经济的不断发展，环境问题日益严重，对于环境质量的监测也就显得尤为重要。

### （一）水环境质量监测的实施部门

**1. 政府事业部门**

环保局下辖环境监测站，几乎每个省市县（区）都有环境监测站，例如深圳市环境监测站、北京市环境监测站。

**2. 学校科研单位**

一些学校拥有实验室，并通过国家认证，开展环境监测，主要目的是教学科研，也接受一些委托性质的环境监测业务，例如：广东省环境保护学校实验室、长沙环境保护职业技术学院实验室等。

**3. 民营环境类监测机构**

环境保护日益被重视起来，随之环境监测市场不断扩大，传统的环境监测站已经不能完全满足社会的环境监测需求，国家逐步开放了环境监测领域，民营力量加入了进来。专业从事环境监测，且具备 CMA 资质，开展的项目与环境监测站几乎相同的民营监测机构已成为社会委托性质的环境监测的首选。

### （二）水环境质量监测的内容

水环境质量监测的对象可分为纳污水体水质监测和污染源监测：前者包括地表水（江、河、湖、库、海水）和地下水；后者包括生活污水、医院污水及各种工业废水，有时还包括农业退水、初级雨水和酸性矿山排水等。对它们进行监测的目的可概括为以下几个方面：

第一，对进入江、河、湖泊、水库、海洋等地表水体的污染物质及渗透到地下水中的污染物质进行经常性的监测，以掌握水质现状及其发展趋势；

第二，对生产过程、生活设施及其他排放源排放的各类废水进行监视性监测，为污染源管理和排污收费提供依据；

第三，对水环境污染事故进行应急监测，为了分析判断事故原因、危害及采取对策提供依据；

第四，为国家政府部门制订环境保护法规、标准及规划，全面开展环境保护管理工作提供有关数据和资料；

第五，为开展水环境质量评价、预测预报及进行环境科学研究提供基础数据和手段；

第六，收集本底数据、积累长期监测资料，为研究水环境容量、实施总量控制与

目标管理提供依据。

### （三）水环境质量监测站网

水环境质量监测站网是在一定地区，按一定原则，用适当数量的水质监测站构成的水质资料收集系统。根据需要与可能，以最小的代价，最高的效益，使站网具有最佳的整体功能，是水质站网规划与建设的目的。目前，我国地表水的监测主要有水利和环保部门承担。

水质监测站进行采样和现场测定工程，是提供水质监测资料的基本单位。根据建站的目的以及所要完成的任务，水质监测站又可分为如下几类：

**1. 基本站**

通过长期的检测掌握水系水质动态，收集和积累水质的基本资料。

**2. 辅助站**

配合基本站进一步掌握水系水质状况。

### （四）水质监测分析方法

一个监测项目往往具有多种监测方法。为了保证监测结果的可比性，在大量实践的基础上，世界各国对各类水体中的不同污染物都颁布了相应的标准分析方法。我国现行的监测分析方法有国家标准分析方法、统一分析方法和等效分析方法三类。

**1. 标准分析方法**

包括国家和行业标准分析方法，这是较经典、准确度较高的方法，是环境污染纠纷法定的仲裁方法，也是用于评价其他测试分析方法的基准方法。

**2. 统一分析方法**

有些项目的监测方法还不够成熟，但又急需测定，为此，经过比较研究，暂时确定为统一的分析方法予以推广，在使用中积累经验，不断地完善，为上升为国家标准分析方法创造条件。

**3. 等效分析方法**

与上述两类方法的灵敏度、准确度、精密度具有可比性的分析方法称为等效方法。这类方法常常是一些比较新的技术，测试简便快速，但是必须经过方法验证和对比试验，证明其与标准方法或统一方法是等效的才能使用。

### （五）水环境质量监测项目

水环境监测的水质项目，随水体功能和污染源的类型不同而异，其污染物种类繁多，可达成千上万种，不可能也无必要一一监测，而是根据实际情况和监测目的，选择环境标准中那些要求控制的影响大、分布范围广、测定方法可靠的环境指标项目进行监测。一般的必测项目有 pH 值、总硬度、悬浮物含量、电导率、溶解氧、生化耗氧量、三氮、挥发酚、氰化物、汞、铬、铅、镉、砷、细菌总数以及大肠杆菌等。各地还应根据当地水污染的实际情况，增选其他测定项目。

**1. 地表水监测项目**

①以河流（湖、库）等地表水为例进行说明。河流（湖、库）等地表水全国重点基本站监测项目首先应符合必测项目要求；同时根据不同功能水域污染物的特征，增加表中部分选测项目；②潮汐河流潮流界内、入海河口及港湾水域应增测总氮、无机磷和氯化物；③重金属和微量有机污染物等可参照国际、国内有关标准选测；④若水体中挥发酚、总氧化物、总砷、六价铬、总汞等主要污染物连续三年未检出时，附近又无污染源，可将监测采样频率减为每年一次，在枯水期进行，一旦检出后，仍按原规定执行。

**2. 地下水监测项目**

①全国重点基本站应符合必测项目要求，同时根据地下水用途增加相关的选测项目。②源性地方病源流行地区应另增测碘、钼等项目。③工业用水应另增测侵蚀性二氧化碳、磷酸盐、总可溶性固体等项目。④沿海地区应另增测碘等项目。⑤矿泉水应另增测硒、锶、偏硅酸等项目。⑥农村地下水，可选测有机氯、有机磷农药及凯氏氮等项目；有机污染严重地区选择苯系物、烃类、挥发性有机碳及可溶性有机碳等项目。

### （六）采样时间和采样频率的确定

为反映水质随时间的变化，必须确定合理的采样时间和采样频率，其原则如下：

（1）对于较大水系的干流和中小河流，全年采样不少于 6 次，采样时间为丰水期、枯水期和平水期，每期采样 2 次；（2）城市工业区、污染较重的河流、游览水域、饮用水源地全年采样不少于 12 次，采样时间为每月 1 次或视具体情况选定；（3）底泥每年在枯水期采样 1 次；（4）潮汐河流，全年丰、平、枯水期采样，每期采样 2 天，分别在大潮期和小潮期进行，每次应采集当天涨、退潮水样分别测定；（5）设有专门监测站的湖库，每月采样 1 次，全年不少于 12 次；其他湖库，每年枯、丰水期各 1 次；污染较重的湖库、应酌情增加采样次数，背景断面每年采样 1 次；（6）地下水背景点每年采样 1 次；全国重点基本站每年采样 2 次；丰、枯水期各 1 次；地下水污染较重的控制井，每季度采样 1 次；在以地下水做生活饮用水源的地区中每月采样 1 次。

### （七）水样采集、运输与保存

**1. 水样的采集**

为了在现场顺利完成采样工作，采样前，要根据监测项目的性质和采样方法的要求，选择适宜材料的盛水容器和采样器，并清洗干净。此外，还要准备好交通工具，如船只、车辆。采样器具的材质要求化学性能稳定，大小和形状适宜，不吸附欲测组分，容易清洗并可反复使用。

（1）地表水水样的采集

采集表层水样时，可用桶、瓶直接采样，通常将其沉至水面下 0.3 ~ 0.5m 处采集。采集深层水样时，可使用带有重锤的采样器沉入水中指定的位置（采样点）采集，对于溶解气体（如溶解氧）的水样，常用双瓶采集器采集。此外，还有许多结构复杂的

采样器，如深层采水器、电动采水器、自动采水器、连续自动定时采水器等，要按使用说明对指定的水体位置采集水样。

（2）地下水水样的采集

从监测井中采集水样，常用抽水机抽取地下水取样。抽水机启动后，先放水数分钟，将积留在管道内的杂质及陈旧水排出，然后用采样器接取水样。对于无抽水设备的水井，可选择合适的专用采水器采集水样。

对于自喷泉水，可在涌水口处直接采样。

（3）底质样品（沉积物）的采集

底质监测断面的布设与水质监测断面相同，其位置应尽可能与水质监测断面一致，以便于将沉积物的组分及其物理化学性质与水质监测情况进行比较。

由于底质比较稳定，故采样频率远较水样低，一般每年枯水期采样一次，必要时可在丰水期增采一次。

底质样品采集量视监测项目、目的而定，通常为 1 ~ 2kg。表层底质样品一般采用抓式采样器或锥式采样器采集。前者适用于采集量较大的情况，后者采集量较小。管式泥心采样器用于采集柱状样品，以便了解底质中污染物的垂直分布。

**2. 水样的运输**

各种水质的水样，从采集到分析测定这段时间里，由于环境条件的改变，微生物新陈代谢活动和化学作用的影响，都可能引起水样中某些水质指标的变化。为将这些变化降低到最低程度，应该尽可能地缩短运输时间、尽快分析测定和采取适当的保护措施，有些项目则必须在现场测定。

对采集的每一个水样，都要做好记录，在采集容器上贴好标签，尽快运送到实验室。运输过程中，应注意：（1）要塞紧样品容器口的塞子，必要时用封口胶等密封；（2）为避免水样在运输过程中因振动、碰撞损坏和沾污，最好将样瓶装箱，并用泡沫塑料等填充物塞紧；（3）需冷藏的样品，应放入冷藏设备中运输，避免日晒；（4）冬季应防止水样结冰冻裂样品瓶；（5）水样如通过铁路或公路部门托运，样品瓶上应附上能够清晰识别样品来源及托运到达目的地的装运标签；（6）样品运输必须专门押运，防止样品损坏或玷污；样品移交实验室分析时，接收者和送样者双方应在样品登记表上签名，采样单和采样记录应由双方各存一份备查。

**3. 水样的保存**

储存水样的容器可能吸附欲测水样中的某些组分，或沾污水样，因此要选择性能稳定杂质含量低的材料制作的容器。常用的容器材质有硼硅玻璃、石英、聚乙烯、聚四氟乙烯。其中石英、聚四氟乙烯杂质含量少，但价格昂贵，较少使用，一般常规监测中广泛使用硼硅玻璃、聚乙烯材质的容器。

如果采集的水样不能及时分析测定时，应根据监测项目的要求，采取适当的保存措施储放。保存水样的措施一般有：（1）选择材质性能稳定的容器，以免沾污水样；（2）控制水样的 pH 值如用 $HN0_3$ 酸化，可防止重金属离子水解沉淀，或用 NaOH 碱化，使水样中的挥发性酚生成稳定的酚盐，防止酚的挥发等；（3）加入适宜的化学试剂，如生物抑制剂，抑制氧化还原反应和生化作用；（4）冷藏或冷冻降低细菌活性和化学反应速度。

### （八）水样的预处理

环境水样所含组分复杂，并且多数污染组分含量低，存在形态各异，所以在分析测定之前，往往需要进行预处理，以得到欲测组分适合测定方法要求的形态、浓度和消除共存组分干扰的试样体系。在预处理过程中，常因挥发、吸附及污染等原因，造成欲测组分含量的变化，故应对预处理方法进行回收率考核。下面介绍常用的预处理方法。

当测定含有机物水样中的无机元素时，需进行消解处理。消解处理的目的是破坏有机物，溶解悬浮性固体，将各种价态的欲测元素氧化成单一高价态或转变成易于分离的无机化合物。消解后的水样应清澈、透明、无沉淀，消解水样的方法有湿式消解法和干式消解法（干灰化法）。

**1. 湿式消解法**

（1）硝酸消解法

对于较清洁的水样，可用硝酸消解在混匀的水样中加入适量浓硝酸，在电热板上加热煮沸，得到清澈透明、呈浅色或无色的试液。蒸至近干，取下稍冷后加 2% 硝酸（或盐酸）20mL，过滤后的滤液冷至室温备用。

（2）硝酸－高氯酸消解法

方法要点是：取适量水样（100mL）加入 5mL 硝酸，在电热板上加热，消解至大部分有机物被分解。取下稍冷后加入高氯酸，继续加热至开始冒白烟，如试液呈深色，再补加硝酸，继续加热至冒浓厚白烟将尽（不可蒸干），取下样品冷却，加入 2% 硝酸，过滤后滤液冷至室温定容备用。

（3）硝酸－硫酸消解法

两种酸都有较强的氧化能力，其中硝酸沸点低，而硫酸沸点高，二者结合使用，可提高消解温度和消解效果。常用的硝酸与硫酸的比例为 5＋2。消解时，先将硝酸加入水样中，加热蒸发至小体积，稍冷，再加入硫酸、硝酸，继续加热蒸发至冒大量白烟，冷却，加适量水，温热溶解可溶盐，若有沉淀，应过滤，为提高消解效果，常加入少量过氧化氢。

（4）硫酸－磷酸消解法

两种酸的沸点都比较高，其中硫酸氧化性较强，磷酸能与一些金属离子如 $Fe^{3+}$ 等络合，故二者结合消解水样，有利于测定时消除 $Fe^{3+}$ 等离子的干扰。

（5）硫酸－高锰酸钾消解法

该方法常用于消解测定汞的水样。高锰酸钾是强氧化剂，在中性、碱性、酸性条件下都可以氧化有机物，其氧化产物多为草酸根，但在酸性介质中还可继续氧化。消解要点是：取适量水样，加适量硫酸和 5% 高锰酸钾，混匀后加热煮沸，冷却，滴加盐酸羟胺溶液破坏过量的高锰酸钾。

（6）多元消解法

为提高消解效果，在某些情况下需要采用三元以上酸或氧化剂消解体系。例如，处理测总铬的水样时，用硫酸、磷酸以及高锰酸钾消解。

（7）碱分解法

当用酸体系消解水样造成易挥发组分损失时，可改用碱分解法，即在水样中加入氢氧化钠和过氧化氢溶液，或者氨水和过氧化氢溶液，加热煮沸至近干，用水或稀碱溶液温热溶解。

**2. 干式消解法**

干式消解法也称干灰化法。多用于固态样品（如沉积物、底泥等底质）以及土壤样品的分解。其处理过程一般是：取适量样品于白瓷或石英蒸发皿中，置于水浴锅上蒸干后移入马弗炉内，于450～550℃灼烧到残渣呈灰白色，使有机物完全分解除去。取出蒸发皿，冷却，用适量2%硝酸（或盐酸）溶解样品灰分，过滤，滤液定容后供测定。

干式消解法的优点是安全、快速、没有试剂对样品和环境的污染；缺点是待测成分因挥发或与坩埚壁的组分（如硅酸盐）形成不溶性化合物而不能定量回收，故本方法不适用于处理测定易挥发组分（如砷、汞、镉、硒、锡等）的水样。

**3. 微波消解法**

该方法的原理是在2450MHz的微波电磁场作用下，样品与酸的混合物通过吸收微波能量，使介质中的分子相互摩擦，产生高热；同时交变的电磁场使介质分子产生极化，由极化分子的快速排列引起张力。由于这两种作用，样品的表面层不断被搅动破裂，产生新的表面与酸反应。由于溶液在瞬间吸收了辐射能，取代了传统分解方法所用的热传导过程，因而分解快速。

微波消解法与经典消解法相比具有以下优点：样品消解时间大大缩短；由于参与作用的消化试剂量少，因而消化样品具有较低的空白值；由于使用密闭容器，样品交叉污染的机会少，同时也消除了常规消解时产生大量酸气对实验室环境的污染，另外，密闭容器减少了或消除了某些易挥发元素的消解损失。

当水样中的欲测组分含量低于测定方法的测定下限时，就必须进行富集或浓缩；当有共存干扰组分时，就必须采取分离或掩蔽措施。富集和分离过程往往是同时进行的，常用的方法有过滤、挥发、蒸馏、溶剂萃取、离子交换、吸附、共沉淀、色谱分离、低温浓缩等，可根据具体情况选择使用。

（1）挥发

挥发分离法是利用某些污染组分易挥发，用惰性气体带出而达到分离目的的方法。例如，用冷原子荧光法测定水样中的汞时，先将汞离子用氯化亚锡还原为原子态汞，再利用汞易挥发的性质，通入惰性气体将其带出并送入仪器测定；用分光光度法测定水中的硫化物时，先使其在磷酸介质中生成硫化氢，再用惰性气体载入乙酸锌－乙酸钠溶液中吸收，从而达到与母液分离的目的。

（2）蒸馏

蒸馏法是利用水样中各组分具有不同的沸点而使其彼此分离的方法，分为常压蒸馏、减压蒸馏、水蒸气蒸馏、分馏法等。测定水样中的挥发酚、氰化物、氟化物时，均需在酸性介质中进行常压蒸馏分离；测定水样中的氨氮时，需在微碱性介质中常压蒸馏分离。蒸馏具有消解、分离以及富集三种作用。

（3）溶剂萃取

根据物质在不同的溶剂中分配系数不同，从而达到组分的分离与富集的目的，常用于水中有机化合物的预处理。根据相似相溶原理，用一种与水不相溶的有机溶剂与水样一起混合振荡，然后放置分层，此时有一种与或几种组分进入到有机溶剂中，另一些组分仍留在试液中，从而达到分离、富集的目的。该法常用于常量元素的分离及痕量元素的分离与富集；若萃取组分是有色化合物，可直接用于测定吸光度。

（4）吸附法

利用多孔性的固体吸附剂处理流体混合物，使其中所含的一种或数种组分吸附于固定表面上已达到分离的目的。再按照吸附机理可分为物理吸附和化学吸附。在水质分析中，常用活性炭、多孔性聚合物树脂等具有大的比表面和吸附能力的物质进行富集痕量污染物，然后用有机溶剂或加热解析后测定。吸附法富集倍数大，一般可达 $10^5 \sim 10^6$，适合低浓度有机污染物的富集；溶剂用量较少；能够处理大量的水样；操作较简单。

（5）离子交换法

该方法是利用离子交换剂与溶液中的离子发生交换反应进行分离的方法。离子交换法几乎可以分离所有的无机离子，同时也能用于许多结构复杂、性质相似的有机化合物的分离。在水样前处理中常用作超微量组分的分离和浓集。缺点是工作周期长。离子交换剂分为无机离子交换剂和有机离子交换剂两大类，广泛应用的是有机离子交换剂，即离子交换树脂。

（6）共沉淀法

共沉淀法系指溶液中一种难溶化合物在形成沉淀（载体）过程中，将共存的某些的痕量组分一起载带沉淀出来的现象。共沉淀现象在常量分离和分析中是力图避免的，但却是一种分离富集痕量组分的手段。

（7）冷冻浓缩法

冷冻浓缩法是取已除悬浮物的水样，使其缓慢冻结，随之析出相对纯净和透明的冰晶，水样中的溶质保留在剩余的液体部分中，残留的溶液逐渐浓缩，液体中污染物的浓度相应增加。其主要优点是对于由挥发或化学反应及某些沾污所引起误差可降到最低水平，不会导致明显的生物、化学或者物理变化。

## 三、水环境质量监测在水环境保护中的应用

水的各种用途不仅有量的要求还必须有质的保证。但是，人类在生产与生活活动中，将大量的生活污水、工业废水、农业退水及各种废弃物未经处理直接排入水体，造成江河湖库和地下水等水源的污染，引起水质恶化，影响生态系统，威胁人类健康。因此，需要及时了解和掌握水环境质量状况。水环境的质量状况是通过对水质进行连

续不断的监测得来的。水质监测是以江河湖库、地下水等水体和工业废水及生活污水的排放口为对象，利用各种先进的科技手段来测定水质是否符合国家规定的有关水质标准的过程，主要作用如下：

### （一）水资源保护的基本手段

水质监测是进行水资源保护科学研究的基础，根据长期收集的大量水质监测数据，就可研究污染物的来源、分布、迁移和变化的规律，对水质污染趋势做出预测，还可在此基础上开展模拟研究，正确评价水环境质量，确定水环境污染的控制对象，为研究水环境污染的控制对策和保护管理好水资源提供科学依据。

### （二）监测水资源质量变化

目前的水质监测方式为定期、定点监测各水系的水质，一般河流采样频次每年不得少于 12 次，每月中旬采样分析。正因为水质监测是重复不断地对某处的水质状况连续跟踪监测，所以它可以准确、及时、全面地反映水环境质量状况及发展趋势。同时，针对突发性水污染事件进行快速反应和跟踪监测的水污染应急监测，可以为保证人民群众的生活、生产用水安全及时提供可靠的信息。

### （三）保障饮用水源区的供水安全

饮用水源区水质直接关系到人民群众生命安全，为确保水源地的水量、水质能够满足饮用水安全标准要求，需要强化对水源地水量、水质的长期监控措施。

### （四）在流域水资源管理中的应用

流域水资源环境监测系统是处理、管理和分析流域内有关水及其生态环境的各种数据的计算机技术系统，主要分析、研究各种水体要素与自然生态环境、人类社会经济环境间相互制约、相互作用、相互耦合的关系，为相关决策制定提供科学依据。流域水资源环境监测系统以空间信息技术为支持，数据库技术为基础平台，在综合研究流域内自然地理与生态环境、社会经济发展等因素的基础上，提供与水资源时空分布密切相关的多源信息，建立水资源环境监测数据库和流域水资源环境监测系统，实现流域水资源环境管理信息化，使流域的水资源开发利用，水利工程管理等建立在及时、准确且科学的信息基础之上，更好地为流域可持续发展服务。

## 第三节　水环境保护措施

随着经济社会的迅速发展，人口的不断增长和生活水平的大大提高，人类对水环境所造成的污染日趋严重，正在严重地威胁着人类的生存和可持续发展，为解决这一问题，必须做好水环境的保护工作，水环境保护是一项十分重要、迫切和复杂的工作。

## 一、水环境保护法律法规及管理体制建设

### （一）水环境保护法律法规

立法是政策制定的依据，执法是政策落实的保障。随着我国法制化建设进程的稳步推进，水法律法规体系逐步完善，大大促进了水管理和政策水平的提高。伴随着法制建设的加强，水环境管理执法体系不断健全，有力地保障了各项水环境政策的落实。水环境管理方面已经建立有专项法律法规、行政法规、部门规章以及地方法规和行政规章等。

### （二）水环境保护管理体制建设

目前，我国已经初步建立符合我国国情的水环境管理体制，水环境管理归口生态环境部门，水利、建设、农业等部门各负其责，参与水环境管理，形成了一龙主管、多龙参与的管理体制。

从中央层面来看，我国水环境管理职能主要集中在生态环境部与水利部，其他相关部门在各自的职责范围内配合生态环境部和水利部对水环境进行管理，生态环境部与水利部在水环境管理方面的职能交叉主要表现为：

第一，生态环境部主管负责编制水环境保护规划、水污染防治规划，水利部门负责编制水资源保护规划。由于水资源具有不同于其他自然资源的整体性和系统性，因此这几类规划间不可避免地存在着重合。

第二，生态环境部和水利部各自拥有一套水环境监测系统，存在重复监测现象，而且由于采用的标准不一样，导致环境监测站和水文站的监测数据不一致，在协调跨地区水环境纠纷时，很难综合运用这些数据。由于部门之间职能交叉重叠，从而导致水环境管理效率低下，因此应加大部门间的协调沟通力度，进一步改革水环境管理体制。

## 二、水环境保护的经济措施

采取经济手段进行强制性调控是保护水环境的重要手段。目前，我国在水环境保护方面主要的经济手段是征收污水排污费，污染许可证可交易。

### （一）工程水费征收

新中国成立后，为支援农业，基本上实行无偿供水。这样使得用户认为水不值钱，没有节水观念和措施；大批已经建成的水利工程缺乏必要的运行管理和维修费用；国家财政负担过重，影响着水利事业的进一步发展。

### （二）征收水资源费

使用供水工程供应的水，应当按照规定向供水单位交纳水费，对城市中直接从地

下取水的单位征收水资源费；其他直接从地下或江河、湖泊取水的单位和个人，由省、自治区、直辖市人民政府决定征收水资源费。这项费用，按照取之于水和用之于水的原则，纳入地方财政，作为开发利用水资源和水管理的专项资金。

目前，我国征收的水资源费主要用于加强水资源宏观管理，例如水资源的勘测、监测、评价规划以及为合理利用、保护水资源而开展的科学研究和采取的具体措施。

### （三）征收排污收费

**1. 排污收费制度**

排污收费制度是指国家以筹集治理污染资金为目的，按照污染物的种类、数量和浓度，依照法定的征收标准，对向环境排放污染物或者超过法定排放标准排放污染物的排污者征收费用的制度，其目的是促进排污单位对污染源进行治理，同时也是对有限环境容量的使用进行补偿。

排污费征收的依据：排放污染物超过国家或者地方规定的污染物排放标准的企事业单位，依照国家规定缴纳超标准排污费并负责治理。

排污费征收的种类：污水排污费的征收对象是直接向水环境排放污染物单位和个体工商户。向水体排放污染物的，按照排放污染物的种类、数量缴纳排污费；向水体排放污染物超过国家或者地方规定的排放标准的，按照排放污染物的种类、数量加倍缴纳排污费；排污者向城市污水集中处理设施排放污水、缴纳污水处理费用的，不再缴纳排污费，即污水排污费分为污水排污费和污水超标排污费两种。

**2. 排污费征收工作程序**

（1）排污申报登记

向水体排放污染物的排污者，必须按照国家规定向所在地生态环境部门申报登记所拥有的污染物排放设施，处理设施和正常作业条件下排放污染物的种类、数量、浓度、强度等与排污有关的各种情况，并填报表。

（2）排污申报登记审核

应依据排污者的实际排污情况，按照国家强制核定的污染物排放数据、监督性监测数据、物料衡算数据或其他有关数据对排污者填报的登记报表。

（3）排污收费计算

环境监察机构应依据排污收费的法律依据、标准，依据核定后的实际排污事实、依据（排污核定通知书或排污核定复核通知书），根据国家规定的排污收费计算方法，计算确定排污者应缴纳的废水、废气、噪声及固废等收费因素的排污费。

（4）排污费征收与缴纳

排污费经计算确定后，环境监察机构应向排污者送达排污费缴纳通知单。

排污者应当自接到排污费缴纳通知单之日起 7 日内，向环保部门缴纳排污费。对排污收费行政行为不服的，应在复议或诉讼期间提起复议或诉讼，对复议决定不服的还可对复议决定提起诉讼。当裁定或判决维持原收费行为决定的，排污者应当在法定期限内履行，在法定期限内未自动履行的，原排污收费做出行政机关应申请人民法院强制执行；当裁定或制决撤销或部分撤销原排污收费行政行为的，环境监察机构依法重新核定并计征排污费。

### （四）污染许可证可交易

#### 1. 排污许可制度

排污许可制度是指向环境排放污染物的企事业单位，首先必须向环境保护行政主管部门，申请领取排污许可证，经审查批准发证后，方可按照许可证上规定的条件排放污染物的环境法律制度。排污单位必须在规定的时间内，持当地环境保护行政主管部门批准的排污申请登记表申请《排放许可证》。逾期未申报登记或谎报的，给予警告处分和处以5000元以下（含5000元）罚款。在拒报或谎报期间，追缴1~2倍的排污费。

排污许可制度在经济效益上存在很多缺陷：许可排污量是根据区域环境目标可达性确定的，只有在偶然的情况下，才可出现许可排污水平正好位于最优产量上，通常是缺乏经济效益的；只有当所有排污者的边际控制成本相等时，总的污染控制成本才达到最小，即使对各企业所确定的许可排污量都位于最优排污水平，由于各企业控制成本不同，难以符合污染控制总成本最小的原则。由于排污许可证制是指令性控制手段，要有特定的实施机构，还必须从有关行业雇佣专业人员，同时，排污收费制的实施还需要建立预防执法者与污染者相互勾结的配套机制，这些都导致了执行费用的增加。此外，排污许可证制是针对现有排污企业进行许可排污总量的确定，对将来新建、扩建、改建项目污染源的排污指标分配没有设立系统的调整机制，对污染源排污许可量的频繁调整不仅增加了工作量和行政费用，并且容易使企业对政策丧失信心，这些都可能导致排污许可证制度在达到环境目标上的低效率。

#### 2. 污染许可证可交易

可交易的排污许可证制避免了以上两种污染控制制度的弊端。所谓可交易的排污许可证制，是对指令控制手段下的排污许可证制的市场化，即建立排污许可证的交易市场，允许污染源及非排污者在市场上自由买卖许可证。排污权交易制具有以下优点：一是只要规定了整个经济活动中允许的排污量，通过市场机制的作用，企业将根据各自的控制成本曲线，确定生产与污染的协调方式，社会总控制成本的调整将趋于最低。二是与排污收费制相比，排污交易权不需要事先确定收费率，也不需要对费用率做出调整。排污权的价格通过市场机制的自动调整，排除了因通货膨胀影响而降低调控机制有效性的可能，能够提供良好的持续激励作用。三是污染控制部门可以通过增发或收购排污权来控制排污权价格，与排污许可证制相比，可大幅度减少行政费用支出。同时非排污者可以参与市场发表意见，一些环保组织可以通过购买排污权达到降低污染物排放、提高环境质量的目的。总之可交易的排污许可证制是总量控制配套管理制度的最优选择。

可交易排污许可证制是排污许可证制的附加制度，它以排污许可证制度为基础。随着计划经济体制向市场经济体制的过渡，建立许可证交易制的市场条件逐步成熟，

新建、扩建企业对排污许可有迫切的要求，构成排污交易市场足够庞大的交易主体。因此，污染控制部门应当积极引导，尽快建成适应我国社会经济发展与环境保护需要的市场化的排污许可交易制，在我国社会经济可持续发展过程中实现了经济环保效益的整体最优化。

## 三、水环境保护的工程技术措施

水环境保护还需要一系列的工程技术措施，主要包括以下几类：

### （一）加强水体污染的控制与治理

#### 1. 地表水污染控制与治理

由于工业和生活污水的大量排放，以及农业面源污染和水土流失的影响，造成地面水体和地下水体污染，严重危害生态环境和人类健康。对于污染水体的控制和治理主要是减少污水的排放量。大多数国家和地区根据水源污染控制与治理的法律法规，通过制定减少营养物和工厂有毒物排放标准和目标，建立污水处理厂，改造给水、排水系统等基础设施建设，利用物理、化学和生物技术加强水质的净化处理，加大污水排放和水源水质监测的力度。对于量大面广的农业面源污染、通过制定合理的农业发展规划，有效的农业结构调整，有机和绿色农业的推广以及无污染小城镇的建设，对面源污染进行源头控制。

污染地表水体的治理另一个重要措施就是内源的治理。由于长期污染，在地表水体的底泥中存在着大量的营养物及有毒有害污染物质。在合适的环境和水文条件下不断缓慢地释放出来。在浓度梯度和水流的作用下，在水体中不断地扩散和迁移，造成水源水质的污染与恶化。目前底泥的疏浚、水生生态系统的恢复、现代物化与生物技术的应用成为内源治理的重要措施。

#### 2. 地下水污染控制与治理

近年来，随着经济社会的快速发展，工业及生活废水排放量的急剧增加，农业生产活动中农药、化肥的过量使用，城市生活垃圾和工业废渣的不合理处置，导致我国地下水环境遭受不同程度的污染。地下水作为重要的水资源，是人类社会主要的饮水来源和生活用水来源，对于保障日常生活和生态系统的需求具有重要作用。尤其对我国而言，地下水约占水资源总量的1/3，地下水资源在我国总的水资源中占有着举足轻重的地位。

（1）物理处理法

物理法包括屏蔽法和被动收集法。

屏蔽法是在地下建立各种物理屏障，将受污染水体圈闭起来，以防止污染物进一步扩散蔓延。常用的灰浆帷幕法是用压力向地下灌注灰浆，在受污染水体周围形成一道帷幕，从而将受污染水体圈闭起来。其他的物理屏障法还有泥浆阻水墙、振动桩阻水墙、块状置换、膜和合成材料帷幕圈闭法等，适合在地下水污染初期用作一种临时性的控制方法。

被动收集法是在地下水流的下游挖一条足够深的沟道，在沟内布置收集系统，将水面漂浮的污染物质收集起来，或将受污染地下水收集起来以便处理的一种方法。在处理轻质污染物（如油类等）时较有效。

（2）水动力控制法

水动力控制法是利用井群系统通过抽水或向含水层注水，人为地区别地下水的水力梯度，从而将受污染水体与清洁水体分隔开来。根据井群系统布置方式的不同，水力控制法又可分为上游分水岭法和下游分水岭法。水动力法不能保证从地下环境中完全、永久地去除污染物，被用作一种临时性的控制方法，一般在地下水污染治理的初期用于防止污染物的蔓延。

（3）抽出处理法

抽出处理法是最早使用、应用最广的经典方法，根据污染物类型和处理费用分为物理法、化学法和生物法三类。在受污染地下水的处理中，井群系统的建立是关键，井群系统要控制整个受污染水体的流动。处理地下水的去向主要有两个，一是直接使用，另一个则是多用于回灌。后者为主要去向，多用于回灌多一些的原因是回灌一方面可以稀释被污染水体，冲洗含水层；另一方面可以加速地下水的循环流动，从而缩短地下水的修复时间。此方法能去除有机污染物中的轻非水相液体，而对重非水相液体的治理效果甚微。此外，地下水系统的复杂性和污染物在地下的复杂行为常常干扰此方法的有效性。

（4）原位处理法

原位处理法是当前地下水污染治理研究的热点，该方法不单成本低，而且还可减少地标处理设施，减少污染物对地面的影响。该方法又可划分为物理化学处理法和生物处理法。物理化学处理法技术手段多样，包括通过井群系统向地下加入化学药剂，实现污染的降解。

对于较浅较薄的地下水污染，可以建设渗透性处理床，污染物在处理床上生成无害化产物或沉淀，进而除去，该方法在垃圾场渗液处理中得到了应用。生物处理法主要是人工强化原生菌的自身降解能力，实现污染物的有效降解，常用的手段包括：添加氧、营养物质等。

地下水污染治理难度大，因此要注重污染的预防。对于遭受污染的水体，在污染初期要将污染水体圈闭起来，尽可能的控制污染面积，之后根据地下水文地质条件和污染物类型选择合适的处理技术，实现了地下水污染的有效治理。

### （二）节约用水、提高水资源的重复利用率

节约用水、提高水资源的重复利用率，可以减少废水排放量，减轻环境污染，有利于水环境的保护。

节约用水是我国的一项基本国策，节水工作近年来得到了长足的发展。据估计，工业用水的重复利用率全国平均在40% ~50%之间，冷却水循环率约为70% ~80%。节约用水、提高水资源的重复利用率可以从下面几个方面来进行。

**1. 农业节水**

农业节水可通过喷灌技术、微灌技术、渗灌技术、渠道防渗及塑料管道节水技术等农艺技术来实现。

**2. 工业节水**

我国城市工业用水占城市用水量的比例约为60% ~65%，其中约80%由工业自备水源供应。因为工业用水量所占比例较大、供水比较集中，具有很大的节水潜力。工业可以从以下三个方面进行节水：(1) 加强企业用水管理。通过开源节流，强化企业的用水管理。(2) 通过实行清洁生产战略，改变生产工艺或采用节水以至无水生产工艺，合理进行工业或生产布局，以减少工业生产对水的需求。(3) 通过改变生产用水方式，提高水的循环利用率及回用率。提高水的重复利用率，通常可在生产工艺条件基本不变的情况下进行，是比较容易实施的，因而是工业节水的主要途径。

**3. 城市节水**

城市用水量主要包括综合生活用水、工业企业用水、浇洒道路和绿地用水、消防用水以及城市管网输送漏损水量等其他未预见用水。城市节水可以从以下五个方面进行：(1) 提高全民节水意识。通过宣传教育，使全社会了解我国的水资源现状、我国的缺水状况，水的重要性，使全社会都有节水意识，人人行动起来参与到节水行动中，养成节约用水的好习惯。(2) 控制城市管网漏失。改善给水管材，加强漏算管理。(3) 推广节水型器具。常用的节水型器具包括节水型阀门、节水型淋浴器、节水型卫生器具等，据统计，节水型器具设备的应用能够降低城市居民用水量32%以上。(4) 污水回用。污水回用不仅可以缓解水资源的紧张问题，也可减轻江河、湖泊等受纳水体的污染。目前处理后的污水主要回用于农业灌溉、工业生产、城市生活等方面。(5) 建立多元化的水价体系。水价应随季节、丰枯年的变化而改变；水价应与用水量的大小相关，宜采用累进递增式水价；水价的制定应同行业相关。

### (三) 市政工程措施

**1. 完善下水道系统工程，建设污水、雨水截流工程**

减少污染物排放量，截断污染物向江、河、湖、库的排放是水污染控制和治理的根本性措施之一。我国老城市的下水道系统多为雨污合流制系统，既收集和输送污水，又收集、输送雨水，在雨季，受管道容量所限，仅有一部分的雨污混合水送入污水处理厂，而剩下的未经处理的雨污混合水直接排入附近水体，造成了水体污染。应采取污染源源头控制，改雨污合流制排水系统为分流制、加强雨水下渗与直接利用等措施。

**2. 建设城市污水处理厂和天然净化系统**

排入城市下水道系统的污水必须经过城市污水处理厂处理后达标才能排放。因此．城市污水处理厂规划和工艺流程设计是项十分重要的工作。应根据城市自然、地理、社会经济等具体条件，考虑当前及今后发展的需要，通过多种方案的综合比较并分析确定。

许多国家从长期的水系治理中认识到普及城市下水道，大规模兴建城市污水处理厂，普遍采用二级以上的污水处理技术，是水环境保护的重要措施。

**3. 城市污水的天然净化系统**

城市污水天然净化系统利用生态工程学的原理及自然界微生物的作用，对废水、污水实现净化处理。在稳定塘、水生植物塘、水生动物塘、湿地、土地处理系统的组合系统中，菌藻及其他微生物、浮游动物、底栖动物、水生植物和农作物及水生动物等进行多层次、多功能的代谢过程，并伴随着物理的、化学的、生物化学的多种过程，使污水中的有机污染物、氮、磷等营养成分及其他污染物进行多级转换、利用和去除，从而实现废水的无害化、资源化与再利用。因此天然净化符合生态学的基本原则，并具有投资少、运行维护费低、净化效率高等优点。

### （四）水利工程措施

水利工程在水环境保护中具有十分重要的作用。包括引水、调水、蓄水、排水等各种措施的综合应用，可以调节水资源时空分布，可以改善也可以破坏水环境状况。因此，采用正确的水利工程措施来改善水质，保护水环境是十分必要的。

**1. 调蓄水工程措施**

通过江河湖库水系上修建的水利工程，改变天然水系的丰、枯水量不平衡状况，控制江河径流量，使河流在枯水期具有一定的水量以稀释净化污染物质，改善水资源质量。特别是水库的建设，可以明显改变天然河道枯水期径流量并改变水环境质量。

**2. 进水工程措施**

从汇水区来的水一般要经过若干沟、渠、支河而流入湖泊、水库，在其进入湖库之前可设置一些工程措施控制水量水质。

（1）设置前置库对库内水进行渗滤或兴建小型水库调节沉淀，确保水质达到标准后才能汇入到大、中型江、河、湖、库之中。（2）兴建渗滤沟此种方法适用于径流量波动小、流量小的情况，这种沟也适用于农村、禽畜养殖场等分散污染源的污水处理，属于土地处理系统。在土壤结构符合土地处理要求且有适当坡度时可考虑采用。（3）设置渗滤池在渗滤池内铺设人工渗滤层。

**3. 湖、库底泥疏浚**

利用机械清除湖、库的污染底泥。它是解决内源磷污染释放的重要措施，可以将营养物直接从水体中取出，但会产生污泥处置和利用的问题。可将挖出来的污泥进行浓缩，上清液经除磷后回送至湖、库中，污泥可直接施向农田，用作肥料，并改善土质。在底泥疏浚过程中必须把握好几个关键技术环节：（1）尽量减少泥沙搅动，并采取防扩散和泄漏的措施，避免悬浮状态的污染物对周围水体造成污染。（2）高定位精度和高开挖精度，彻底清除污染物，并尽量减少挖方量，在保证疏浚效果的前提下，降低工程成本。（3）避免输送过程中的泄漏对水体造成的二次污染。（4）对疏浚的底泥进行安全处理，避免污染物对其他水系和环境产生污染。

### （五）生物工程措施

利用水生生物及水生态环境食物链系统达到去除水体中氮、磷和其他污染物质的

目的。其最大的特点是投资省及效益好，有利于建立水生生态循环系统。

## 四、水环境保护规划

### （一）水环境保护规划概述

水环境保护规划是指将经济社会与水环境作为一个有机整体，根据经济社会发展以及生态环境系统对水环境质量的要求，以实行水污染物排放总量控制为主要手段，从法律、行政、经济、技术等方面，对各种污染源和污染物的排放制定总体安排，以达到保护水资源、防治水污染和改善水环境质量的目的。

水环境保护规划是区域规划的重要组成部分，在规划中需遵循可持续发展和科学发展观的总体原则；并根据规划类型和内容的不同而体现如下的一些基本原则：前瞻性和可操作性原则；突出重点和分期实施原则；以人为本、生态优先、尊重自然的原则；坚持预防为主、防治结合原则；水环境保护和水资源开发利用并重、社会经济发展与水环境保护协调发展的原则。

我国水环境保护规划编制工作始于 20 世纪 80 年代，先后完成了洋河、渭河、沱江、湘江、深圳河等河流的水环境保护规划编制工作。水环境保护规划曾有水质规划、水污染控制系统规划、水环境综合整治规划、水污染防治综合规划等几种不同的提法，在国内应用的起始时间、特点及发展过程不尽相同，但是从保护水环境，防治水污染的目的出发，又有许多相同之处，目前已交叉融合，趋于一体化。随着人口和工农业及城市的快速发展，水污染日趋严重，水环境保护也从单一的治理措施，发展到同土地利用规划、水资源综合规划以及国民经济社会发展规划等协调统一的水环境保护综合规划。

### （二）水环境保护规划的目的、任务和内容

水环境保护规划的目的是：协调好经济社会发展与水环境保护的关系，合理开发利用水资源，维护好水域水量、水质的功能与资源属性，运用模拟和优化方法，寻求达到确定的水环境保护目标的最低经济代价和最佳运行管理策略。

水环境保护规划的基本任务是：根据国家或地区的经济社会发展规划、生态文明建设要求、结合区域内或区域间的水环境条件和特点，选定规划目标，拟定水环境治理和保护方案，提出生态系统保护、经济结构调整建议等。

水环境保护规划的主要内容包括：水环境质量评估、水环境功能区划、水污染物预测、水污染物排放总量控制、水污染防治工程措施及管理措施拟定等。

### （三）水环境保护规划的类型

水环境保护规划按不同的划分方法，可将其分为三类：

**1. 按规划层次分类**

根据水污染控制系统的特点，可将水环境保护规划分成三个相互联系的规划层次，

即流域规划、区域（城市）规划、水污染控制设施规划。不同层次的规划之间相互联系、相互衔接，上一层规划对下一层规划提出了限制条件和要求，具有指导作用，下一层规划又是上一层规划实施的基础。通常来说，规划层次越高、规模越大，需要考虑的因素越多，技术越复杂。

（1）流域规划

流域是一个复杂的巨系统，各种水环境问题都可能发生。流域规划研究受纳水体控制的流域范围内的水污染防治问题。其主要目的是确定应该达到或维持水体的水质标准；确定流域范围内应控制的主要污染物和主要污染源；依据使用功能要求和水环境质量标准，确定各段水体的环境容量，并依次计算出每个污水排放口的污染物最大容许排放量；提出规划实施的具体措施和途径；最后，通过对各种治理方案的技术、经济和效益分析，提出一、两个最佳的规划方案供决策者决策，流域规划属于高层次规划，通常需要高层次的主管部门主持和协调。

（2）区域规划

区域规划是指流域范围内具有复杂的污染源的城市或工业区的水环境规划。区域规划是在流域规划的指导下进行的，其目的是将流域规划的结果——污染物限制排放总量分配给各个污染源，并以此制定具体的方案，作为环境管理部门可以执行的方案。区域规划既要满足上层规划——流域规划对该区域提出的限制，又要为下一层次的规划——设施规划提供依据。

我国地域辽阔，区域经济社会发展程度不同，水环境要素有着显著的地域特点。不同区域的水环境保护规划有不同的内容和侧重点，按地区特点制定区域水环境保护规划能较好地符合当地实际情况，既经济合理，也便于实施。

（3）设施规划

设施规划是对某个具体的水污染控制系统，如一个污水处理厂及与其有关的污水收集系统做出的建设规划。该规划应在充分考虑经济、社会和环境诸因素的基础上，寻求投资少、效益大的建设方案。设施规划一般包括以下几个方面：有关拟建设施的可行性报告，包括要解决的环境问题及其影响，对流域和区域规划的要求等；说明拟建设施与其他现有设施的关系，以及现有设施的基本情况；第一期工程初步设计、费用估计和执行进度表。可能的分阶段发展、扩建和其他变化及其相应的费用；被推荐的方案和其他可选方案的费用——效益分析；对被推荐方案的环境影响评价，其中应包括是否符合有关的法规、标准和指控指标，设施建成后对受纳水体水质的影响等；当地有关部门、专家和公众代表的评议并经地方主管机构批准。

**2. 按水体分类**

（1）河流规划

河流规划是以一条完整河流为对象而编制的水环境保护规划，规划应包括水源、上游、下游及河口等各个环节。

（2）河段规划

河段规划是以一条完整河流中污染严重或有特殊要求的河段为对象、在河流规划

指导下编制的局部河段水环境保护规划。

（3）湖泊规划

湖泊规划是以湖泊为主要对象而编制的水环境保护规划，规划时要考虑湖泊的水体特征和污染特征。

（4）水库规划

水库规划是以水库及库区周边区域为主要对象而编制的水环境保护规划。

**3. 按管理目标分类**

（1）水污染控制系统规划

水污染控制系统是由污染物的产生、处理、传输及在水体中迁移转化等各种过程和影响因素所组成的系统。广义上讲，它涉及人类的资源开发、社会经济发展规划以及与水环境保护之间的协调问题。它以国家或地方颁布的法规和标准为基本依据，在考虑区域社会经济发展规划的前提下，识别区域发展可能存在的水环境问题，以水污染控制系统的最佳综合效益为总目标，以最佳适用防治技术为对策集合，统筹考虑污染发生－防治－排污体制－污水处理－水质及其与经济发展、技术改进和综合管理之间的关系，进行系统的调查、监测、评价、预测、模拟和优化决策，寻求整体优化的近、中、远期污染控制规划方案。

（2）水质规划

水质规划是为使既定水域的水质在规划水平年能满足水环境保护目标需求而开展的规划工作。在规划过程中通过水体水质现状分析，建立水质模型，利用模拟优化技术，寻求防治水体污染的可行性方案。

（3）水污染综合防治规划

水污染综合防治规划是为保护和改善水质而制定的一系列综合防治措施体系。在规划过程中要根据规划水平年的水域水质保护目标，运用模拟及优化方法，提出防治水污染的综合措施和总体安排。

### （四）水环境保护规划的基本原则

水环境保护规划是一个反复协调决策的过程，一个最佳的规划方案应是整体与局部、主观与客观、近期与长远、经济与环境效益等各方面的统一。因此，要想制定一个好的、切实可行的水环境规划并使之得到最佳的效果，须得按照一定的原则，合理规划，正确执行。应考虑的主要原则如下：

（1）水环境保护规划应符合国家和地方各级政府制定的有关政策，遵守有关法律法规，以使水环境保护工作纳入“科学治水、依法管水”的正确轨道；（2）以经济、社会可持续发展的战略思想为依据，明确水环境保护规划的指导思想；（3）水环境目标要切实可行，要有明确的时间要求和具体指标；（4）在制定区域经济社会发展规划的同时，制定区域水环境保护规划，两者要紧密结合，经济目标和环境目标之间要综合平衡后加以确定；（5）要进行全面的效益分析，实现环境效益与经济效益和社会效益的统一；（6）严格执行水污染物排放实现总量控制制度和最严格水资源管理制度，推进水环境、水资源的有效保护。

### （五）水环境保护规划的过程与步骤

水环境保护规划的制定是一个科学决策的过程，往往需要经过多次反复论证，才能使各部门之间以及现状与远景、需要与可能等多方面协调统一。因此，规划的制定过程实际上就是寻求一个最佳决策方案的过程，虽然不同地区会有其侧重点和具体要求，但大都按照以下四个环节来开展工作。

**1. 确定规划目标**

在开展水环境保护规划工作之前，首先要确立规划的目标与方向。规划目标主要包括规划范围、水体使用功能、水质标准、技术水平等。它应根据规划区域的具体情况和发展需求来制定，特别要根据经济社会发展要求，从水质和水量两个方面来拟定目标值。规划目标是经济社会与环境协调发展的综合体现，是水环境保护规划的出发点和归宿。规划目标的提出需要经过多方案比较和反复论证，在规划目标最终确定前要先提出几种不同的目标方案，在经过对具体措施的论证以后才能确定最终目标。

**2. 建立模型**

为了进行水污染控制规划的优化处理，需要建立污染源发生系统、水环境（污水承纳）系统水质与污染物控制系统之间的定量关系，亦即水环境数学模式，包括污染量计算模式、水质模拟模式、优化计算模式等。同时包括模式的概念化、模式结构识别、模式参数估计、模式灵敏度分析、模式可靠性验证及应用等步骤。

**3. 模拟和优化**

寻求优化方案是水环境保护规划的核心内容。在水环境保护规划中，通常采用两种寻优方法：数学规划法和模拟比较法。数学规划法是一种最优化的方法，包括线性规划法、非线性规划法和动态规划法，它是在满足水环境目标，并在与水环境系统有关要素约束和技术约束的条件下，寻求水环境最优的规划方案。其缺点是要求资料详尽，而且得到的方案是理想状态下的方案。模拟比较法是一种多方案模拟比较的方法。它是结合城市、工业区的发展水平与市政的规划建设水平，拟定污水处理系统的各种可行方案，然后根据方案中污水排放与水体之间的关系进行水质模拟，检验规划方案的可行性，通过损益分析或其他决策分析方法来进行方案优选。应用模拟比较法得到的解，一般不是规划的最优解。由于这种方法的解的好坏在很大程度上取决于规划人员的经验和能力，因此在规划方案的模拟选优方法时，要求尽可能多地提出一些初步规划方案，以供筛选。当数学规划法的条件不具备、应用受限制时，模拟比较法是一种更为有效的使用方法。

**4. 评价与决策**

影响评价是对规划方案实施后可能产生的各种经济、社会、环境影响进行鉴别、描述和衡量。为此，规划者应综合考虑政治、经济、社会、环境及资源等方面的限制因素，反复协调各种水质管理矛盾，做出科学决策，最终选择一个切实可行的方案。

# 第八章　水利水电工程建设对生态水文效应

## 第一节　水电站建设对流域生态水文过程的影响

水利水电工程建设与河流生态水文学的相关研究密切相关，河流的水文特征影响河流生态系统的物质循环、能量过程、物理栖息地状况和生物相互作用。水库对流量的调节作用减少了河道内的水量、降低了泛滥平原和湿地被淹浸的频率，从而出现下游河流生态系统恶化的现象。另外，水利水电工程建设对河道内和河道外区域的各种生态过程有着显著的影响，不同的生态过程响应不同的水文特征。河流的中高流量过程输移河道的泥沙；大洪水过程通过与河漫滩和高地的连通，大量地输送营养物质并塑造漫滩多样化形态，维系河道并育食河岸生物；小流量过程则影响着河流生物量的补充，以及一些典型物种的生存。水流的时间、历时和变化率，往往和生物的生命周期相关联，例如在长江流域，涨水过程（洪水脉冲）是四大家鱼产卵的必要条件，若在家鱼繁殖期间（每年的5~6月）没有一定时间的持续涨水过程，性成熟的家鱼就无法完成产卵。

天然河流是一个完整的生态系统，其稳定性及平衡性是在长期的自然过程中逐渐形成的，而水利水电工程建设与开发将会破坏河流原有的生态系统。水利水电工程建设作为较大规模的人类活动是改变河流自然结构和功能的主要因素之一，其带来的水文特征的变化是产生河流生态效应的原因之一。水利水电工程建设与运行所导致的水文特征变化主要包括以下方面：径流的年际年内变异、高地脉冲发生频率和历时、水文极值、水温、泥沙、流速等。水库的运行直接调节流域径流的变化，而河流径流的变化会影响河流生态系统的完整性，改变河流的横向连接性。径流条件的改变会对河流内水温、溶解氧、颗粒物的大小、水质等栖息地物理化学特征产生影响，从而间接改变水生、水陆交错带及湿地生态系统的功能和结构；水库运行会导致库区高水和低水出现的频率与规模的变化，而高流量和低流量的频繁变化会对水生生物的生存造成极大威胁；水库运行会降低流域水文极值出现的概率，进而减少河流内水生生物的多样性；水库运行会引起水温的变化，但水温是水生生物的繁殖信号之一，所以进一步影响水体鱼类的繁殖及部分动物的生长周期；同时其对河道浅滩的冲刷作用还会直接导致鱼类产卵场或栖息地的消失；水库在河道的拦截作用在流域内产生不同的流速场，会对不同流速场中的生物物种产生影响，特别是水生生物的繁殖产卵等行为。总之，水利水电工程引起的河流水文特征的改变，如径流量、频率、历时及变化速率对河流生态系统的稳定性、栖息地的功能和水生生物的生命活动产生明显的影响。目前，针对河道内影响的研究大部分都是从水文改变切入，并基于站点监测数据提出许多对人类活动影响敏感的量化水文改变度的指标，但是，没有一个指标是被世界上广泛接受的。

水文改变度对径流序列的尺度有很强的依赖性，例如，在年平均径流没有显著变化的情况下，在其他更小的尺度（月、日和小时等）可能会引起河岸植被与生态系统动态显著的变化。已有研究证实水文改变是气候变化和径流调节共同作用的结果，并指出由它们引起的水文过程变化能在时间和空间上影响水生生态系统的组分、结构和功能。但是，大多数研究往往注重使用连续的水文资料量化水利水电工程建设引起的水文改变，却很少研究气候变化对评价水利水电工程引起的水文改变的影响，换言之，很难去区分和识别水利水电工程或者气候变化等单一因素对水文过程的影响，同时，对于多大的水文改变能引起什么样的生物响应目前也是未知。气候因子中，降雨是影响水文过程的一个重要因素。径流变化作为降雨变异的一个重要指标，已在对许多大流域的研究中用来评价降雨对河流的影响，降雨变异能够改变区域水文循环并引起河流径流一系列的变化。从全球来看，20 世纪后半叶中纬度国家日降雨超过 50. 8mm 的概率增加了 20%；在中国，由于气候变化，中西北、西南和华东地区年平均降雨出现显著的增加，而在华北、华中和东北地区出现显著的减少。因此在分析水利水电工程建设造成的水文改变时，有必要研究降雨对水文改变的贡献，对这两个干扰的影响的区分，有助于研究水利水电工程建设影响下水文与河流生态系统的真实变化；同时可以区分人类活动和气候变化对历史监测数据的影响，将有助于流域未来管理决策的智能规划。

除水文改变外，水利水电工程建设在河道外景观变化中也扮演着重要的角色。在河道外区域，与景观变化密切联系的土地利用和覆盖变化是受水利水电工程建设影响最为明显的因素，其与各种生态过程有着最根本的相互关系。因此，调查和定量化分析水利水电工程建设引起的景观变化是景观生态学领域中一个非常必要的议题和环境可持续管理的基础。目前，已有许多景观指标被用来反映人类活动对景观格局的影响，如景观类型的面积、斑块密度、边密度、周长、面积比率和景观多样性等。总结以前的研究，土地利用变化，如林地被开垦为农田，会直接影响区域水文特征和过程。目前研究水利水电工程的影响，更多的是分别量化水利水电工程建设引起的景观变化或者水文变化，而较少分析在水利水电工程影响下景观变化与水文变化之间的关系。随着研究的深入，更多人运用模型模拟的方法研究水利水电工程、气候变化、景观动态、水文循环等之间的关系。比如针对径流的模拟与预测，前人研究多在基于回归方法的基础上对比不同模型以选择最佳模型，随着人工智能的发展，运用人工智能技术研究水文与水资源管理越来越受到研究人员的青睐。

总之，随着水电站数量的增加，水电站建设引起的生态退化受到越来越多的关注。目前，对于水电站干扰下的生态水文过程，其主要的研究内容包括：找出并量化影响河流生态系统结构和功能的主要水文特征；从影响河流生态的水文机制入手，进一步探讨生态系统和水文特征的交互影响机制，即深层次研究水文特征是如何影响生态系统的结构和功能。例如，水量与流速如何影响悬浮质、泥沙沉积等；进一步通过发展调控生态水文特性的方法和技术，实现河流生态系统的保护和恢复，发展调控生态水文特性的方法和技术，涉及物理、化学、生物等各种因素。在了解水文与生态相互作用机制的基础上，合理设定生态目标，根据河流的具体情况制订科学的河流管理规划，使河流生态系统得以持续地为人类社会发展做出贡献。

## 第二节　水利水电工程泥沙沉积及其生态效应

### 一、水利水电工程泥沙沉积机制

水利水电工程在运行过程中，由于设计的不合理和管理措施不当，会出现严重的泥沙淤积现象。泥沙淤积造成的库容损失，使水库的功能、安全和综合效益不断受到影响，是水库可持续利用研究中亟须解决的主要问题之一。

#### （一）我国水库河流泥沙变化特征

河流输沙入海是地表过程的一个重要表现，也是水库淤积研究的重要内容。50%的河流的输沙通量表现出上升或者下降的趋势，其中下降者占多数，但另约50%的河流的输沙通量基本保持不变。

我国是世界上水库数量最多的国家之一，我国主要河流已建成的水库已经约 $8\times10^4$座，总库容达到 $4\ 260.28\times10^8\ m^3$，占多年平均径流量的33%，远远超过世界平均20%的水平。水库在调节径流的同时也拦截了大量的泥沙。

#### （二）水库泥沙淤积形态

水库的修建本质上改变了自然状态下下游河流的水沙过程，势必会引起水沙输移特性、河道形态的调整及周边生态环境的响应。水库泥沙淤积是在水流对不同粒径泥沙的分选过程中发展的。在回水末端区，流速沿程迅速递减，卵石、粗沙等推移质首先淤积，泥沙分选较显著。继续向下游，悬移质中的大部分床沙质沿程落淤，形成了三角洲的顶坡段，其终点就是三角洲的顶点。在顶坡段，因为水面曲线平缓，泥沙沿程分选不显著。当水流通过三角洲顶点后，过水断面突然扩大，紊动强度锐减，悬移质中剩余的床沙质在范围不大的水域全部落淤，形成了三角洲的前坡。水体中残存的细粒泥沙，当含沙量较大时，往往从前坡潜入库底，形成继续向前运动的异重流，或当含沙量较小而不能形成异重流时，便扩散并在水库深处淤积。

水库淤积是一个长期过程。一方面，卵石、粗沙淤积段逐渐向下游伸展，缩小顶坡段，并使顶坡段表层泥沙组成逐渐粗化；另一方面，淤积过程使水库回水曲线继续抬高，回水末端也继续向上游移动，淤积末端逐渐向上游伸延，也就是通常所说的“翘尾巴”现象，但整个发展过程随时间和距离逐渐减缓。最终在回水末端以下，直到拦河建筑物前的整个河段内，河床将建立起新的平衡剖面，水库淤积发展达到终极。终极平衡纵剖面仍是下凹曲线，平均比降总是比原河床平均比降小，并与旧河床在上游某点相切。

### （三）泥沙沉积的原因

由于水库建设时间、设计原理和所处地理位置等方面存在差异，则水库引发泥沙淤积的原因也不尽相同，结合不同研究结果及其现有理论，主要归结为以下几个原因：

第一，水土流失严重，导致河流含沙量高，是水库泥沙淤积的主要原因。

第二，水库未设置泄流排沙底孔、入库泥沙排不出。合理利用泄流排沙底孔可以将入库泥沙排往下游河道，其排沙效率取决于水库运用方式。早期修建的水库绝大多数未设置泄流排沙底孔。而输水建筑物又大多采用卧管和竖井，使入库泥沙难以排出。

第三，水库运用方式不合理，加速了水库淤积。水库淤积的速度与水库运用方式密切相关。汛期洪水含沙量高，如果采用拦洪蓄水运用方式，将会把大部分泥沙拦在库内，势必加快水库淤积速度。

第四，人为原因改变土地利用方式，加速水土流失，导致水库泥沙淤积。随着人口增加、流域内的经济开发，有时水库建成后移民定居，更加剧了水土流失，使水库淤积趋向严重。

第五，季节性泥沙淤积。河川中的泥沙主要出现在汛期。在我国一般是6～10月，占年输沙量的90%左右，汛期入库泥沙是形成水库淤积的主体。研究早期季节性汛后蓄水的水库，不难发现，在汛期大量泥沙进入水库时坝前水位很低，甚至接近天然状态，泥沙可排往下游，水库淤积量很少。从而，汛期水库运行水位越低，泥沙淤积越少，电站发电量损失越大。相反的汛期水库运行水位越高，甚至蓄水至正常蓄水位，虽然增加了近期的发电量，但泥沙大量淤积，最终将完全丧失水库的调节作用，导致了长期损失发电量。

第六，建库后导致库周微气候发生变化，导致水库泥沙淤积。目前的研究中，研究气候影响水库泥沙淤积的成果甚少。但是，流水是河道泥沙输移的载体和动力之源，而流域面上降雨的雨点溅蚀，经面蚀和沟蚀的输送，使流域面上的土壤侵蚀进入河道形成泥沙，因此在天然河流中降雨变化不仅是河道径流变化，更是泥沙增减的重要原因。

### （四）泥沙沉积的生态效应

泥沙淤积使水库不断受到功能性、安全性和综合效益下降的影响。泥沙淤积对水

库的影响可分为社会影响、经济影响和生态环境影响，主要包括减少水库有效库容、削弱水库功能、影响库尾河道形态、降低水库安全等级和水质等级等方面。因为修建水库的目的不同，调度运行各异，对水库管理者来说，泥沙淤积所带来的问题也各不相同，一般而言，水库淤积会造成以下几个方面的不良影响：

**1. 泥沙淤积导致水库功能削弱**

库容的大小决定着水库径流调节能力和兴利效益。库容大，其径流调节能力强，兴利效益高。水库功能的削弱主要是泥沙淤积会导致有效库容的降低，失去了修建水利水电工程的目的。防洪库容减少导致水库防洪标准降低，兴利库容减少导致水库供水能力、供水保证率、发电保证率等降低，严重时甚至丧失部分功能。变动回水使宽浅河段主流摆动或移位，影响库区通航保证率和航道等级。

**2. 导致河床太高，加剧土地盐碱化**

泥沙淤积上延造成库尾河床抬高，河道水位抬升，水面比降和流速减小，河槽过水能力降低，河道形态发生改变。

河道水位抬高还会增加水库淹没周边土地损失，引起两岸地下水位升高，加重土地盐碱化。特别是在山区的水库，河床抬高会影响消落带生物。

**3. 降低水电站的发电能力**

泥沙淤积影响水工建筑物安全，如船闸、引航道、水轮机进口、引水口、水轮机叶片、拦污栅等。水库淤积减少水库的有效库容，使水电站的发电能力降低。如果淤积形成的三角洲在大坝附近形成，还可能阻碍水流进入发电机，并增加进入发电机的泥沙，从而磨损涡轮机叶片和闸门座槽。涡轮机叶片的磨损与泥沙粒径有关，一般认为，泥沙的粒径若大于0.25mm，就会磨损叶片。进入电站引水管的泥沙会加剧对过水建筑物和水轮机的磨损，影响建筑物和设备的效率和寿命，坝前堆淤（特别是锥体淤积）也会增加大坝的泥沙压力，加重水库病险程度。

**4. 恶化库区生态环境**

泥沙本身是一种非点源污染物，同时也是有机物、铵离子、磷酸盐、重金属以及其他有毒有害物质的主要携带者，这些污染物进入水库，将会给库区水质造成不良影响。泥沙淤积会改变水库以及库尾以上河道的地形，从而改变水生生物的生存环境，可能引起水库及库区以上河道内水流的富营养化，而使下泄的清水缺乏必要的养分。

泥沙也会对鱼类的生长和繁殖带来不利的影响，水中含沙浓度高时，会减弱水中的光线，影响水中微生物生长，使鱼类赖以生存的食物减少，不利于鱼类的繁殖。

**5. 破坏水库下游河道平衡状态，危及下游河道堤防安全**

水库正常蓄水运用时，泥沙淤积在库内，下泄清水，下游河道冲刷下切，容易造成两岸堤防基础悬空、坍塌，并影响两岸引水。水库排沙运行时，排出的泥沙淤积在下游河道，引起河道水位升高，甚至超过堤防顶部，造成堤防溃决危害两岸安全。

国内外对大坝建设以后对水环境影响的调查研究比较多，众多的研究表明，大坝建设以后，不仅减少了下游来沙量，而且还改变了支流水系的水动力条件，使得水流变缓，水相泥沙含量骤然减少，水体自净能力降低，污染有所加剧。但是，泥沙作为河流水体的重要组成部分，在其迁移输运过程中，可以吸附水相的氮、磷等污染物。调查研究发现，河流泥沙对污染河水氮、磷污染物及高锰酸盐指数均有一定的吸附效果，泥沙在随水流的迁移输运过程中对河道污染物负荷的降低可起到较为积极的作用。泥沙特别是悬移质泥沙是污染物的主要携带者，悬移质泥沙的沉降是降低河水污染负荷的重要途径，污染物可被泥沙吸附以后随泥沙的沉降而进入水体底层，脱离水相对水体自净具有重要的积极意义。

## 二、水利水电工程建设影响下泥沙变化特征定量描述

土壤侵蚀和水土流失，是河流水电水利工程出现泥沙问题的直接起因。从长远的观点来看，解决泥沙问题的根本途径是减少人为侵蚀，恢复流域植被，保护和改善流域内的生态系统，减少水土流失。但是实现这一目标需要巨大的财力投入，生态环境的自然恢复过程也较慢。因此在未来相当长的时间内，我国水电水利工程的泥沙问题仍然将十分严峻。在河流和流域的水电资源开发及治理中还将遇到许多与泥沙有关的工程问题，为了能够做出符合自然规律的正确工程决策，必须详细地了解河流泥沙运动的规律。

侵蚀。河岸侵蚀是由河岸植被的破坏或水流流速的升高引起的。流域的侵蚀产沙包括风化和侵蚀等复杂的物理化学过程。研究流域侵蚀需要考虑流域的地质条件、地球化学特性、气候条件、降雨、植被等多种物理的和化学的因素。河岸侵蚀不仅通常发生在弯道的外侧，也可能发生在弯道内侧或河道顺直部位。河床侵蚀量可根据水沙条件利用河流动力学方法计算。重力侵蚀是河岸侵蚀中最为常见的一种类型。重力侵蚀又称块体运动，指坡面岩体、土体在重力作用下，失去平衡而发生位移的过程。根据我国的具体情况，重力侵蚀主要划分为泻溜、滑坡、崩塌，以及重力为主兼水力侵蚀作用的崩岗、泥石流。重力侵蚀通常发生在山区，特别是在雨强较大的湿润山区。边坡失稳是导致重力侵蚀的主要因素，而气候、土壤、地形、植被、水蚀力、人类干扰及动物干扰都是诱发边坡失稳的重要原因。目前已开发出了很多评价边坡稳定性的程序，这些程序大部分都是以边坡稳定因素和侵蚀因素为主要参数。不合理的人类活动如植被破坏、陡坡开荒、工程建设处置不当（开矿、修路、挖渠等），增加径流，破坏山体稳定，均可诱发重力侵蚀，或加大重力侵蚀规模，加快侵蚀频率，侵蚀坡面侵蚀量可通过野外量测、地貌调查、遥感摄影、示踪法和模型计算的方法获得。

产沙。流域产沙是指流域或集水区内的侵蚀物质向其出口断面的有效输移过程。流域产沙由坡地部分产沙和水系自身部分产沙组成。对于坡地部分产沙，可利用泥沙收集槽收集从坡面侵蚀下来的泥沙并进行量测，也可对集水区的指定横断面进行反复观测或利用测绘图片对比进行侵蚀量的计算。水系部分产沙不仅包括河岸侵蚀产沙，也包括河床泥沙受到外力作用，以推移质或悬移质的形式沿河道输移产沙。由于流域产沙机理较复杂，因此产沙模型应用中大多为经验回归方程，此类模型缺乏明确的物理成因机制，区域性限制因素很多，在一些小流域尚有一定的适用性，但在大中尺度流域中其应用性不强。近年来发展的物理成因性模型，比较好地解决了经验方程的弊

端，模型可分过程分别模拟，且物理概念明确，对小流域和大中尺度流域都比较适用。

泥沙沉积。泥沙沉积可能会发生在坡面、沟道、河岸、河床等流域中的各个部位。即使产沙类型明确，也很难直接计算有多少泥沙在进入河道前沉积下来，当前应用广泛的方法是用总侵蚀量减去下游河道出口的泥沙输出量来获得流域内的泥沙沉积量，另外，泥沙拦截率也可以利用经验公式求出。

河流输沙。河道泥沙可能源于坡面侵蚀、沟道侵蚀、河岸侵蚀、重力侵蚀或上游河道输送的泥沙。河流泥沙输移与河道的侵蚀特性、泥沙性质以及输沙效率都有关系，且只有部分侵蚀产生的泥沙被河流输送进入下游河道，其余的侵蚀泥沙沉积在坡面、河岸或河床。沿河流输送的泥沙通常以推移质、悬移质、冲泻质的形式运动。汇集到集水区某一断面或流域出口断面的侵蚀量又称输沙量，在一定的侵蚀条件下，输沙量越多，说明流域的产沙强度越高。为表征流域的产沙强度，定义流域产沙量（或输沙量）与侵蚀量之比为泥沙输移比。

### （一）河流泥沙模拟方法

河流模拟技术包括河流实体模型和泥沙数学模型两部分，两种研究手段各具有优缺点。在实体模型方面，建立了一整套河工模型的相似理论、设计方法和试验技术，在模型几何变态、比降二次变态、模型沙的选择、高含沙水流模拟、宽级配非均匀沙模拟等方面取得了重要的研究成果，并且解决了大量的工程泥沙问题。

数学模型的建立是基于水流、泥沙动力学和河床演变等扎实的泥沙理论之上的，具体有由质量守恒定律和动量守恒定律推导出来的水流连续方程、水流运动方程、泥沙运动方程、河床变形方程等，同时数学模型的发展还离不开不断发展的计算机技术。在数学模型方面，已经建立了泥沙数学模型，并随着泥沙基本理论研究的不断深入与广泛的工程应用，在计算模式、数值计算方法、计算结果的后处理、参数选择、高含沙水流问题处理等方面均取得了重要进展。目前，仍需完善数学模型的计算方法，同时对阻力问题、糙率、底部泥沙挟沙力紊动黏性系数等问题进行深入的研究。

分布式水文模型目前也被广泛用于分析流域产沙径流，比较广泛的如 SWAT 模型，综合考虑了流域的空间变异性，SWAT 模型在计算中根据流域汇流关系将流域分成若干子流域，单独计算每个子流域上的产流产沙量，然后由河网将这些子流域连接起来，通过河道演算得到流域出口处的产流产沙量。因此在 SWAT 模型中，分成两个阶段：一是陆面水文循环，降水产流同时伴有土壤侵蚀；二是河道演算，包括水、沙的输移过程以及营养物质在河道中的变化及输移过程。SWAT 模型结构复杂，它是由 701 个方程和 1013 个中间变量组成的一个模型系统，结构上可以分为水文过程、土壤侵蚀和污染负荷三个子模型。水文过程子模型可以模拟和计算流域水文循环过程中降水、地表径流、层间流、地下水流以及河段水分输移损失等。该子模型模拟水文过程可以分为两部分：一部分是控制主河道的水量、泥沙量、营养成分以及化学物质多少的产流与坡面汇流等各水分循环过程；另一部分是与河道汇流相关的各水分循环过程，决定水分、泥沙等物质在河网中向流域出口的输移运动情况。土壤侵蚀子模型从对降水和径流产生的土壤侵蚀运用修正的通用土壤流失方程（RUSLE）获取。污染负荷子模型主要进行氮循环模拟和磷循环模拟过程，这两个循环伴随水文过程和土壤侵蚀过程而发生。

从SWAT模型已有研究看，提出以下几个存在的问题：①从研究区分布范围看，主要位于半干旱的内陆地区，较缺乏降水量丰富的东南沿海湿润区流域的成果报道。尤其是针对受基础数据和参数影响较大的模拟效率问题的探讨较少；②从模拟结果验证看，已有模型验证方法研究多是采用流域出口总径流量模拟效率来检验模型的适用性，由于流量是各种水文过程综合作用的结果，这使得模型在水文过程模拟中缺乏可靠性；③从应用研究看，多涉及流域植被覆被现状下的产流产沙模拟，植被覆被变化下的水文效应多是针对植被水平空间分布变化的水文响应分析，没有考虑不同植被在坡度分布上的空间差异对于流域水文过程的影响，也未见结合流域典型区的生态重建要求研究植被恢复的水文效应。

### （二）水库泥沙淤积计算方法

水库泥沙淤积计算是水库淤积和工程泥沙研究的重要内容之一，它的预报结果对水库规划和水库运用均是必需的。通常，水库泥沙淤积计算应该遵循以下几个原则：

第一，水库泥沙冲淤计算方法应该根据水库类型、运行方式和资料条件等进行选择，可采用泥沙数学模型、经验法和类比法。

第二，采用泥沙数学模型进行水库泥沙冲淤计算时，对数学模型及参数应使用本河流或相似河流已建水库的实测冲淤资料进行验证；缺乏水库实测冲淤资料时，可利用设计工程所在河段天然河道冲淤资料进行验证。

第三，采用经验法进行淤积计算时，应了解方法的依据和适用条件并利用工程所在地区的水库淤积资料进行验证。

第四，采用类比法进行淤积计算时，应论证类比水库的入库水沙特性、水库调节性能和泥沙调度方式与水库设计水位的相似性。

第五，对水库冲淤计算成果进行合理性检查。泥沙淤积问题严重的水库，宜采用多种方法进行计算、综合分析、合理确定。

第六，水库冲淤计算系列，可根据计算要求和资料条件，采用长系列、代表系列或代表年。采用代表系列的多年平均年输沙量、含沙量或代表年的年输沙量、含沙量应接近多年平均值。

国内外水库冲淤计算方法通常分为：经验法（又称平衡比降法、水文学法），即经过对水库淤积规律的研究，得出各种参数的直接计算方法，例如对于三角洲的洲面坡降、长度、前坡坡降以及水库淤积平衡后的坡降、保留库容等，直接给出公式确定；形态法（又称半经验半理论法、半水文学半动力学法）；数值模拟法（又称理论法、水动力学法），即采用河流动力学的有关方程和方法构造模型，分时段、分河段求解，不直接计算有关参数，而是根据求解结果得出，这类模型可称为河流动力学数学模型。

水库淤积泥沙设计预测计算的成果，同水库若干年实测资料比较，若淤积量、淤

积部位有70%相符，水库淤积高程相差1～2m，即可认为水库淤积预测成功，即便是数值模拟数学模型的计算成果也是如此。对淤积计算成果无精度可言，只有可靠与否。

计算方法首先是类比法，之后发展为平衡比降法、形态法。我国乃至世界，20世纪已建的大中型水库，绝大部分都是用以上方法计算水库淤积，通过数十年过程运行实验检验，我国除个别工程外，绝大多数同实际淤积状况相符。

利用经验法来计算水库淤积中较典型的是针对于三角洲淤积体的水库，三角洲各项参数计算的方法及其公式也可查阅到，也可以对其他不同形式排沙（如壅水排沙、异重流排沙、敞泄排沙、溯源冲刷）效果，水库淤积末端的上翘长度、库尾的比降等研究有较好的支持。

我国于20世纪60年代开始研究数值模拟的泥沙冲淤模型。在20世纪90年代中期，数值模拟模型在工程泥沙设计中开始推广应用。21世纪初获得广泛的应用。

数值模拟模型方法是根据水流运动方程、水流连续方程、泥沙运动方程、泥沙连续方程、河床变形方程等进行求解，给出淤积过程、淤积部位（包括淤积形态）、淤积物级配及淤积引起的水位抬高等，从原则上说，好的河床动力学数学模型在一定补充条件下应能基本满足水库淤积计算的需要。

由于泥沙运动规律的复杂性和泥沙理论的不完善，数值模拟模型目前正处于发展阶段。数值模拟数学模型，一般采用差分法或特征线法，用挟沙能力公式代替非饱和输沙的含沙量变化关系式。模型的基本方程类似，数学解法有所不同，使用的辅助方程不同。重要参数在计算过程中的敏感性也不尽相同。

## 三、底泥沉积物磷的相关研究

河流中的泥沙主要来自两方面：流域范围内的地表侵蚀和河水对河床本身的侵蚀。

由于水库蓄水引起河流水动力条件的改变（主要是流速减慢），导致颗粒物迁移、水团混合性质等发生显著变化，使大量泥沙、营养物质在水体中滞留。由于水库的拦沙作用影响河流的冲淤与输沙，破坏了原有河流的输沙平衡，使上游和支流来沙大部分被拦于各梯级库内，下泄水量中含沙量大大减少。因为下泄水量减少，导致河流挟沙能力降低，挟沙颗粒细化，降低了对金属粒子的吸附能力，造成沉淀，使有毒、有害物质沉积于水库，影响水质，这些物质长期积累，是潜在的二次污染源。

### （一）磷在底泥沉积物中的性质

磷是生物生长所必需的大量元素之一。磷在地壳中的含量为1180mg/g，其丰度排在第11位。土壤中磷含量在空间上的分布，是不同位置的土壤在物理、化学和生物多个过程相互作用的结果，表现了土壤的空间异质性。在天然淡水中，磷的本底值一般低于20μg/L。磷的化合物（除 $PH_3$）不具有挥发性，并且环境中的磷酸盐溶解度较低，其迁移能力比C、N、S的化合物弱。在多种营养物质中，磷是浮游植物生长的关键营养物质，它直接影响着水体的初级生产力和浮游生物的数量、种类和分布情况。同时，磷是水体富营养化的主要限制因子，极低浓度（10μg/L）的磷会导致水体的富营养化。目前对库区磷的负荷研究主要集中在水库的面源污染及水体中磷的迁移转化、土壤－水界面磷的吸附与释放，其中后者主要包括底泥中磷的动态研究。

一方面，水电站的建设使水库周围的人类活动大大加强，土地利用/覆被的变化会影响由陆地进入河流中的营养物的含量和状态。另一方面，水库的建设能够改变河流的结构和河水的流态，对河流中的营养物负荷也会产生直接的影响。有研究表明，由于三峡大坝的建设，在洪水高发季节，河水中营养物质的含量却急剧降低。在黄河上游，由于梯级水电站的建设，河流中营养物的含量变化较大。水库的建设减少了向海洋输送营养物质的量，较多的营养物质沉积于河流沉积物中。水库沉积物是水体中磷的重要蓄积库或释放源。当水库外源磷污染（如农业面源、生活污水）增加时，沉积物蓄积磷的能力超过了释放磷的能力，沉积物就成为蓄积磷的场所，而当外源污染减少时，沉积物就会向上覆水体中释放出磷，这个过程也被称作内源磷释放。以往的研究表明，当外源磷负荷减少时，水体中磷的浓度不变或降低很小，这主要是由于内源磷释放的存在。因此，内源磷的释放作为水环境安全的一个潜在威胁，日益引起人们的关注。例如，在太湖，在一定的条件下超过 50% 的无机磷会从沉积物中释放出来，被藻类利用。

沉积物中的磷以不同形式与铁、铝及钙等元素结合成不同的形态，不同结合态的磷其地球化学行为是不同的，其释放能力受沉积物的特性（粒径大小、金属含量等）、周围环境以及沉积物中磷含量的影响，因此释放能力是不同的。在物理、化学等因素的作用下，一些形态的磷可以通过溶解解吸、还原等过程释放到上覆水体中，从而转化为生物可利用的磷，这成为诱发湖泊富营养化的重要因素。在建坝的河流中，由于水库的形成及水滞留时间的延长，沉积物中不同形态磷的含量具有空间异质性。因此，目前国内外对沉积物中磷素的研究已经成为一个重要领域，主要包括了对沉积物中磷的存在形式和影响因素的研究及磷在沉积物水界面间的吸附解吸的研究。

### （二）底泥沉积物中磷的提取方法

研究分析水体沉积物中磷的形态有助于进一步认识沉积物－水界面磷的交换机制以及沉积物内源磷释放的机制，同时，对评价沉积物中磷的生物可利用性以及水体的营养现状、探究景观动态与磷之间的关系以及磷沉积后的地球化学行为也有很大的帮助。化学连续提取法是目前研究沉积物中磷的形态最理想、最成熟的方法。在不同类型提取剂的作用下，沉积物样品中不同形态的磷被选择性地连续提取出来，可以根据不同提取剂提取出的磷的含量来估计沉积物中生物可以利用性磷的释放潜能。

### （三）干流和支流中磷形态的空间分异

不同形态的磷与金属的含量、沉积物粒径分布之间有很大的相关性。ex－P 和 BAP 与沉积物粉黏粒的含量之间呈现显著的正相关性；BAP 和 TP 与沉积物中粗/中砂和细砂的含量呈现显著的负相关性。铁和粉黏粒之间也呈现显著的相关性。沉积物粒径大小对沉积物的化学成分影响很大，包括沉积物中金属的含量和磷的吸附解吸能力。所

以粉黏粒包含更多的物质，比如铁，铁在 NaOH－P 和 BD－P 的吸附解吸中起到重要的作用。由于 ex－P 是轻微吸附在沉积物颗粒表面，因此，它与沉积物颗粒的物理性质关系密切。粉黏粒具有更大的表面积，因而可以吸附更多的 ex－P。在海河和基隆海的研究中同样得出，ex－P 与粉黏粒之间存在显著相关性，同时铁与细颗粒的沉积物呈线性关系。

河流中水流的变化影响生态结构和生态学过程，比如影响营养物质的动态。大坝可以调节水流动态继而导致大坝上游来自泛滥平原的细颗粒物质沉降于河底，而在大坝下游，河道被侵蚀严重，粗砂的百分比较大。

我国水库淤积具有水库淤积现象普遍和中小型水库淤积问题尤为突出两方面的特点。泥沙淤积对水库的影响体现为：侵占调节库容，减少综合利用效益；淤积末端上延，抬高回水位，增加水库淹没、浸没损失；变动回水使宽浅河段主流摆动或移位，影响航运；坝前堆淤（特别是锥体淤积）增加作用于水工建筑物上的泥沙压力，妨碍船闸及取水口正常运行，使进入电站泥沙增加而加剧对过水建筑物和水轮机的磨损，影响建筑物和设备的效率和寿命；化学物质随泥沙淤积而沉淀，污染水质，影响水生生物的生长；泥沙淤积使下泄水流变清，引起下游河床冲刷变形，使下游取水困难，并增大水轮机吸出高度，不利于水电站的运行。此外，淤满的水库可能面临拆坝问题，造成经济损失。

水库泥沙淤积防治是一个系统工程，分为拦、排、清和用四个方面，具体包括：减少泥沙入库、水库排沙减淤、水库清淤、出库泥沙的有效利用。

## 第三节　水利工程建设对水温的影响及其生态效应

水温是水生生态系统最为重要的因素之一，它对水生生物的生存、新陈代谢、繁殖行为及种群的结构和分布都有不同程度的影响，并最终影响水生生态系统的物质循环和能量流动过程、结构以及功能。

大坝不仅调节了流域的水流量分配，还对区域热量调节起着重要支配作用。水电工程的存在改变了河道径流的年内分配和年际分配，也就相应地改变了水体的年内热量分配，引起了水温在流域沿程和水深上的梯度变化。这种变化在下游 100km 以内都难以消除，如果两级大坝之间小于这个距离，就会产生累积性，将会对水生生态系统和河岸带生态系统产生一系列的生态效应。

一些深水大库在夏季将出现水温稳定分层现象，表现为上高下低，下层库水的温度明显低于河道状态下的水温，从而导致下泄水水温降低，并影响下游梯级的入库水温。水利工程对水温的影响可以分为库区垂直方向上的水温分层现象和低温下泄水两个主要方面。

## 一、水库水温分层与下泄水形成

目前，关于形成水温分层现象的原因一般有三种看法：第一种认为大型深水库形成水温分层的原因为：水体的透光性能差，当阳光向下照射水库表层以后，以几何级数的速率减弱，热量也逐渐向缺乏阳光的下层水体扩散。水的密度随温度降低而增大，在4℃时，水的密度最大。冬季的低温水密度大沉入库底，夏季的高温水密度小留在上层，故形成水温分层。第二种认为深水库形成水温分层的原因为：水库上游来水温度也有高低差异，汇入水库时，低温水因为密度大下沉在水库底部，高温水密度小在水库上部，形成水温分层。第三种认为水库形成水温分层及滞温效应的原因为：水库建成后，水面增大，水流变缓，改变了水的热交换环境，所以形成水温分层，并使下游水温降低。

水库水温的变化很复杂，受多种因素的控制。水库水温分布具有以下主要规律：①水库表面水温一般随气温而变化，由于日照的影响，表面水温在多数情况下略高于气温。在结冰以后，表面水温不再随气温变化。②库水表面以下不同深度的水温均以一年为周期呈周期性变化，变幅随深度的增加而减小。与气温相比，水温的年变化在相位上有滞后现象。一般情况下，在距离表面深度超过80m以后，水温基本上趋于稳定。③在天然河道中，水流速度较大，属于紊流，水温在河流断面中的分布近乎均匀。

但在大中型水库中，尽管不同的水库在形状、气候条件、水文条件、运行条件上有很大的差异，但由于水流速度很小，属于层流，基本不存在水的紊动。由于水的密度依赖于温度，因此一般情况下，同一高程的库水具有相同的温度，整个水库的水温等温面是一系列相互平行的水平面。

水库水温沿深度方向的分布可分为3~4个层次。分别为：①表层。该层水温主要受气温季节变化的影响，一般在10~20m深度范围；②掺混变温层。该层水温在风吹掺混、热对流、电站取水及水库运行方式的影响下，年内不断地变化。该层范围与水库引泄水建筑物的位置、运行季节及引用流量有关；③稳定低温水层。一般对于坝前水深超过100m的水库，在距离水库表面80m以下的水体；④库底水温主要取决于河道来水温度、地温以及异重流等因素。异重流高温水层在多泥沙河流上，如有可能在水库中形成异重流，并且夏季高温浑水可沿库底直达坝前，或受蓄水初期坝前堆渣等因素的影响，则库底水温将会明显增高。

影响水库水温分布的主要因素有4个方面：水库的形状、库区水文气象条件、水库运行条件和水库初始蓄水条件。水库的形状参数包括：水库库容、水库深度、水库水位－库容－库长－面积关系等。不同的形状的水库，库容、库长和截面积各不相同，对于相同入（出）库体积的水体，在不同形状水库的水体热交换中，所占据的水层高度是不同的，因此形成的水温分布和变化一定是不同的。水文气象条件中，水文气象参数包括气温、太阳辐射、风速、云量、蒸发量、入库流量、入库水温、河流泥沙含量及入库悬移质等。水库运行参数包括：水库调节方式、电站引水口位置及引水能力、水库泄水建筑物位置及泄水能力、水库的运行调度情况、水库水位变化等。水库初始

蓄水参数包括：初期蓄水季节、初期蓄水时地温、初期蓄水温度、水库蓄水速度、坝前堆渣情况、上游围堰处理情况等。如果水库初期蓄水时间为汛期（6～9月），此间一般地温高、入库流量大、蓄水速度较快、水温较高，且河流的泥沙含量相对其他月份要高。如果上游的施工废弃物的量较大，水库蓄水后，将会在坝前库底迅速形成泥沙淤积，导致坝前库底一定范围内的温度较高。

水库与湖泊不同，水库可以通过操作闸门等泄流设施对泄流进行人工控制，可以开启不同高程的闸门进行泄流（如表孔、中孔、深孔、底孔、水力发电厂尾水孔和旁侧溢洪道等）。在水体温度分层的情况下，水库调度运行中启用不同高程的闸门泄流，对于水体温度分层也产生很大影响。另外，强风力的作用可以断续削弱水体温度分层现象，有利于下层水体升温。

水库的泄水口多位于坝体下部，下泄的水为下层的低温水，这也是滞温效应的原理。低于同期天然河水温度的低温水会对下游生态环境造成影响。但是也有一些水库在冬季的下泄水温会高于天然水温，在冬季上游来水温度本来就低，水库水压起不到压缩作用，反而由于水库增加了河水接收太阳光光照的面积，吸收较多的热量，所以冬季下泄水温高于天然河水水温。

## 二、水温分层与下泄水的生态环境影响

### （一）水温分层对水质的影响

水库水温的垂向分层，直接导致其他水质参数如溶解氧、pH值、化学需氧量等在垂向上发生变化，进而对水质产生不利影响，由于水动力特性的改变，在适宜的气温条件下，浮游植物在水库表面温跃层繁殖生长，通过光合作用释放出大量的氧气，使溶解氧浓度始终处于饱和状态。当水库水温结构为混合型或过渡型时，库表水体与深层水体发生对流交换，使溶解氧浓度在深层水体中也能保持在一定的水平，但当水库水温结构为分层型时，阻断了上下层水体的交换，在温跃层之下，垂向水流发生掺混的概率很少，上层含溶解氧浓度较多的水体不能通过水体的交换发生传递；另外，浮游植物光合作用所必需的阳光受到水深的影响，不能透射到深层水体中，致使水体不能发生光合作用而产生氧气，水中好氧微生物因新陈代谢消耗氧气，但溶解氧又得不到补充，导致深层水溶解氧浓度急剧降低；同时在低氧状态下，厌氧生物的分解使库底的氮、磷等营养物质从土壤中析出，并释放出$CO_2$，使pH值减小，含碱量和亚磷酸盐有所增加，水质不断恶化。蓄水后由于水库水动力条件及热力学条件的改变，库水结构由建库之前的混合型演变成蓄水之后的分层型，出现水温分层的水库，会导致其他水质参数的分层，对水域生态环境产生不利影响。

重金属元素很容易吸附在水中的颗粒物上，所以水库下泄的底层浑浊水含有的重金属含量要高于上层。重金属往往对人体有害，因此需要增加成本来去除水体中的重金属。同时，高浊度的水体中存在硫化氢，对水轮机等金属水工结构也会产生严重的腐蚀。

### （二）低温下泄水的生态影响

大多数水库的泄水口在大坝底部，下泄的水是经过水温分层后的低温水，流到下游会有进一步的生态影响。河流水利水电工程蓄水成库后热力学条件发生改变，水库水温出现垂向分层结构以及下泄水温异于河流水温的现象。水库水温的变化对库区及下游河流的水环境、水生生物、水生态系统等产生重要影响，同时还会影响到水库水的利用，主要是用于农业灌溉的水温影响，其中春夏季节水库泄放低温水可能对灌溉农作物、下游河流水生生物和水生生态系统等产生重大不利影响，通常称为冷害，这也是水库水温的主要不利影响。

生物的生存和繁殖依赖于各种生态因子的综合作用，其中限制生物生存和繁殖的关键因子就是限制因子。环境温度不仅会影响鱼类的摄食、饲料转化、胚胎发育、标准代谢和内源氮的代谢过程，而且会影响鱼类的免疫功能、消化酶活性和性别决定。生物在长期的演化过程中，各自选择了自己最适合的温度。在适温范围内，生物生长发育良好；在适温范围之外，生物生长发育停滞、受限甚至死亡。

最高水温时间推迟冬季变暖季节变化减弱夏季变凉日温度变化减弱空间垄断加快不完全生命循环交配不活跃加快致命的空气温度雌雄性不同步增加竞争不能打断滞育生命周期延长减少幼虫交叠不能孵化不羽化不成熟不利竞争。

水库采用传统底层方式取水，下泄低温水对下游水生生物的生长繁殖造成一定的不利影响。例如，鱼类属于变温动物，对温度十分敏感。在一定范围内，较高的温度使鱼生长较快，较低的温度则生长较慢，我国饲养的草鱼、鲤、鲢、鲫、罗非鱼等大多都是温水鱼类，生活在20℃以上的水体中，适宜水温为15～30℃，最适温度在25℃，超过30℃或者低于15 ℃食欲减退，新陈代谢减慢，5℃以下停止进食，大多数鱼类在一定温度下才能产卵。

水库由于水温分层，造成溶解氧（DO）、硝酸盐、氮、磷等离子成层分布。上层水体温度较高，水中溶解氧含量相对较高，为水生生物的生长提供了有利的环境。下层水体温度较低，水中溶解氧含量相对较低，浮游植物进行氧化作用消耗水体中的溶解氧，产生对鱼类有害的 $CO_2 > H_2S$ 等，进而导致下层水体呈缺氧状态。水库底层取水将下层处于缺氧状态的水体排入下游河道，对下游水生生物的生长产生了很大的负面影响。

另外，无论是小型、中型或者大型洪水，采用底层方式取水时，都将相应拖长下游河道出现浊水的时间，一般可达1～2个月，有的长达4～5个月，最少的也要有2个星期左右。河道浊水长期化给下游人民的生产生活用水、景观用水和旅游业、渔业等带来了很大的不利影响，而且水流浊度增大，还能降低水中生物群落的光合作用，阻碍水体的自净，降低水体透光吸热的性能，从而间接影响作物生长和鱼类养殖。

水库传统底层取水产生的下泄低温水会对下游农作物造成一定的影响，尤其是需水喜温作物——水稻。水稻对水温的要求，因稻谷品种和稻株所处生长发育期的不同而有区别。水稻进入每一生长发育期都要求具有一定的温度环境，一般控制条件有：

起始温度（最低温度）、最适温度和最高温度。在最适温度中，稻株能迅速地生长发育；水温过高对营养物质的积累不利，同时容易引起病虫害，增加田间杂草；水温过低会使地温降低，肥料不易分解，稻根生长不良，植株矮，发育迟，谷穗短，产量降低。水温对水稻生长发育的影响主要表现在对发根力、光合作用、吸水吸肥的影响上，最终将反映在产量上。水库建成后，传统底层取水的下泄水温较天然水温下降很多，低温水导致稻株光合作用减弱、抑制根系吸水、减少稻株对矿物质营养的吸收，因而导致水稻返青慢、分蘖迟、发蔸不齐、抗逆性降低、结实率低、成熟期推迟及产量下降。

## 三、水库低温水与下泄水温的模拟

电站建成运行后，它不仅可以调节天然河流径流量的变化，而且还对库内的热量起到调节作用。受以年为周期的入流水温、气象条件变化的影响，水库在沿水深方向上呈现出有规律的水温分层，并且在一年内周期性地循环变化。库区水温分层同时也改变了下游河道的水温分布规律，使春季升温推迟，秋季降温推迟，直接表现在春季、夏季水温下降，秋季、冬季水温升高。水库运行冬季水温高对渔业有利，而4～5月是绝大多数鱼类的繁殖期，这时水温降低对鱼类的繁殖不利。

尽管水库水温数值计算已发展到准三维模型，但是受水库建成前基础资料限制等因素影响，在大坝设计阶段水库水温预测分析中，应用较多的仍然是经验类比方法和一维数值计算方法。总的来说，经验法具有简单实用的优点；经验公式法具有资料要求低、应用简单、效率高、可操作性强等优点，但过分偏重实测资料的综合统计而忽略了水库形状、运行方式、泥沙异重流等工程实际情况对水库水环境的影响，且不同的公式适用范围不同，模拟的时空精度较低，无法获得详细的水温时空变化。

### （一）水库水温分层结构及判断方法

水库水温分布包括横向水温分布和垂向水温分布，很多实测数据显现：水库等温线的走向基本上是水平的，故一般情况下水温结构主要是指水温沿水深即垂向上的变化情况。水库水温结构取决于当地的气象条件、入流流量及温度、水库的运行管理方式、出库流量及温度等各方面的情况，因此各水库表现出不同的水温分布形式。按水库水温结构类型来划分，主要有三种类型：稳定分层型、混合型和介于这两者之间的过渡型，稳定分层型水库从上到下分为温变层、温跃层（又称斜温层）和滞温层，温变层受外界影响很大，温度随气温变化而变化，温跃层在垂向上具有较大的温度梯度，并把温变层和滞温层分开，而滞温层水温基本均匀，常年处于低温状态。混合型水库垂向无明显分层，上下层水温比较均匀，但年内水温变化较大，过渡型水库介于两者之间，偶有短暂的不稳定分层现象。

水库宽深比判别法公式为：

$$R = B/H$$

式中　$B$——水库水面平均宽度，m；

$H$——水库平均水深，m。

当 $H>15\mathrm{m}$、$R>30$ 时，水库为混合型；$R<30$ 时，水库为分层型。

### （二）水库垂向水温估算方法

**1. 类比法**

采用类比法时，选用的参证水库的位置应靠近该工程，并属于同一区域，以保证气象要素、水面与大气的热交换等条件相似；并保证水库工程参数、水温结构类型等相似；同时参证水库还要有较好的水温分布资料和较丰富的水温资料。

**2. 中国水科院公式**

水科院结构材料所根据大量资料，拟合出计算水库多年平均水温分布曲线的公式。公式由库表水温、变温层水温及库底水温三部分组成。当确定了库表和库底水温后，可以用该曲线公式推算水库不同深度处的多年平均水温分布。

计算公式为：

$$\overline{T_y} = \overline{T_b} + \Delta T\left(1 - 2.08\frac{y}{\delta} + 1.16\frac{y^2}{\delta^2} - 0.08\frac{y^3}{\delta^3}\right)$$

式中　$\overline{T_y}$——从水面算起深度 $y$ 处的多年平均水温，℃；

$\overline{T_b}$——库底稳定低温水层的温度，℃；

$b$——活跃层厚度，m；

$\Delta T$——多年平均库表水温与库底水温的差值，℃。

这种方法适用于计算年平均水温垂向分布，最好利用类比水库的表层水温、地层水温及活跃层厚度来计算。

**3. 水科院朱伯芳公式**

通过对已建水库的实测水温的分析，水库水温存在一定规律性：（1）水温以一年为周期，呈周期性变化，温度变幅以表面为最大，随着水深增加，变幅逐渐减小；（2）与气温变化比较，水温变化有滞后现象，相位差随着深度的增加而改变；（3）由于日照的影响，库面水温存在略高于气温的现象。根据实测资料分析，朱伯芳（水工结构专家，中国水利水电科学研究院高级工程师）提出不同深度月平均库水温变化可以近似用余弦函数表示：

$$T(y,t) = T_m(y) + A(y)\cos\omega(t - t_0 - \varepsilon)$$

式中　$y$——水深，m；

$t$——时间，月；

$T(y, t)$——水深 $y$ 处在时间为，时的温度，℃；

$T_m(y)$——水深 $v$ 处的年平均温度，℃；

$A(y)$——水深 $y$ 处的温度年变幅，℃；

$\varepsilon$——水温与气温变化的相位差，月；

$t_0$——年内最低气温至最高气温的时段（月），当时 $t=t_0$，气温最高。当 $t=$

$t_0+\varepsilon$ 时，水温达到最高，通常气温在 7 月中旬最高，故可取 $t_0=6.5$；

温度变化的圆频率，$w$，其中 $P$ 为温度变化的周期（12 个月）。

由于该经验公式是依据对国内外多个水库观测资料获得，但这些水库分布范围较广，因此该公式的适用范围也相对宽泛。

以上经验公式法是在综合国内外水库实测资料的基础上提出的，应用简便，但需要知道库表、库底水温以及其他参数等，而通过水温与气温、水温与纬度的相关关系得出的库表和库底水温，精度不高，而且预测估算中没有考虑当地的气候条件、海拔高度、水温及工程特性等综合情况，因此预测结果精度相对较低。水库水温的经验公式法一般适用于水库水温的初步估算，对重要工程而言还应采取更为精确的数学模型方法。

### （三）水库垂向水温和下泄水温数值模拟方法

#### 1. 水库垂向一维水温数学模型

（1）模型方程

垂向一维模型是将水库沿垂向划分成一系列的水平薄层，假设每个水平薄层内温度均匀分布。对任一水平薄层建立起热量平衡方程：

$$\frac{\partial T}{\partial t}+\frac{\partial}{\partial z}\left(\frac{TQ_v}{A}\right)=\frac{1}{A}\frac{\partial}{\partial z}\left(AD_z\frac{\partial T}{\partial z}\right)+\frac{B}{A}(u_iT_i-u_0T)+\frac{1}{\rho AC_p}\frac{\partial(A\varphi_z)}{\partial z}$$

式中 $T$——单元层温度,℃；

$T_i$——入流温度,℃；

$A$——单元层水平面面积，$m^2$；

$B$——单元层平均宽度，m；

$D_z$——垂向扩散系数，$m^2/s$；

$\rho$——水体密度，$kg/m^3$；

$C_p$——水体等压比热，J/（kg·℃）；

$\varphi_z$——太阳辐射通量，$W/m^2$；

$u_i$——入流速度，m/s；

$u_0$——出流速度，m/s；

$Q_v$——通过单元上边界的垂向流量，$m^3/s$。

在库表存在水气界面的热交换，表层单元的热量平衡方程为：

$$\frac{\partial T_N}{\partial t}+\left(\frac{T}{V}\frac{\partial V}{\partial t}\right)_N=\left[\frac{B}{A}(u_iT_i-u_0T)\right]_N+\frac{Q_{v,N-1}TQ_v}{V_N}-\left(\frac{A}{V}D_z\frac{\partial T}{\partial z}\right)_{N-1}+\left(\frac{A\varphi}{\rho C_pV}\right)_N$$

式中 $\varphi$——表层通过水气界面吸收的热量，$W/m^2$；

$V$——单元层体积，$m^3$；

$TQ_v$——取值与 $Q_{v,N-1}$ 的方向有关，若 $Q_{v,N-1}>0$（向上），则 $TQ_v=T_{N-1}$，反之，若 $Q_{v,N-1}<0$（向下），则 $TQ_v=TN$,℃。

考虑水库入流、出流的影响，水面热交换，各层之间热量对流传导、风的影响等。

（2）垂向一维模型适用条件

垂向一维水温模型综合考虑了水库入流、出流、风的掺混及水面热交换对水库水温分层结构的影响，其等温层水平假定也得到许多实测资料的验证，在确定其计算参数的情况下能得到较好的模拟效果。但一维扩散模型（即 WRE、MIT 类模型）对水库中的混合过程特别是表层混合描述得不充分，混合层模型对于风力引起的表面水体掺混进行了改进。垂向一维模型忽略了各变量（流速、温度）在纵向上的变化，这对于库区较长、纵向变化明显的水库不适合。而且垂向一维模型是根据经验公式计算的入库和出库流速分布，再由质量和热量平衡来决定垂向上的对流和热交换，这种经验方法忽略了动量在纵向和垂向上的输运变化过程，其流速与实际流速分布差异很大，应用于有大流量出入的水库将引起较大的误差。另外，一维模型的计算结果都对于垂向扩散系数非常敏感，垂向扩散系数与当地的流速、温度梯度相关，各种经验公式尚不具备一般通用性，流速的误差也将进一步影响垂向扩散系数的准确性。因此，垂向一维模型更适用于纵向尺度较小且流动相对较缓的湖泊或湖泊型水库的温度预测。

**2. 二维和三维水库温度模型**

垂向二维和三维水库温度模拟方法与步骤可以参考低温水环境影响评价技术指南。

对于垂向二维水库温度模拟来说，能较好地模拟湍浮力流在垂向断面上的流动及温度分层在纵向上的形成和发展过程，以及分层水库最重要的特征的沿程变化，如纵垂向平面上的回流、斜温层的形成和消失及垂向温度结构等。垂向水温扩散和交换，根据精度要求，可采用常数或经验公式计算，也可采用动态模拟。由于计算稳定性好，且模型中需率定的参数少，使得该模型具有良好的工程实用性，对预测有明显温度分层的大型深水库的水温结构及其下泄水温过程具有良好的精度。当然相对于垂向一维模型来说其所需资料更多，计算工作量也增大很多，计算成本会增加，因此该模型不适用于快速的估算，建议对大型深水库和一些关键性的工程采用二维模型进行模拟。

在一般情况下，应用二维水温预测数学模型可很好地模拟水库流速场和温度场。但二维水温预测数学模型要求水流流动在横向变化不大，而在实际水库流动过程中，特别是在水库大坝附近区域，由于水电站引水发电以及泄洪洞泄洪的影响，坝前附近水流具有明显的三维特征，流速场和温度场变化较大，在此区域可考虑采用三维水温模型进行模拟。

严格地说，所有的紊流问题均为三维问题，三维温度模拟，对于水库水温结构计算和下泄水温计算，均具有精度高的优势。但是对于大水体中的三维紊流和水温分布模拟，由于天然复杂的地形、计算稳定性的要求，需合适地划分计算网格，就会产生计算工作量大、要求资料全等困难，一般情况下采用三维模型显得不够经济。由于天然复杂的地形给三维计算稳定性带来很大的困难，需对地形进行大量简化。因此，可考虑对地形影响较小的，且具有明显的三维特征的坝前及进水口附近的水体采用三维温度模型进行模拟。但由于缺乏三维的实测资料，尚难以对模型精确进行评价。

对于水库垂向水温和下泄水温数值计算，不论是采用垂向一维模型、垂向二维模型，还是三维模型，都要对模型水动力学计算参数和水温计算参数，进行率定和验证，

符合一定精度要求后，方可用于预测模拟计算。

随着国内高坝大库的不断增多，基于下游水生生态保护和灌溉农业发展为目标的大型水库分层取水措施的研究和设计成为重点，目前国内也开展了大型水库、大流量取水的分层取水措施的物理试验和数学模型研究。

对于低温水的环境影响评价，需要结合工程评价的类型与等级要求，对低温水进行估算或模拟，依据低温水与下泄水温的计算模型，针对低温水下泄所影响的农业生态系统或者水生生态系统进行系统分析，主要是针对主要的农作物与鱼类进行影响评价，如农作物的生长周期的影响、鱼类产卵季节的推迟、鱼类生长季节的缩短等方面。

因为水库低温水下泄对农业生态和水生生态系统产生较大不利影响，采取必要的工程措施，从水库中获得适宜农作物生长的灌溉水温和满足水生生物生活史的需求水温，是水库工程规划设计和建设运行中需要重视和科学论证的技术问题。

# 参考文献


[1] 张伟，蒋磊，赖月媚．水利工程与生态环境［M］．哈尔滨：哈尔滨地图出版社，2020.

[2] 倪泽敏．生态环境保护与水利工程施工［M］．长春：吉林科学技术出版社，2020.

[3] 林雪松，孙志强，付彦鹏．水利工程在水土保持技术中的应用［M］．郑州：黄河水利出版社，2020.

[4] 范涛廷，柏杨，祝伟．水利与环境信息工程［M］．哈尔滨：哈尔滨地图出版社，2020.

[5] 严力姣，蒋子杰．水利工程景观设计［M］．北京：中国轻工业出版社，2020.

[6] 马琦炜．水利工程管理与水利经济发展［M］．长春：吉林出版集团股份有限公司，2020.

[7] 刘江波．水资源水利工程建设［M］．长春：吉林科学技术出版社，2020.

[8] 谢文鹏，苗兴皓，姜旭民．水利工程施工新技术［M］．北京：中国建材工业出版社，2020.

[9] 董力作．建设生态水利推进绿色发展论文集［M］．北京：中国水利水电出版社，2020.

[10] 许建贵，胡东亚，郭慧娟．水利工程生态环境效应研究［M］．郑州：黄河水利出版社，2019.

[11] 郝建新．城市水利工程生态规划与设计［M］．延吉：延边大学出版社，2019.

[12] 张亮．新时期水利工程与生态环境保护研究［M］．北京：中国水利水电出版社，2019.

[13] 董哲仁．生态水利工程学［M］．北京：中国水利水电出版社，2019.

[14] 王文斌．水利水文过程与生态环境［M］．长春：吉林科学技术出版社，2019.

[15] 薛祺．黄土高原地区水生态环境及生态工程修复研究［M］．郑州：黄河水利出版社，2019.

[16] 刘景才，赵晓光，李璇．水资源开发与水利工程建设［M］．长春：吉林科学技术出版社，2019.

[17] 戴会超．水利水电工程多目标综合调度［M］．北京：中国三峡出版社，2019.

[18] 王佳佳，李玉梅，刘素军．环境保护与水利建设［M］．长春：吉林科学技术出版社，2019.

[19] 焦二虎，麻彦，张龙．水利工程与水环境生态保护［M］．天津：天津科学技术出版社，2018.

[20] 张文刚，雷勇，祝亚平．工程管理与水利生态环境保护［M］．五家渠市：新疆生产建设兵团出版社，2018.

[21] 沈凤生．节水供水重大水利工程规划设计技术［M］．郑州：黄河水利出版社，2018.

[22] 韩龙喜，贾更华．平原河网区水利工程生态效应研究［M］．南京：河海大学出版社，2018.

[23] 权全，王炎，王亚迪．变化环境下黄河上游河道生态效应模拟研究［M］．郑州：黄河水利出版社，2017.

[24] 刘世梁，赵清贺，董世魁．水利水电工程建设的生态效应评价研究［M］．北京：中国环境出版社，2016.

[25] 张建军．尼尔基水利枢纽配套项目黑龙江省引嫩扩建骨干一期工程生态环境影响预测与评价［M］．郑州：黄河水利出版社，2016.

[26] 刘勇毅，孙显利，尹正平．现代水利工程治理［M］．济南：山东科学技术出版社，2016.

［27］李京文. 水利工程管理发展战略［M］. 北京：方志出版社，2016.
［28］向友国，闫海青，张大勇. 现代长江水工程结构生态［M］. 武汉：湖北科学技术出版社，2016.
［29］黄祚继. 水利工程管理现代化评价指标体系应用指南［M］. 合肥：合肥工业大学出版社，2016.
［30］戴会超，毛劲乔，蒋定国. 水利水电工程生态环境效应与多维调控技术及应用［M］. 北京：科学出版社，2016.